기초 탄탄, 시
시험에 나올만한 문제는 모두 모았다!

문제은행

3000제
꿀꺽수학

중2하

수학은국격

수학 시험에서 항상 100점을 맞는 비결은 무엇인가?
수학의 고수가 되는 길은 무엇인가?

많은 학생들이 수학은 어렵고 골치 아픈 과목이라고 생각한다. 그러나 스스로에게 맞는 공부 방법을 찾아 꾸준히 노력한다면 수학의 고수가 되는 일도 현실이 될 수 있다.

수학을 잘 하려면 같은 문제를 여러 번 반복해서 풀어야 한다.
일단 수학 문제의 바다로 뛰어든 다음 그 바다를 헤엄쳐 나가야 한다.

STEP 1_ 교과서 이해

교과서 보기 수준의 문제를 수록하여 교과서 개념을 완벽하게 이해할 수 있도록 구성하였다.

▶ 수학의 기초 실력을 탄탄하게 확립하는 단계이다. 수학은 무엇보다 기본 개념이 중요하므로 빠트리지 말고 정복하도록 하자.

STEP 2_ 개념탄탄

학교 시험에 나올 만한 문제 중에서 간단한 계산, 기본 개념 이해를 확인할 수 있는 문제로 구성하였다.

▶ 기본적인 계산, 개념 이해도를 확인할 수 있는 단계이다. 학교 시험의 기초가 되는 중요한 과정이므로 확실히 익혀 두자.

STEP 3_ 실력완성

계산, 이해, 문제 해결 능력을 고루 신장시킬 수 있도록 다양한 문제 유형으로 구성하였다.

▶ 학교 시험에서 출제 가능한 모든 문제 유형이 총망라되었다. 고득점의 베이스를 마련할 수 있는 중요한 과정이므로 최소한 세 번 이상 반복하여 학습하도록 하자.

STEP 4_ 유형클리닉

각 중단원 별로 실수하기 쉬운 유형이나 고난도의 유형을 모아 핵심적인 해결포인트를 함께 제시하였다.

▶ 각 문제별 해결포인트를 참고하여 더욱 완벽한 문제 해결을 위해 노력하자.

특장과 구성

수학은 문제 풀이에서 시작해서 문제 풀이로 끝나는 과목이라고 해도 과언이 아니다. 아무리 수학의 기본 원리와 공식을 줄줄 꿰고 있더라도 문제에 적용할 수 없다면 좋은 성적을 얻기 힘들다. 결국, 수학을 잘 하기 위해서는 「많은 문제를 반복해서 여러 번」 풀어 보는 것이 가장 좋은 방법이다.

〈꿀꺽수학〉은 학교 시험에 나올 수 있는 문제를 총망라하여 단계별로 구성한 문제은행이다.

특히, 비슷한 유형의 문제가 각 단계별로 난이도를 달리하여 여러 번 반복해서 풀어 볼 수 있도록 구성되어 수학에 자신감이 부족한 학생들에게는 최상의 문제집이 될 것이다.

이 책의 구성

STEP 5_ 서술형 만점 대비

서술형 연습을 위한 코너 채점기준표를 참고하여 단계별 점수를 확인할 수 있게 구성하였다.

▶ 서술형의 비중이 높아지고 있으므로 문제 풀이에서 꼭 필요한 단계를 빠트리지 않도록 충분히 연습하도록 하자.

STEP 6_ 도전 1등급

대단원별로 변별력 제고를 위한 고난도의 문제와 핵심 해결 전략을 제시하였다.

▶ 각 문제의 핵심 해결 전략을 참고하여 완벽하게 학교 시험에 대비하자.

STEP 7_ 대단원 성취도 평가

중간/기말고사 대비를 위하여 대단원별 성취도를 평가할 수 있도록 구성하였다.

▶ 수학의 기초 실력을 탄탄하게 확립하는 단계이다. 수학은 무엇보다 기본 개념이 중요하므로 빠트리지 말고 정복하도록 하자.

SPECIAL STEP 내신 만점 테스트

학교 시험 대비를 위한 코너, 중간고사 대비 2회분, 기말고사 대비 2회분으로 구성하였다.

IV

확률

PART 01 경우의 수

Step ❶

교과서 이해

정답 p. 2

1 사건

01 실험이나 관찰에 의하여 나타나는 결과를 ☐ 이라 한다.

02 한 개의 주사위를 던질 때, 다음 중 사건인 것을 모두 골라라.

> (ㄱ) 한 개의 주사위를 던진다.
> (ㄴ) 짝수의 눈이 나온다.
> (ㄷ) 홀수의 눈이 나온다.
> (ㄹ) 4 이하의 눈이 나온다.
> (ㅁ) 모두 6가지의 눈이 나온다.

2 경우의 수

03 사건이 일어날 수 있는 경우의 가짓수를 ☐ 라고 한다.

[04~07] 주사위를 한 개 던질 때, 다음을 구하여라.

04 2보다 큰 수의 눈이 나오는 경우의 수를 구하여라.

05 4 이하의 눈이 나오는 경우의 수를 구하여라.

06 짝수의 눈이 나오는 경우의 수를 구하여라.

07 소수의 눈이 나오는 경우의 수를 구하여라.

[08~09] 오른쪽 그림과 같은 원판의 바늘을 돌려 바늘이 멈춘 후 가리키는 숫자를 읽을 때, 다음을 구하여라. (단, 바늘이 경계선을 가리키는 경우는 생각하지 않는다.)

08 바늘이 가리키는 숫자가 3보다 큰 경우의 수를 구하여라.

09 바늘이 가리키는 숫자가 4의 배수인 경우의 수를 구하여라.

10 1에서 10까지의 숫자가 각각 적힌 10장의 카드 중에서 한 장의 카드를 뽑을 때, 그 카드에 적힌 숫자가 6보다 큰 경우의 수를 구하여라.

11 여섯 명의 농구 선수 중에서 선발로 출전할 선수 다섯 명을 뽑으려고 한다. 가능한 모든 경우의 수를 구하여라.

3 A 또는 B가 일어나는 경우의 수

12 두 사건 A, B가 동시에 일어나지 않을 때, 사건 A가 일어나는 경우의 수가 m, 사건 B가 일어나는 경우의 수가 n이면 사건 A 또는 사건 B가 일어나는 경우의 수는 ☐ 이다.

13 주사위를 한 개 던질 때 1 또는 6의 눈이 나오는 경우의 수를 구하여라.

14 주사위를 한 개 던질 때, 다음 경우의 수를 구하여라.
(1) 3 이하의 눈이 나오는 경우
(2) 5 이상의 눈이 나오는 경우
(3) 3 이하 또는 5 이상의 눈이 나오는 경우

15 주사위 한 개를 던질 때 나온 눈의 수가 3보다 작거나 5보다 큰 경우의 수를 구하여라.

16 한 개의 주사위를 던질 때 2 이하 또는 4 이상의 눈이 나오는 경우의 수를 구하여라.

17 지혜가 집에서 학교로 가는 교통편은 2가지의 지하철 노선과 3가지의 버스 노선이 있다. 지혜가 집에서 학교로 가는 방법은 모두 몇 가지인지 구하여라.

18 남학생 4명, 여학생 3명으로 구성된 모둠에서 대표 한 명을 뽑는 경우의 수를 구하여라.

4 A, B가 동시에 일어나는 경우의 수

19 색깔이 서로 다른 상의 4가지와 하의 3가지를 짝지어 입는 방법의 수를 구하여라.

20 3개의 자음 'ㄱ, ㄴ, ㄷ'과 4개의 모음 'ㅏ, ㅓ, ㅗ, ㅜ' 중에서 자음 1개와 모음 1개를 짝지어 만들 수 있는 글자의 개수를 구하여라.

21 서로 다른 동전 2개를 던질 때, 일어날 수 있는 모든 경우의 수를 구하여라.

22 서로 다른 2개의 주사위를 던질 때, 일어날 수 있는 모든 경우의 수를 구하여라.

23 P지점에서 Q지점까지 가는 길이 a, b, c 세 가지가 있고, Q지점에서 R지점까지 가는 길이 x, y 두 가지가 있다. P지점에서 Q지점을 거쳐 R지점까지 가는 경우의 수를 구하여라.

5 한 줄로 세우는 경우의 수

24 A, B, C 세 사람이 한 줄로 서는 경우의 수를 구하여라.

25 A, B, C, D 네 사람이 한 줄로 서는 경우의 수를 구하여라.

26 A, B, C, D 네 사람이 이어달리기를 하는데 A를 마지막 주자로 정할 때, 달리는 순서를 정하는 경우의 수를 구하여라.

27 남학생 2명과 여학생 3명을 한 줄로 세울 때, 남학생이 양 끝에 서는 경우의 수를 구하여라.

28 A, B, C, D 네 개의 문자 중에서 세 개의 문자를 택하여 한 줄로 배열하는 경우의 수를 구하여라.

6 정수의 개수

29 1, 2, 3의 숫자가 각각 적힌 세 장의 카드를 이용하여 만들 수 있는 세 자리의 정수의 개수를 구하여라.

30 1, 2, 3, 4, 5의 숫자가 각각 적힌 5장의 카드 중에서 2장을 뽑아 만들 수 있는 두 자리의 정수의 개수를 구하여라.

31 0, 1, 2, 3의 숫자가 각각 적힌 4장의 카드 중에서 2장을 뽑아 만들 수 있는 두 자리의 정수의 개수를 구하여라.

32 0부터 4까지의 숫자가 각각 적힌 5장의 카드 중에서 3장을 뽑아 만들 수 있는 세 자리의 정수의 개수를 구하여라.

38 A, B, C, D, E 다섯 명의 후보 중에서 대표 2명을 뽑는 경우의 수를 구하여라.

7 대표 뽑기

33 A, B, C 세 명의 후보 중에서 회장 1명, 부회장 1명을 뽑는 경우의 수를 구하여라.

34 A, B, C, D 네 명의 후보 중에서 대표 1명, 총무 1명을 뽑는 경우의 수를 구하여라.

35 A, B, C, D, E 다섯 명의 대표 중에서 회장 1명, 부회장 1명, 총무 1명을 뽑는 경우의 수를 구하여라.

36 A, B, C 세 명의 후보 중에서 대표 2명을 뽑는 경우의 수를 구하여라.

37 A, B, C, D 네 명의 후보 중에서 대표 2명을 뽑는 경우의 수를 구하여라.

8 도형의 개수

39 한 원 위에 4개의 점이 있다. 이 중 두 점을 이어 만들 수 있는 선분의 개수를 구하여라.

40 한 원 위에 5개의 점이 있다. 이 중 두 점을 이어 만들 수 있는 선분의 개수를 구하여라.

41 빨간색, 초록색, 노란색 크레파스를 사용하여 오른쪽 그림과 같은 도형에 색칠을 하려고 한다. (ㄱ), (ㄴ)의 영역을 구분하여 색칠할 수 있는 경우의 수를 구하여라.

42 오른쪽 그림과 같은 도로망에서 A지점에서 B지점까지 갈 때, 최단 거리로 가는 경우의 수를 구하여라.

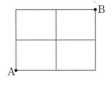

01 두 개의 주사위를 동시에 던질 때, 나오는 두 눈의 수의 합이 5인 경우의 수는?

① 2   ② 3
③ 4   ④ 5
⑤ 6

02 상자 속에 1부터 9까지의 숫자가 각각 적힌 9개의 공이 들어 있다. 이 상자 속에서 한 개의 공을 꺼낼 때, 3의 배수 또는 4의 배수가 적힌 공이 나오는 경우의 수는?

① 2   ② 3
③ 4   ④ 5
⑤ 6

03 두 사람이 가위바위보를 할 때, 일어날 수 있는 모든 경우의 수를 구하여라.

04 십의 자리에는 1부터 3까지의 숫자 중에서 한 개를 사용하고, 일의 자리에는 6부터 9까지의 숫자 중에서 한 개를 사용하여 만들 수 있는 두 자리의 정수의 개수를 구하여라.

05 100원짜리 동전 한 개, 500원짜리 동전 한 개, 그리고 주사위 한 개를 동시에 던질 때, 일어나는 모든 경우의 수는?

① 6   ② 12
③ 18   ④ 24
⑤ 30

06 어떤 복합영화상영관에서는 현재 한국 영화 2편과 외국 영화 3편이 상영되고 있다. 이 상영관에서 영화를 한 편 보려고 할 때, 선택할 수 있는 방법의 수를 구하여라.

07 미술 전람회가 A관, B관, C관으로 나누어 열리고 있다. 세 곳을 모두 관람할 경우 관람하는 순서를 정하는 방법의 수는?

① 3   ② 4
③ 6   ④ 8
⑤ 12

08 0, 1, 2, 3의 숫자가 각각 적힌 4장의 카드에서 2장을 뽑아 만들 수 있는 10 이상의 정수의 개수는?

① 3   ② 4

③ 6   ④ 8

⑤ 9

09 1부터 6까지의 숫자가 각각 적힌 6장의 카드에서 2장을 뽑아 두 자리의 정수를 만들 때, 홀수의 개수는?

① 10   ② 12

③ 15   ④ 18

⑤ 20

10 2, 3, 5, 7, 11의 숫자가 각각 적힌 5장의 카드 중에서 2장을 뽑아 만들 수 있는 분수의 개수는?

① 8   ② 12

③ 15   ④ 20

⑤ 25

11 A, B, C, D 네 명의 후보 중에서 대표 3명을 뽑을 때, A가 반드시 대표로 뽑히는 경우의 수를 구하여라.

12 5명의 친구들이 한 사람도 빠짐없이 서로 악수를 한다면 모두 몇 번의 악수를 해야 하는가?

① 5번   ② 10번

③ 15번   ④ 20번

⑤ 25번

13 오른쪽 그림과 같은 A, B, C, D, E의 다섯 부분을 빨강, 주황, 노랑, 초록, 파랑의 5가

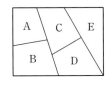

지 색을 한 번씩만 사용하여 칠하려고 할 때, 칠하는 경우의 수는?

① 48   ② 60

③ 80   ④ 100

⑤ 120

14 한 원 위에 5개의 점이 있다. 이들 중에서 세 점을 이어서 만들 수 있는 삼각형의 개수를 구하여라.

정답 p. 5

01 두 개의 주사위를 동시에 던질 때, 나오는 두 눈의 수의 합이 4 또는 8인 경우의 수는?

① 3　　　　② 4
③ 6　　　　④ 8
⑤ 12

02 한 개의 주사위를 두 번 던져서 첫 번째 나오는 눈의 수를 a, 두 번째 나오는 눈의 수를 b라 할 때, 직선 $y=ax+b$에 대하여 서로 다른 직선의 개수는?

① 12　　　　② 18
③ 24　　　　④ 30
⑤ 36

03 1부터 9까지의 숫자가 각각 적힌 9장의 카드 중에서 2장을 뽑을 때, 두 수의 합이 홀수가 되는 경우의 수는?

① 9　　　　② 12
③ 18　　　　④ 20
⑤ 24

04 1부터 20까지의 숫자가 각각 적힌 카드 중에서 한 장을 뽑을 때, 2의 배수 또는 3의 배수가 나오는 경우의 수를 구하여라.

서술형

05 두 개의 주사위를 동시에 던질 때, 나오는 두 눈의 수의 차가 4 이하인 경우의 수를 구하여라. (단, 풀이 과정을 자세히 써라.)

06 1000원짜리 지폐 5장, 5000원짜리 지폐 3장, 10000원짜리 지폐 2장이 있다. 이들로 지불할 수 있는 금액은 몇 가지인가?

① 24가지　　　　② 35가지
③ 47가지　　　　④ 63가지
⑤ 71가지

07 주사위 2개를 동시에 던져서 나오는 눈의 수로 두 자리의 정수를 만들 때, 짝수가 되는 경우의 수는?

① 9   ② 12
③ 18   ④ 20
⑤ 24

08 두 개의 동전 A, B와 주사위 한 개를 동시에 던질 때, 동전은 앞면이 1개만 나오고 주사위는 3의 배수의 눈이 나오는 경우의 수는?

① 2   ② 3
③ 4   ④ 5
⑤ 6

09 100원, 50원, 10원짜리 동전이 각각 5개씩 있다. 각 동전을 한 개 이상 사용해서 650원을 지불하는 경우의 수를 구하여라.

10 각 면에 1부터 12까지의 자연수가 각각 적혀 있는 정십이면체가 있다. 이 정십이면체를 두 번 던질 때, 첫 번째에는 3의 배수의 눈이 나오고, 두 번째에는 4의 배수의 눈이 나오는 경우의 수를 구하여라.

11 세 도시 A, B, C 사이에 오른쪽 그림과 같은 도로망이 있다. A도시에서 C도시까지 가는 경우의 수는?

① 2   ② 3
③ 5   ④ 6
⑤ 7

12 어떤 영화관의 평면도가 오른쪽 그림과 같을 때, 상영관에서 나와서 매점으로 가는 경우의 수를 구하여라.

13 서로 다른 동전 4개를 동시에 던질 때, 앞면이 적어도 한 개 나오는 경우의 수를 구하여라. (단, 풀이 과정을 자세히 써라.)

14 A, B, C, D 네 사람을 한 줄로 세울 때, B가 맨 앞이나 맨 뒤에 서는 경우의 수는?

① 4   ② 8

③ 12   ④ 16

⑤ 20

15 5개의 알파벳 K, O, R, E, A 중에서 3개를 택하여 한 줄로 배열할 때, 배열하는 방법의 수는?

① 12   ② 24

③ 36   ④ 48

⑤ 60

16 부모님을 포함한 6명의 가족이 한 줄로 서서 가족 사진을 찍으려고 한다. 부모님이 양 끝에 서게 되는 경우의 수를 구하여라.

(단, 풀이 과정을 자세히 써라.)

17 국어 문제집이 3종류, 영어 문제집이 4종류, 수학 문제집이 5종류가 있다. 국어나 영어, 수학 문제집 중 한 권을 구입하는 경우의 수를 a라 하고, 국어, 영어, 수학 문제집을 각각 한 권씩 구입하는 경우의 수를 b라 할 때, $a+b$의 값은?

① 12   ② 24

③ 48   ④ 60

⑤ 72

서술형
18 남학생 4명과 여학생 3명을 한 줄로 세울 때, 여학생끼리 이웃하여 서는 경우의 수를 구하여라. (단, 풀이 과정을 자세히 써라.)

19 1부터 5까지의 자연수가 각각 적힌 5장의 카드 중에서 2장을 뽑아 만들 수 있는 두 자리의 자연수의 개수는 a이고, 이와 같은 자연수 중에서 30보다 작은 자연수의 개수는 b이다. 이때, $a+b$의 값은?

① 24   ② 26

③ 28   ④ 30

⑤ 32

20 0, 1, 2, 3, 4가 각각 적힌 5장의 카드 중에서 2장을 뽑아 두 자리의 정수를 만들 때, 짝수가 되는 경우의 수는?

① 8 ② 10
③ 12 ④ 14
⑤ 16

서술형

21 1, 2, 3, 4가 각각 적힌 4장의 카드 중에서 3장을 뽑아 세 자리의 자연수를 만들 때, 300보다 큰 수의 개수를 구하여라.

(단, 풀이 과정을 자세히 써라.)

22 A, B, C, D, E 다섯 명 중에서 회장, 부회장, 총무를 뽑을 때, A가 반드시 회장이 되도록 하는 경우의 수는 a, A는 회장, B는 총무가 되도록 하는 경우의 수는 b이다. 이때, $a+b$의 값은?

① 9 ② 10
③ 12 ④ 15
⑤ 18

23 여섯 명 중에서 네 명의 대표를 선출하려고 한다. 여섯 명 중 나정이와 재준이를 반드시 대표로 선출하는 방법의 수는?

① 2 ② 3
③ 4 ④ 5
⑤ 6

24 오른쪽 그림과 같이 간격이 일정한 9개의 점이 있다. 이 점들을 연결하여 사각형을 만들 때, 정사각형이 되는 경우의 수는 a, 정사각형이 아닌 직사각형이 되는 경우의 수는 b이다. 이때, $a+b$의 값을 구하여라.

25 오른쪽 그림의 세 영역 A, B, C에 빨간색, 파란색, 노란색을 칠하려고 한다. 같은 색을 여러 번 사용해도 좋으나 이웃한 부분은 다른 색으로 칠하는 경우의 수는?

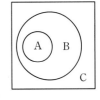

① 6 ② 8
③ 9 ④ 12
⑤ 18

26 오른쪽 그림과 같이 원 위에 A, B, C, D, E, F 6개의 점이 있다. 이 중 세 점을 이어 만들 수 있는 삼각형의 개수는?

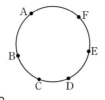

① 12   ② 18

③ 20   ④ 24

⑤ 30

27 1부터 9까지의 숫자가 각각 적힌 9장의 카드 중에서 2장을 뽑아 두 자리의 정수를 만들 때, 그 수가 3의 배수인 경우의 수를 구하여라. (단, 풀이 과정을 자세히 써라.)

28 0, 1, 2, 3의 숫자가 각각 적힌 4장의 카드 중에서 3장을 뽑아 세 자리의 자연수를 만들어 그 크기가 작은 것부터 순서대로 배열할 때, 210은 몇 번째 수인지 구하여라.

29 네 지점 A, B, C, D 사이에 오른쪽 그림과 같은 도로망이 있다. A지점에서 D 지점까지 가는 모든 방법의 수를 구하여라. (단, 같은 지점은 한 번만 지난다.)

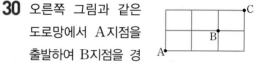

30 오른쪽 그림과 같은 도로망에서 A지점을 출발하여 B지점을 경유하여 C지점까지 갈 때, 최단 거리로 가는 방법의 수를 구하여라.

31 월드컵 축구 대회 본선 경기 진행 방식은 다음과 같다. 이때 본선에서 치르는 전체 경기의 수를 구하여라. (단, 풀이 과정을 자세히 써라.)

> ㈎ 32개 팀을 한 조에 4개 팀씩 8개 조로 나눈다.
> ㈏ 각 조에서 리그전을 한다.
> ㈐ 각 조의 상위 2개팀이 16강에 진출하여 토너먼트를 한다.
> ㈑ 준결승전에서 이긴 팀끼리 1, 2위전을 하고, 패한 팀끼리 3, 4위전을 한다.

다음과 같은 숫자가 적힌 4장의 카드 중에서 2장을 뽑아 만들 수 있는 두 자리의 정수의 개수를 구하여라.

(1) 2   3   5   7

(2) 0   2   4   6

해결포인트 서로 다른 한 자리의 숫자가 각각 적힌 n장의 카드 중에서 2장을 뽑아 만들 수 있는 두 자리의 정수의 개수는

① 0을 포함하지 않는 경우 : $n \times (n-1)$개

② 0을 포함한 경우 : $(n-1) \times (n-1)$개

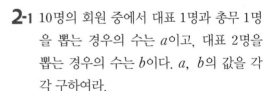

확인문제

1-1 0, 1, 2, 3, 4가 각각 적힌 5장의 카드 중에서 3장을 뽑아 만들 수 있는 세 자리의 정수의 개수를 구하여라.

1-2 1부터 7까지의 숫자가 각각 적힌 7장의 카드 중에서 3장을 뽑아 세 자리의 정수를 만들 때, 그 정수가 4의 배수가 되는 경우의 수를 구하여라.

여학생 3명, 남학생 3명으로 구성된 동아리 모임에서 다음과 같이 대표를 뽑는 경우의 수를 구하여라.

(1) 대표 3명

(2) 여학생 중에서 대표 2명, 남학생 중에서 대표 1명

해결포인트 ① n명 중에서 자격이 다른 대표 2명을 뽑는 경우의 수 : $n \times (n-1)$가지

② n명 중에서 자격이 같은 대표 2명을 뽑는 경우의 수 : $\dfrac{n \times (n-1)}{2}$ 가지

확인문제

2-1 10명의 회원 중에서 대표 1명과 총무 1명을 뽑는 경우의 수는 a이고, 대표 2명을 뽑는 경우의 수는 b이다. a, b의 값을 각각 구하여라.

2-2 엘린, 소율, 초아, 금미, 웨이 5명 중에서 회장 1명과 부회장 1명을 뽑으려고 한다. 엘린 또는 소율이가 회장으로 뽑히는 경우의 수를 구하여라.

유형03

오른쪽 그림과 같은 네 영역 A, B, C, D에 빨강, 주황, 노랑, 초록, 파랑의 5가지 색을 사용하여 칠하려고

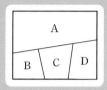

한다. 각 영역에 서로 다른 색을 칠할 때, 칠하는 경우의 수를 구하여라.

해결포인트 먼저 A영역에 한 가지 색을 칠하면 B영역에는 A영역에 칠한 색을 제외한 나머지 색 중에서 한 가지 색을 골라 칠해야 한다. 같은 방법으로 C영역에는 A, B 영역에 칠한 색을 제외한 나머지 색 중에서 한 가지 색을 골라 칠해야 한다.

유형04

0, 1, 2, 3, 4의 숫자가 각각 적힌 5장의 카드 중에서 3장을 뽑아 만들 수 있는 세 자리의 정수를 크기가 작은 것부터 순서대로 나열할 때, 243은 몇 번째 수인지 구하여라.

해결포인트 백의 자리의 숫자가 1인 경우, 즉 1□□인 경우는 $4 \times 3 = 12$(개)이다. 또, 백의 자리의 숫자가 2인 경우 크기가 작은 것부터 나열하면 201, 203, 204, 210, 213, … 이므로 243이 몇 번째 수인지 생각해 본다.

확인문제

3-1 오른쪽 그림과 같이 직사각형 모양의 깃발의 A, B, C 세 부분에 빨강, 노랑, 파랑의 세 가

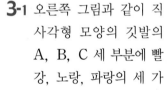

지 색을 칠하려고 한다. 각 부분에 서로 다른 색을 칠하는 방법의 수를 구하여라.

3-2 오른쪽 그림의 네 영역 A, B, C, D를 빨강, 노랑, 초록, 파랑의 4가지 색으로 칠하려고 한

다. 같은 색을 여러 번 사용해도 좋으나 이웃한 영역은 다른 색으로 칠하는 경우의 수를 구하여라.

확인문제

4-1 1, 2, 3, 4, 5의 숫자가 각각 적힌 5장의 카드 중에서 3장을 뽑아 만들 수 있는 세 자리의 정수를 크기가 작은 것부터 순서대로 나열할 때, 42번째 수를 구하여라.

4-2 5개의 알파벳 S, T, U, D, Y를 사전식으로 나열할 때, STUDY는 몇 번째에 오는 문자열인지 구하여라.

서술형 만점대비

정답 p. 8

1 5개의 알파벳 A, B, C, D, E 중에서 3개를 택하여 일렬로 나열할 때, C, D가 이웃하는 경우의 수를 구하여라.

(단, 풀이 과정을 자세히 써라.)

2 0부터 5까지의 숫자가 각각 적힌 6장의 카드에서 2장을 뽑아 만들 수 있는 두 자리의 정수 중 5의 배수의 개수를 구하여라.

(단, 풀이 과정을 자세히 써라.)

3 원 위에 6개의 점이 있다. 이 중 2개의 점을 뽑아 한 점을 시작점으로 하고 다른 한 점을 지나는 반직선을 만들 때, 반직선의 개수를 구하여라.

(단, 풀이 과정을 자세히 써라.)

4 5개의 알파벳 a, b, c, d, e를 사전식으로 나열할 때, cedab는 몇 번째에 오는 문자열인지 구하여라.

(단, 풀이 과정을 자세히 써라.)

Step 1

교과서 이해

정답 p. 9

1 확률

01 같은 조건에서 많은 횟수의 실험이나 관찰을 할 때, 어떤 사건이 일어나는 상대도수가 일정한 값에 가까워지면 이 일정한 값을 그 사건이 일어날 ☐이라고 한다.

02 어떤 실험이나 관찰에서 일어나는 모든 경우의 수가 n이고 각 경우가 일어날 가능성이 모두 같을 때, 사건 A가 일어나는 경우의 수가 a이면 사건 A가 일어날 확률은 ☐이다.

03 각 면에 1, 2, 3, 4의 숫자가 각각 적힌 정사면체로 만들어진 주사위를 던질 때, 2의 눈이 나올 확률을 구하여라.

04 한 개의 주사위를 던질 때, 짝수의 눈이 나올 확률은 ☐, 6의 약수의 눈이 나올 확률은 ☐이다.

05 한 개의 주사위를 던질 때, 소수의 눈이 나올 확률은 ☐, 3의 배수의 눈이 나올 확률은 ☐이다.

06 1부터 12까지의 숫자가 각각 적힌 12장의 카드 중에서 한 장을 뽑을 때, 뽑은 수가 3의 배수도 아니고 5의 배수도 아닐 확률을 구하여라.

07 각 면에 1부터 12까지의 숫자가 각각 적힌 정십이면체 한 개를 던질 때, 4의 배수의 눈이 나올 확률은 ☐, 12의 약수의 눈이 나올 확률은 ☐이다.

08 각 면에 1부터 20까지의 자연수가 각각 적힌 정이십면체 한 개를 던질 때, 4의 배수가 나올 확률은 ☐, 18의 약수가 나올 확률은 ☐이다.

09 서로 다른 두 개의 주사위를 동시에 던질 때, 나오는 눈의 수의 합이 7일 확률을 구하여라.

10 A, B, C, D, E 다섯 명이 한 줄로 설 때, A와 B가 양 끝에 설 확률을 구하여라.

11 1부터 4까지의 숫자가 각각 적힌 4장의 카드 중에서 2장을 뽑아 두 자리의 정수를 만들 때, 만든 정수가 32 이상일 확률을 구하여라.

2 확률의 성질

12 일어나는 모든 경우의 수가 n, 사건 A가 일어나는 경우의 수가 a일 때, a의 값의 범위는 $\Box \leq a \leq \Box$이므로 각 변을 n으로 나누면 $\dfrac{\Box}{n} \leq \dfrac{a}{n} \leq \dfrac{\Box}{n}$이다. 따라서 어떤 사건 A가 일어날 확률 $p = \dfrac{a}{n}$의 값의 범위는 $\Box \leq p \leq \Box$이다.

13 절대로 일어나지 않는 사건의 확률은 $\Box$이다.

14 반드시 일어나는 사건의 확률은 $\Box$이다.

15 주사위를 한 개 던질 때, 6보다 큰 눈이 나올 확률을 구하여라.

16 주사위를 한 개 던질 때, 6 이하의 눈이 나올 확률을 구하여라.

17 서로 다른 두 개의 주사위를 동시에 던질 때, 나오는 눈의 수의 합이 1이 될 확률을 구하여라.

3 어떤 사건이 일어나지 않을 확률

18 사건 A가 일어날 확률이 p일 때, 사건 A가 일어나지 않을 확률은 $\boxed{}$이다.

19 승호가 어떤 문제의 정답을 맞힐 확률이 $\dfrac{4}{5}$일 때, 승호가 이 문제의 정답을 맞히지 못할 확률은 $\Box$이다.

20 두 개의 주사위를 동시에 던질 때, 서로 다른 눈이 나올 확률을 구하여라.

21 1부터 50까지의 자연수가 적힌 50장의 카드에서 한 장을 뽑을 때, 카드에 적힌 숫자가 5의 배수가 아닐 확률을 구하여라.

22 A, B, C, D, E 다섯 명의 학생을 한 줄로 세울 때, A가 맨 앞에 서지 않을 확률을 구하여라.

23 두 개의 동전 A, B를 동시에 던질 때, 적어도 한 개는 앞면이 나올 확률을 구하여라.

24 서로 다른 3개의 동전을 동시에 던질 때, 적어도 한 개는 뒷면이 나올 확률을 구하여라.

4 사건 A 또는 사건 B가 일어날 확률

25 두 사건 A와 B가 동시에 일어나지 않을 때, 사건 A가 일어날 확률을 p, 사건 B가 일어날 확률을 q라고 하면 사건 A 또는 사건 B가 일어날 확률은 ☐이다.

26 1부터 20까지의 자연수가 각각 적힌 20장의 카드 중에서 한 장을 뽑을 때, 카드에 적힌 수가 3의 배수 또는 7의 배수일 확률을 구하여라.

27 서로 다른 두 개의 주사위를 동시에 던질 때, 나온 눈의 수의 합이 4 또는 7일 확률을 구하여라.

28 서로 다른 두 개의 동전을 동시에 던질 때, 모두 앞면이 나오거나 한 개만 뒷면이 나올 확률을 구하여라.

29 서로 다른 두 개의 주사위를 동시에 던질 때, 나오는 눈의 수의 합이 4 이하일 확률을 구하여라.

30 크기가 다른 두 개의 주사위를 동시에 던질 때, 나오는 눈의 수의 합이 10 이상일 확률을 구하여라.

31 A, B, C, D 네 명 중에서 두 명의 대표를 뽑을 때, A와 B 중에서 한 명만 대표가 될 확률을 구하여라.

5 두 사건 A와 B가 동시에 일어날 확률

32 두 사건 A와 B가 서로 영향을 미치지 않을 때, 사건 A가 일어날 확률을 p, 사건 B가 일어날 확률을 q라고 하면 사건 A와 B가 동시에 일어날 확률은 ☐이다.

33 동전을 두 번 던질 때, 처음에도 뒷면, 두 번째에도 뒷면이 나올 확률을 구하여라.

34 동전 한 개와 주사위 한 개를 동시에 던질 때, 동전은 앞면이 나오고 주사위는 짝수의 눈이 나올 확률을 구하여라.

35 명중률이 0.4인 사격수가 두 발을 연속하여 쏘아 두 발 모두 명중시킬 확률을 구하여라.

36 두 개의 주사위 A, B를 동시에 던질 때, A는 5 이상의 눈이 나오고, B는 3의 배수의 눈이 나올 확률을 구하여라.

37 두 개의 주머니 A, B가 있다. A 주머니에는 흰 공 4개와 검은 공 3개가 들어 있고, B 주머니에는 흰 공 5개와 검은 공 6개가 들어 있다. A, B 주머니에서 각각 한 개씩 공을 꺼낼 때, 두 공이 모두 흰 공일 확률을 구하여라.

[38~39] 4개의 검은 공과 3개의 흰 공이 들어 있는 상자에서 두 개의 공을 차례로 꺼낼 때, 다음을 구하여라.
　　(단, 한 번 꺼낸 공은 다시 넣지 않는다.)

38 두 개 모두 흰 공일 확률을 구하여라.

39 처음 꺼낸 공은 흰 공, 두 번째 꺼낸 공은 검은 공일 확률을 구하여라.

[40~41] 주머니 속에 1부터 10까지의 자연수가 각각 적힌 구슬이 10개 들어 있다. 구슬 한 개를 뽑아 적힌 번호를 확인하고 되돌려 넣은 다음, 다시 구슬 한 개를 뽑아 그 번호를 확인할 때, 다음을 구하여라.

40 처음에는 홀수, 나중에는 4의 배수가 적힌 구슬이 나올 확률을 구하여라.

41 처음에는 소수, 나중에는 6의 약수가 적힌 구슬이 나올 확률을 구하여라.

6　도형에서의 확률

[42~44] 오른쪽 그림과 같이 8등분된 원판 위에 숫자가 적혀 있다. 이 원판을 한 번 돌릴 때, 다음을 구하여라. (단, 바늘이 경계선을 가리키는 경우는 생각하지 않는다.)

42 바늘이 5를 가리킬 확률을 구하여라.

43 바늘이 홀수를 가리킬 확률을 구하여라.

44 바늘이 1을 가리킬 확률을 구하여라.

01 1부터 12까지의 자연수가 각각 적힌 12장의 카드 중에서 한 장을 뽑을 때, 소수가 적힌 카드를 뽑을 확률은?

① $\frac{1}{12}$ ② $\frac{1}{4}$

③ $\frac{5}{12}$ ④ $\frac{7}{12}$

⑤ $\frac{3}{4}$

02 주머니 속에 모양과 크기가 같은 흰 공이 5개, 검은 공이 3개 들어 있다. 이 중에서 한 개의 공을 꺼낼 때, 다음을 구하여라.

(1) 꺼낸 공이 흰 공 또는 검은 공일 확률을 구하여라.

(2) 꺼낸 공이 파란 공일 확률을 구하여라.

03 1부터 24까지의 자연수가 각각 적힌 카드가 24장 있다. 이 중에서 한 장을 뽑을 때, 20의 약수가 적힌 카드를 뽑을 확률을 구하여라.

04 1, 2, 3, 4가 각각 적힌 4장의 카드 중에서 2장을 뽑아 두 자리의 정수를 만들 때, 만든 정수가 3의 배수일 확률은?

① $\frac{1}{4}$ ② $\frac{1}{3}$

③ $\frac{5}{12}$ ④ $\frac{1}{2}$

⑤ $\frac{7}{12}$

05 100개의 제비 중 당첨 제비가 15개 들어 있는 상자에서 한 개의 제비를 뽑을 때, 다음을 구하여라.

(1) 뽑은 제비가 당첨 제비일 확률을 구하여라.

(2) 뽑은 제비가 당첨 제비가 아닐 확률을 구하여라.

06 두 개의 주사위를 동시에 던질 때, 눈의 수의 합이 3 이하일 확률은 a, 눈의 수의 합이 4 이상일 확률은 b이다. 이때, a, b의 값을 각각 구하여라.

07 두 개의 주사위를 동시에 던질 때, 적어도 한 개는 1의 눈이 나올 확률은?

① $\frac{1}{12}$ ② $\frac{5}{36}$

③ $\frac{7}{36}$ ④ $\frac{1}{4}$

⑤ $\frac{11}{36}$

08 두 개의 주사위를 동시에 던질 때, 나오는 두 눈의 수의 합이 3 또는 5일 확률은?

① $\dfrac{1}{18}$　　　② $\dfrac{1}{12}$

③ $\dfrac{1}{8}$　　　④ $\dfrac{1}{6}$

⑤ $\dfrac{1}{4}$

09 A, B 두 사람이 1부터 10까지의 자연수가 각각 적힌 카드를 10장씩 가지고 있다. 두 사람이 자신이 가지고 있는 카드 중에서 각각 한 장씩 임의로 꺼낼 때, 꺼낸 카드에 적힌 수가 모두 3의 배수일 확률을 구하여라.

10 A, B 두 개의 주머니가 있다. A 주머니에는 검은 공 3개와 흰 공 4개가 들어 있고, B 주머니 속에는 빨간 공 3개와 파란 공 5개가 들어 있다. A, B 주머니에서 각각 1개씩 공을 꺼낼 때, A에서는 흰 공이, B에서는 빨간 공이 나올 확률은?

① $\dfrac{1}{14}$　　　② $\dfrac{1}{7}$

③ $\dfrac{3}{14}$　　　④ $\dfrac{2}{7}$

⑤ $\dfrac{5}{14}$

11 10개의 제비 중에 4개의 당첨 제비가 들어 있는 주머니가 있다. A가 먼저 뽑고 B가 두 번째로 뽑을 때, A는 당첨 제비를 뽑고, B는 당첨 제비를 뽑지 못할 확률을 구하여라.
(단, 뽑은 제비는 다시 넣지 않는다.)

12 어떤 시험에서 A가 합격할 확률은 $\dfrac{2}{5}$이고, B가 합격할 확률은 $\dfrac{3}{4}$이다. A, B 두 사람 중 적어도 한 사람이 합격할 확률은?

① $\dfrac{3}{5}$　　　② $\dfrac{13}{20}$

③ $\dfrac{3}{4}$　　　④ $\dfrac{17}{20}$

⑤ $\dfrac{8}{10}$

13 8개의 제비 중 2개의 당첨 제비가 들어 있는 주머니에서 한 개를 꺼내어 확인하고 되돌려 넣은 후 다시 한 개를 꺼낼 때, 적어도 한 번은 당첨 제비를 뽑을 확률을 구하여라.

14 사격에서 어떤 선수가 목표물을 맞힐 확률이 $\dfrac{4}{5}$이다. 이 선수가 두 발을 쏘았을 때, 한 발만 명중될 확률을 구하여라.

01 10원짜리 동전 1개와 100원짜리 동전 1개를 동시에 던질 때, 모두 뒷면이 나올 확률은?

① $\dfrac{1}{6}$ ② $\dfrac{1}{12}$

③ $\dfrac{1}{8}$ ④ $\dfrac{1}{6}$

⑤ $\dfrac{1}{4}$

02 동전 2개를 동시에 던져 뒷면이 1개 이상 나올 확률을 구하여라.

03 다음 사건 중 확률이 0인 것을 모두 고르면? (정답 2개)

① 주사위를 한 개 던져서 3 이하의 눈이 나온다.

② 동전을 한 개 던져서 앞면 또는 뒷면이 나온다.

③ 주사위를 한 개 던져서 0의 눈이 나온다.

④ 검은 공이 4개 들어 있는 주머니에서 공을 한 개 꺼낼 때, 흰 공이 나온다.

⑤ 흰 공이 2개, 검은 공이 3개 들어 있는 주머니에서 공을 한 개 꺼낼 때, 흰 공 또는 검은 공이 나온다.

04 각 면에 1, 2, 3, 4가 적혀 있는 정사면체를 두 번 던질 때, 밑면에 나오는 눈의 수의 합이 6일 확률은?

① $\dfrac{1}{16}$ ② $\dfrac{1}{8}$

③ $\dfrac{3}{16}$ ④ $\dfrac{1}{4}$

⑤ $\dfrac{5}{16}$

05 여학생 2명과 남학생 3명을 한 줄로 세울 때, 여학생끼리 이웃하여 서게 될 확률을 구하여라.

06 주사위를 두 번 던져서 처음 나온 눈의 수를 x, 두 번째에 나온 눈의 수를 y라 할 때, $2x+y<8$일 확률은?

① $\dfrac{1}{12}$ ② $\dfrac{1}{8}$

③ $\dfrac{1}{6}$ ④ $\dfrac{1}{4}$

⑤ $\dfrac{1}{3}$

07 A, B, C 세 사람이 한 줄로 설 때, 다음 중 그 확률이 $\frac{1}{2}$인 것은?

① A가 맨 앞에 서는 경우
② B가 가운데 서는 경우
③ A가 B보다 앞에 서는 경우
④ A와 B가 이웃하여 서는 경우
⑤ C가 맨 뒤에 서는 경우

08 흰 공과 검은 공이 합하여 8개가 들이 있는 주머니에서 한 개의 공을 꺼낼 때 검은 공이 나올 확률이 $\frac{3}{4}$이라고 한다. 이때 주머니 속에 들어 있는 흰 공의 개수는?

① 1 ② 2
③ 3 ④ 4
⑤ 5

서술형
09 주머니 속에 흰 공 3개, 빨간 공 4개가 들어 있다. 이 중 2개를 꺼낼 때, 2개 모두 흰 공일 확률을 구하여라.
(단, 풀이 과정을 자세히 써라.)

서술형
10 각 면에 1, 2, 3, 4의 숫자가 적혀 있는 정사면체가 있다. 이 정사면체를 두 번 던져서 첫 번째에 밑면에 나온 눈의 수를 a, 두 번째에 밑면에 나온 눈의 수를 b라 할 때, x에 대한 방정식 $ax=b$의 해가 정수일 확률을 구하여라. (단, 풀이 과정을 자세히 써라.)

11 10발을 쏘아 평균 8발을 명중시키는 사수가 2발을 쏘았을 때, 한 발만 명중시킬 확률은?

① $\frac{2}{25}$ ② $\frac{4}{25}$
③ $\frac{6}{25}$ ④ $\frac{8}{25}$
⑤ $\frac{2}{5}$

12 인수는 수학 시험에서 객관식 문제 두 개를 풀지 못해서 임의로 답을 표시해서 답안지를 제출하였다. 임의로 표시한 두 개의 문제 중 적어도 한 문제는 맞힐 확률을 구하여라. (단, 객관식 문제는 모두 5개의 선지 중에서 한 개를 고르는 문제이다.)

13 A 주머니에는 흰 공 4개, 빨간 공 2개가 들어 있고, B 주머니에는 흰 공 4개, 빨간 공 4개가 들어 있다. A, B 두 주머니에서 공을 각각 한 개씩 꺼낼 때, 한 개는 흰 공이고 다른 한 개는 빨간 공일 확률을 구하여라.

14 한 개의 동전을 던져서 앞면이 나오면 수직선의 양의 방향으로 2만큼, 뒷면이 나오면 음의 방향으로 1만큼 이동한다. 동전을 4번 던져서 규칙에 따라 이동하였을 때, A지점에 위치할 확률은? (단, 동전을 던지기 전의 위치는 수직선의 원점이다.)

① $\dfrac{1}{4}$ ② $\dfrac{3}{8}$

③ $\dfrac{1}{2}$ ④ $\dfrac{5}{8}$

⑤ $\dfrac{3}{4}$

서술형
15 A, B 두 개의 주사위를 동시에 던질 때, 나온 눈의 수의 차가 4 또는 5일 확률을 구하여라. (단, 풀이 과정을 자세히 써라.)

16 오른쪽 그림과 같은 전기회로에서 A스위치가 닫힐 확률은 $\dfrac{3}{4}$이고, B스위치가 닫힐 확률은 $\dfrac{2}{3}$이다. 이때 전구에 불이 들어오지 않을 확률을 구하여라.

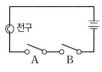

17 A 주머니에는 흰 공 2개, 검은 공 4개가 들어 있고, B 주머니에는 흰 공 3개, 검은 공 2개가 들어 있다. A, B 두 주머니에서 각각 공을 한 개씩 꺼낼 때, 두 공이 서로 다른 색일 확률은?

① $\dfrac{2}{15}$ ② $\dfrac{1}{5}$

③ $\dfrac{4}{15}$ ④ $\dfrac{2}{5}$

⑤ $\dfrac{8}{15}$

18 주머니 속에 파란 공 3개와 빨간 공 2개가 들어 있다. 이 주머니에서 연속하여 공을 두 번 꺼낼 때, 두 번 모두 파란 공이 나올 확률은? (단, 첫 번째 꺼낸 공은 다시 넣지 않으며, 한 번에 공을 한 개씩 꺼낸다.)

① $\dfrac{1}{10}$ ② $\dfrac{4}{25}$

③ $\dfrac{6}{25}$ ④ $\dfrac{3}{10}$

⑤ $\dfrac{9}{20}$

19 오른쪽 그림과 같이 점 P가 한 변의 길이가 1인 정사각형 ABCD의 한 꼭짓점 A를 출발하여 주사위를 던져 나온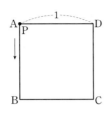

눈의 수만큼 정사각형의 변을 따라 시계반대 방향으로 움직인다고 할 때, 주사위를 두 번 던져 점 P가 꼭짓점 D에 있을 확률을 구하여라.

서술형

20 오른쪽 그림과 같이 이웃하는 점 사이의 거리가 모두 같은 6개의 점이 있다.
이 중 3개의 점을 선택하여 삼각형을 만들 때, 정삼각형이 될 확률을 구하여라. (단, 풀이 과정을 자세히 써라.)

21 어떤 시험에서 A가 합격할 확률은 $\frac{4}{5}$이고, B가 불합격할 확률은 $\frac{1}{3}$이다. 이 시험에서 A, B 두 사람이 모두 합격할 확률은?

① $\frac{1}{15}$ ② $\frac{2}{15}$

③ $\frac{4}{15}$ ④ $\frac{8}{15}$

⑤ $\frac{3}{4}$

서술형

22 일기예보에 의하면 내일 비가 올 확률은 50%, 모레 비가 올 확률은 60%라고 한다. 이때 내일과 모레 연속하여 비가 올 확률은 a, 내일과 모레 연속하여 비가 오지 않을 확률은 b이다. a, b의 값을 각각 구하여라.

(단, 풀이 과정을 자세히 써라.)

23 점 P는 주사위를 던져 나온 눈의 수만큼 삼각형 ABC의 꼭짓점 A에서 출발하여 삼각형의

변을 따라 화살표 방향으로 이동한다. 예를 들어 주사위를 던져 4의 눈이 나오면 점 P는 A → B → C → A → B의 순서로 이동하여 점 B의 위치에 놓이게 된다. 주사위를 두 번 던질 때, 점 P가 첫 번째 던진 후에는 A, 두 번째 던진 후에는 B에 놓이게 될 확률은?

① $\frac{1}{10}$ ② $\frac{1}{9}$

③ $\frac{1}{5}$ ④ $\frac{2}{9}$

⑤ $\frac{1}{3}$

24 오른쪽 그림과 같은 과녁에 화살을 쏘아 화살이 B영역을 맞힐 확률을 구하여라. (단, 화살이 과녁을 벗어나거나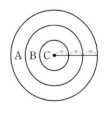

경계선을 맞히는 경우는 생각하지 않는다.)

유형 01

두 개의 주사위 A, B를 동시에 던져 A 주사위에서 나온 눈의 수를 a, B 주사위에서 나온 눈의 수를 b라고 할 때, x에 대한 방정식 $ax-b=0$의 해가 1 또는 6일 확률을 구하여라.

해결포인트 주사위를 던져 나올 수 있는 눈의 수는 1, 2, 3, 4, 5, 6 중의 하나이다. 방정식 $ax-b=0$의 해가 $x=1$이라는 것은 $x=1$일 때 등식 $ax-b=0$이 성립함을 뜻한다.

확인문제

1-1 한 개의 주사위를 두 번 던져서 처음 나온 눈의 수를 x, 두 번째 나온 눈의 수를 y라고 할 때, $2x+y=8$일 확률을 구하여라.

1-2 두 개의 주사위 A, B를 동시에 던져 A 주사위에서 나온 눈의 수를 x, B 주사위에서 나온 눈의 수를 y라고 할 때, $x<2y-3$일 확률을 구하여라.

유형 02

어떤 시험에서 갑이 합격할 확률은 $\dfrac{2}{3}$, 을이 합격할 확률은 $\dfrac{3}{4}$이다. 이때 두 사람 중에서 적어도 한 사람이 합격할 확률을 구하여라.

해결포인트 두 사람 중에서 적어도 한 사람이 합격하는 경우는 다음의 세 가지가 있다.
① 갑은 합격하고 을은 불합격하는 경우
② 갑은 불합격하고 을은 합격하는 경우
③ 갑과 을이 모두 합격하는 경우
따라서 두 사람 중 적어도 한 사람이 합격하는 경우는 전체 경우에서 두 사람이 모두 불합격하는 경우만 제외하면 된다.

확인문제

2-1 사격 선수인 성준이와 재혁이가 목표물을 맞힐 확률이 각각 $\dfrac{3}{5}$, $\dfrac{2}{3}$이다. 두 사람이 목표물을 쏘았을 때, 적어도 한 사람은 목표물을 맞힐 확률을 구하여라.

2-2 재민이가 수학 문제의 정답을 맞힐 확률은 $\dfrac{1}{3}$이다. 재민이가 수학 문제 3개를 풀어서 적어도 한 문제의 정답을 맞힐 확률을 구하여라.

유형 03

주머니 속에 파란 색 구슬이 5개, 빨간 색 구슬이 3개 들어 있다. 이 주머니에서 2개의 구슬을 차례대로 꺼낼 때, 2개 모두 파란 구슬일 확률을 구하여라.

(단, 꺼낸 구슬은 다시 넣지 않는다.)

해결포인트 연속하여 뽑는 경우는 다음의 두 가지가 있다.
① 꺼낸 것을 다시 넣고 연속하여 뽑는 경우
➡ 처음 뽑을 때나 두 번째 뽑을 때나 전체 개수가 같으므로 처음 사건의 결과가 두 번째 사건에 영향을 미치지 않는다.
② 꺼낸 것을 다시 넣지 않고 연속하여 뽑는 경우
➡ 처음 뽑을 때의 전체 개수와 두 번째 뽑을 때의 전체 개수가 다르므로 처음 사건의 결과가 두 번째 사건에 영향을 미친다.

유형 04

비가 온 다음 날 비가 올 확률은 25%, 비가 오지 않은 다음 날 비가 올 확률은 20%이다. 어느 화요일에 비가 왔을 때, 이틀 후인 목요일에는 비가 오지 않을 확률을 구하여라.

해결포인트 사건 A가 일어날 확률을 p라고 하면 사건 A가 일어나지 않을 확률은 $1-p$이다. 따라서 비가 온 다음 날 비가 올 확률이 25%이면 비가 온 다음 날 비가 오지 않을 확률은 75%이다. 또, 비가 오지 않은 다음 날 비가 올 확률이 20%이면 비가 오지 않은 다음 날 비가 오지 않을 확률은 80%이다.

확인문제

3-1 주머니 속에 1부터 10까지의 자연수가 각각 적힌 공이 10개 들어 있다. 처음 한 개의 공을 꺼내 적힌 숫자를 확인하고 되돌려 넣은 다음, 다시 한 개를 꺼낼 때, 처음에는 3의 약수, 두 번째는 3의 배수가 적힌 공이 나올 확률을 구하여라.

3-2 10개의 제비 중에 2개의 당첨 제비가 들어 있다. 두 사람이 차례대로 제비를 1개씩 뽑을 때, 적어도 한 사람은 당첨될 확률을 구하여라.

(단, 뽑은 제비는 다시 넣지 않는다.)

확인문제

4-1 눈이 온 다음 날 눈이 올 확률은 $\dfrac{2}{5}$, 눈이 오지 않은 다음 날 눈이 올 확률은 $\dfrac{1}{5}$이다. 어느 수요일에 눈이 왔을 때, 이틀 후인 금요일에는 눈이 오지 않을 확률을 구하여라.

4-2 어느 농구팀이 경기를 할 때, 경기에서 이긴 다음 날 이길 확률은 $\dfrac{3}{4}$, 경기에서 진 다음 날 이길 확률은 $\dfrac{1}{3}$이다. 3일 연속 경기를 할 때, 첫째 날은 이기고 3일째에는 질 확률을 구하여라.

1 두 개의 주사위를 던져 나온 눈의 수를 각각 a, b라고 할 때, $2a > b+4$일 확률을 구하여라. (단, 풀이 과정을 자세히 써라.)

3 빨간 색 구슬 4개와 흰 색 구슬 3개가 들어 있는 주머니에서 2개의 구슬을 동시에 꺼낼 때, 2개의 구슬이 같은 색일 확률을 구하여라. (단, 풀이 과정을 자세히 써라.)

2 두 개의 주사위 A, B를 동시에 던져 나온 눈의 수를 각각 a, b라 할 때, 좌표평면 위의 네 점 P(a, b), Q$(a, 0)$, O$(0, 0)$, R$(0, b)$를 꼭짓점으로 하는 사각형 PQOR의 넓이가 12일 확률을 구하여라. (단, 풀이 과정을 자세히 써라.)

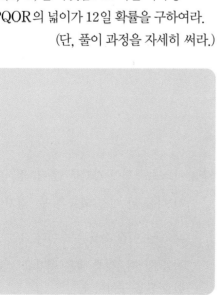

4 A, B 두 사람이 어떤 문제를 푸는데 A가 정답을 맞힐 확률이 $\dfrac{2}{3}$, 두 사람이 모두 정답을 맞히지 못할 확률이 $\dfrac{1}{6}$일 때, B가 정답을 맞힐 확률을 구하여라. (단, 풀이 과정을 자세히 써라.)

Step 6

도전 1등급

정답 p. 16

생각해 봅시다!

01 두 개의 주사위 A, B를 동시에 던져 A 주사위에서 나온 눈의 수를 x, B 주사위에서 나온 눈의 수를 y라고 할 때, $y > 2x - 1$을 만족하는 경우의 수를 구하여라.

주사위를 한 개 던져 나올 수 있는 눈의 수는 1, 2, 3, 4, 5, 6 중의 하나이므로 부등식 $y > 2x - 1$을 만족하는 x, y의 값의 순서쌍의 개수를 구해 본다.

02 5개의 알파벳 a, b, c, d, e를 사전식으로 나열할 때, cbaed 는 몇 번째인가?
① 52번째 ② 54번째 ③ 56번째
④ 58번째 ⑤ 60번째

사전식으로 나열하려면 알파벳 순서대로 나열해야 하므로 a□□□□ 꼴이 먼저 나온다.

03 5개의 의자가 있는 시험장에 5명의 수험생이 무심코 앉을 때, 2명만이 자신의 수험 번호가 적힌 의자에 앉고, 나머지 3명은 다른 사람의 수험 번호가 적힌 의자에 앉게 되는 경우의 수는?
① 10 ② 15 ③ 20
④ 30 ⑤ 60

먼저 5명 중 자신의 수험 번호가 적힌 의자에 앉게 되는 2명을 고른 후, 나머지 3명이 각각 다른 사람의 수험 번호가 적힌 의자에 앉게 되는 경우의 수를 구해 본다.

04 0, 1, 2, 3, 4, 5의 숫자가 각각 적힌 6장의 카드가 있다. 이 중에서 4장을 뽑아 나열하여 네 자리의 정수를 만들 때, 짝수 가 되는 경우의 수를 구하여라.

짝수는 일의 자리의 숫자가 짝수, 즉 0, 2, 4, 6, 8 중의 하나이어야 함을 이용한다.

05 오른쪽 그림과 같은 모양의 도로망이 있다. A지점에서 출발하여 P지점을 거쳐 B지점까지 최단 거리로 가는 경우의 수를 구하여라.

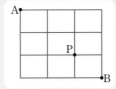

구하는 경우의 수는 A지점에서 P지점까지 최단 거리로 가는 경우의 수와 P지점에서 B지점까지 최단 거리로 가는 경우의 수의 곱과 같다.

06 0, 1, 2, 3, 4의 숫자가 각각 적힌 5장의 카드에서 3장을 뽑아 세 자리의 정수를 만들 때, 3의 배수의 개수는?

① 18   ② 20   ③ 24
④ 32   ⑤ 36

어떤 수가 3의 배수가 되려면 각 자리의 숫자의 합이 3의 배수이어야 함을 이용한다.

07 주머니 속에 1부터 50까지의 자연수가 각각 적힌 50개의 구슬이 있다. 주머니에서 구슬을 1개 꺼낼 때, 구슬에 적힌 숫자가 2의 배수 또는 3의 배수일 확률은?

① $\frac{3}{5}$ ② $\frac{16}{25}$ ③ $\frac{33}{50}$
④ $\frac{7}{10}$ ⑤ $\frac{18}{25}$

모든 경우의 수는 50이므로 2의 배수 또는 3의 배수가 적힌 구슬을 꺼내는 경우의 수를 구해 본다.

08 주머니 A에는 흰 공 3개, 검은 공 2개가 들어 있고, 주머니 B에는 흰 공 1개, 검은 공 3개가 들어 있다. A, B 두 주머니에서 각각 한 개씩 공을 꺼낼 때, 꺼낸 공의 색이 서로 같을 확률을 구하여라.

두 주머니에서 꺼낸 공이 모두 흰 공일 확률과 모두 검은 공일 확률로 나누어 생각해 본다.

09 오른쪽 그림과 같이 수직선 위에 3이 대응하는 점에 바둑돌이 놓여 있다. 동전을 한 개 던져서 앞면이 나오면 바둑돌을 양의 방향으로 1만큼, 뒷면이 나오면 바둑돌을 음의 방향으로 1만큼 움직인다고 할 때, 동전 한 개를 3번 던져서 바둑돌이 2에 대응하는 점에 놓일 확률을 구하여라.

처음 3에 대응하는 점에 놓여 있던 바둑돌이 동전을 3번 던진 후 2에 대응하는 점에 놓이려면 3번 동안 음의 방향으로 1만큼 움직여야 함을 이용한다.

10 오른쪽 그림과 같이 9개의 점이 있다. 이 중 4개의 점을 이어서 직사각형을 만들 때, 무심코 만든 직사각형이 정사각형이 될 확률을 구하여라. (단, 가로, 세로로 이웃하는 두 점 사이의 거리는 모두 같다.)

만들 수 있는 모든 사각형의 개수와 정사각형의 개수를 각각 구해 본다.

11 오른쪽 그림과 같이 각각 4등분, 3등분되어 있는 두 개의 원판 A, B가 있다. 이 두 원판의 바늘이 각각 돌다가 멈추었을 때, 바늘이 모두 (가)영역을 가리킬 확률을 구하여라.

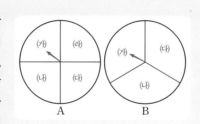

구하는 확률은 원판 A의 바늘이 돌다가 (가)영역을 가리킬 확률과 원판 B의 바늘이 돌다가 (가)영역을 가리킬 확률의 곱과 같다.

12 오른쪽 그림과 같이 입구에 구슬을 넣으면 A, B, C, D, E 중 어느 한 곳으로 구슬이 나오는 장치가 있다. 입구에 구슬을 한 개 넣었을 때, 그 구슬이 D로 나올 확률을 구하여라. (단, 갈림길에서 구슬이 어느 한 쪽으로 내려갈 확률은 모두 같다.)

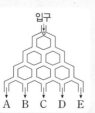

구슬이 D로 나오는 각각의 경우를 먼저 구해 본다.

Step **7**

대단원 성취도 평가

나의 점수 _____ 점 / 100점 만점

정답 p. 18

객관식 [각 5점]

01 0, 1, 2, 3, 4가 각각 적힌 5장의 카드 중에서 2장을 뽑아 두 자리의 정수를 만들 때, 만든 정수가 짝수인 경우의 수는?

① 6　　　　② 8　　　　③ 10　　　　④ 12　　　　⑤ 14

02 오른쪽 그림과 같이 P지점에서 Q지점으로 가는 길은 4가지, Q지점에서 R지점으로 가는 길은 5가지가 있다. 이때 P지점에서 Q지점을 거쳐 R지점으로 가는 길은 모두 몇 가지인가?

① 4　　　　② 5　　　　③ 9　　　　④ 16　　　　⑤ 20

03 여학생 3명과 남학생 2명을 한 줄로 세울 때, 여학생은 여학생끼리, 남학생은 남학생끼리 이웃하여 세우는 경우의 수는?

① 6　　　　② 12　　　　③ 18　　　　④ 24　　　　⑤ 60

04 1부터 5까지의 숫자가 각각 적힌 5장의 카드가 있다. 이 중 3장을 뽑아 세 자리의 정수를 만들 때, 일의 자리에 4가 오는 경우의 수는?

① 4　　　　② 8　　　　③ 12　　　　④ 16　　　　⑤ 20

05 다음 중 옳지 않은 것은?

① 절대로 일어나지 않는 사건의 확률은 0이다.
② 반드시 일어나는 사건의 확률은 1이다.
③ 사건 A가 일어날 확률이 p이면 사건 A가 일어나지 않을 확률은 0이다.
④ 어떤 사건이 일어날 확률을 p라 하면 $0 \leq p \leq 1$이다.
⑤ 주사위를 한 개 던져 6 이하의 눈이 나올 확률은 1이다.

06 한 개의 주사위를 두 번 던져 처음 나온 눈의 수를 a, 두 번째 나온 눈의 수를 b라 할 때, $\dfrac{a}{b} < 1$일 확률은?

① $\dfrac{1}{3}$　　　　② $\dfrac{5}{12}$　　　　③ $\dfrac{1}{2}$　　　　④ $\dfrac{7}{12}$　　　　⑤ $\dfrac{2}{3}$

07 주머니 속에 흰 공 3개, 빨간 공 2개가 들어 있다. 이 중 2개의 공을 꺼낼 때, 꺼낸 공의 색이 다를 확률은?

① $\dfrac{1}{10}$　　② $\dfrac{1}{5}$　　③ $\dfrac{2}{5}$　　④ $\dfrac{1}{2}$　　⑤ $\dfrac{3}{5}$

08 어떤 사격 선수가 목표물을 맞힐 확률은 $\dfrac{3}{5}$이다. 이 선수가 목표물을 향해 4발을 쏘아 3발 이하를 맞힐 확률은?

① $\dfrac{27}{125}$　　② $\dfrac{98}{125}$　　③ $\dfrac{81}{625}$　　④ $\dfrac{544}{625}$　　⑤ $\dfrac{598}{625}$

09 주머니 A에는 흰 공 2개와 검은 공 3개가 들어 있고, 주머니 B에는 흰 공 3개와 검은 공 4개가 들어 있다. A, B 두 주머니에서 각각 공을 한 개씩 꺼낼 때, 서로 같은 색의 공이 나올 확률은?

① $\dfrac{18}{35}$　　② $\dfrac{3}{5}$　　③ $\dfrac{24}{35}$　　④ $\dfrac{27}{35}$　　⑤ $\dfrac{6}{7}$

10 정수는 매일 버스 또는 지하철을 이용하여 등교한다. 어느 날 정수가 버스로 등교했다면 그 다음 날 버스로 등교할 확률은 $\dfrac{2}{3}$이고, 지하철로 등교했다면 그 다음 날 버스로 등교할 확률은 $\dfrac{1}{2}$이라고 한다. 정수가 이번 주 월요일에 지하철로 등교했다면 이틀 후인 수요일에 버스로 등교할 확률은?

① $\dfrac{5}{12}$　　② $\dfrac{1}{2}$　　③ $\dfrac{7}{12}$　　④ $\dfrac{2}{3}$　　⑤ $\dfrac{3}{4}$

11 A, B 두 사람이 어느 장소에서 만나기로 약속을 하였다. A가 약속 장소에 나가지 않을 확률이 $\dfrac{1}{5}$, B가 약속 장소에 나가지 않을 확률이 $\dfrac{1}{3}$일 때, 두 사람이 약속 장소에서 만날 확률은?

① $\dfrac{7}{15}$　　② $\dfrac{8}{15}$　　③ $\dfrac{3}{5}$　　④ $\dfrac{2}{3}$　　⑤ $\dfrac{11}{15}$

12 30개의 제비 중에서 당첨 제비가 5개 들어 있다. 이 중 경민이가 먼저 한 개를 뽑고, 영규가 나중에 한 개를 뽑을 때, 영규가 당첨될 확률은?

(단, 한 번 뽑은 제비는 다시 넣지 않는다.)

① $\dfrac{1}{12}$　　② $\dfrac{1}{6}$　　③ $\dfrac{1}{4}$　　④ $\dfrac{1}{3}$　　⑤ $\dfrac{5}{12}$

주관식 [각 6점]

13 오른쪽 그림과 같이 A, B, C, D의 네 부분에 빨강, 노랑, 초록, 파랑 중 한 가지를 골라 칠하려고 한다. 같은 색을 여러 번 써도 좋으나 이웃한 부분은 서로 다른 책을 칠하려고 할 때, 칠하는 경우의 수를 구하여라.

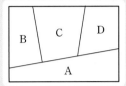

14 오른쪽 그림과 같은 반원 위에 6개의 점이 있다 이 중 3개의 점을 택하여 만들 수 있는 삼각형의 개수를 구하여라.

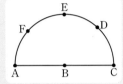

15 A, B 두 회사에서 각각 생산된 반도체 한 상자씩을 가지고 불량품을 검사하고 있다. 각 상자에 각각 0.6%, 0.3%의 불량품이 들어 있다고 할 때, 임의로 꺼낸 하나의 반도체가 불량품일 확률을 구하여라.

16 흰 구슬 5개, 파란 구슬 3개가 들어 있는 주머니에서 구슬을 한 개 꺼낼 때, 파란 구슬이 나올 확률이 $\frac{1}{4}$이 되도록 하려면 흰 구슬을 몇 개 더 넣어야 하는지 구하여라.

17 1부터 20까지의 자연수가 각각 적힌 20장의 카드 중에서 한 장을 뽑아 나온 수를 30으로 나눌 때, 그 나눈 수가 유한소수가 될 확률을 구하여라.

서술형 주관식

18 A, B 두 사람이 1회에 A, 2회에 B, 3회에 A, 4회에 B의 순서로 주사위를 던지는 놀이를 한다. 짝수의 눈이 먼저 나오는 사람이 이기는 것으로 할 때, 4회 이내에 B가 이길 확률을 구하여라. (단, 풀이 과정을 자세히 써라.) [10점]

V

도형의 성질

Step 1
교과서 이해

정답 p. 20

1 이등변삼각형

01 두 변의 길이가 같은 삼각형을 ☐삼각형이라고 한다.

02 이등변삼각형에서 길이가 같은 두 변에 끼인 각을 ☐, 꼭지각의 대변을 ☐, 밑변의 양 끝각을 ☐이라고 한다.

03 이등변삼각형의 두 밑각의 크기는 ☐.

04 두 내각의 크기가 같은 삼각형은 ☐이다.

05 이등변삼각형의 꼭지각의 이등분선은 밑변을 ☐한다.

[06~08] 다음 삼각형에서 $\angle x$의 크기를 구하여라.

06
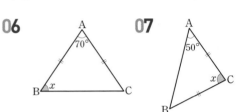

07
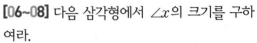

08
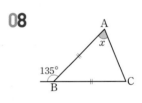

[09~10] 다음 삼각형에서 $\overline{AB} = \overline{AC}$일 때, $\angle x$와 $\angle y$의 크기를 각각 구하여라.

09
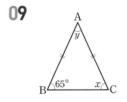

10
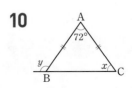

11 삼각형 ABC가 $\overline{AB}=\overline{AC}$인 이등변삼각형일 때, 이 삼각형의 꼭지각, 밑변, 두 밑각을 기호로 나타내어라.

12 $\overline{AB}=\overline{AC}$인 이등변삼각형 ABC의 두 밑각 ∠B, ∠C의 이등분선의 교점을 P라 할 때, △PBC는 어떤 삼각형인지 말하여라.

13 다음은 △ABC에서 ∠B=∠C이면 $\overline{AB}=\overline{AC}$임을 확인하는 과정이다. □ 안에 알맞은 것을 써넣어라.

∠A의 이등분선을 그어 변 BC와의 교점을 D라 하자.
△ABD와 △ACD에서
∠B=∠C,
∠BAD=∠CAD이고
삼각형의 내각의 크기의 합은 180°이므로
∠ADB= [가] , [나] 는 공통
따라서 △ABD≡△ABD([다] 합동)이므로
$\overline{AB}=\overline{AC}$

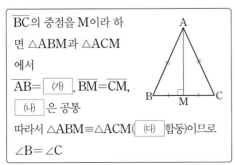

14 다음은 △ABC에서 $\overline{AB}=\overline{AC}$이면 ∠B=∠C임을 확인하는 과정이다. □ 안에 알맞은 것을 써넣어라.

$\overline{BC}$의 중점을 M이라 하면 △ABM과 △ACM에서
$\overline{AB}=$ [가] , $\overline{BM}=\overline{CM}$,
[나] 은 공통
따라서 △ABM≡△ACM([다] 합동)이므로
∠B=∠C

15 다음은 이등변삼각형 ABC의 밑변 BC의 중점을 M이라 할 때, $\overline{AM}\perp\overline{BC}$이면 $\overline{AM}$은 꼭지각 A를 이등분함을 확인하는 과정이다. □ 안에 알맞은 것을 써넣어라.

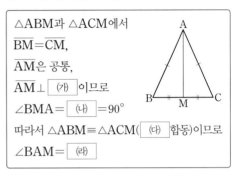

△ABM과 △ACM에서
$\overline{BM}=\overline{CM}$,
$\overline{AM}$은 공통,
$\overline{AM}\perp$ [가] 이므로
∠BMA= [나] =90°
따라서 △ABM≡△ACM([다] 합동)이므로
∠BAM= [라]

16 다음은 이등변삼각형 ABC에서 꼭지각 ∠A의 이등분선과 밑변 BC의 교점을 D라고 하면, $\overline{AD}$는 $\overline{BC}$를 수직이등분함을 확인하는 과정이다. □ 안에 알맞은 것을 써넣어라.

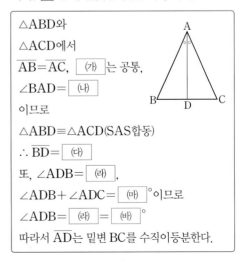

△ABD와
△ACD에서
$\overline{AB}=\overline{AC}$, [가] 는 공통,
∠BAD= [나]
이므로
△ABD≡△ACD(SAS합동)
∴ $\overline{BD}=$ [다]
또, ∠ADB= [라] ,
∠ADB+∠ADC= [마] °이므로
∠ADB= [라] = [바] °
따라서 $\overline{AD}$는 밑변 BC를 수직이등분한다.

17 다음은 이등변삼각형 ABC의 밑변 BC의 중점을 M이라고 하면 ∠BAM=∠CAM, $\overline{AM}\perp\overline{BC}$임을 확인하는 과정이다. ☐ 안에 알맞은 것을 써넣어라.

△ABM과 △ACM에서
$\overline{AB}=\overline{AC}$, $\overline{BM}=\overline{CM}$
㉮ 은 공통
따라서 △ABM≡ ㉯ 이므로
∠BAM= ㉰ , $\overline{AM}\perp$ ㉱

18 다음은 이등변삼각형 ABC의 꼭짓점 A에서 밑변에 내린 수선의 발을 M이라고 하면 ∠BAM=∠CAM, $\overline{BM}=\overline{CM}$임을 확인하는 과정이다. ☐ 안에 알맞은 것을 써넣어라.

△ABM과 △ACM에서
$\overline{AB}=\overline{AC}$, $\overline{AM}$은 공통
∠B=∠C이고
∠AMB=∠AMC= ㉮ °
이므로 ∠BAM= ㉯
따라서 △ABM≡ ㉰ 이므로
∠BAM= ㉱ , $\overline{BM}=$ ㉲

2 직각삼각형의 합동 조건

19 빗변의 길이와 한 ☐의 크기가 각각 같은 두 직각삼각형은 합동이다.

20 빗변의 길이와 다른 한 ☐의 길이가 각각 같은 두 직각삼각형은 합동이다.

21 다음 삼각형 중에서 합동인 것을 모두 골라 짝지어라.

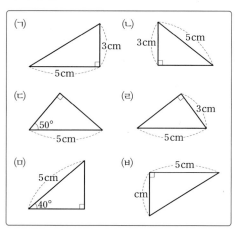

22 다음은 ∠C=∠F=90°인 두 삼각형 ABC와 DEF에 대하여 $\overline{AB}=\overline{DE}$, ∠B=∠E이면 △ABC≡△DEF임을 확인하는 과정이다. ☐ 안에 알맞은 것을 써넣어라.

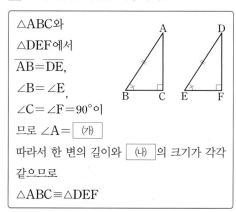

△ABC와 △DEF에서
$\overline{AB}=\overline{DE}$,
∠B=∠E,
∠C=∠F=90°이므로 ∠A= ㉮
따라서 한 변의 길이와 ㉯ 의 크기가 각각 같으므로
△ABC≡△DEF

23 다음은 ∠C = ∠F = 90°인 두 직각삼각형 ABC와 DEF에 대하여 $\overline{AB} = \overline{DE}$이고 $\overline{AC} = \overline{DF}$이면 △ABC≡△DEF임을 확인하는 과정이다. □ 안에 알맞은 것을 써넣어라.

오른쪽 그림과 같이 길이가 같은 두 변 AC와 DF를 맞붙여 놓으면 ∠C = ∠F = 90°이므로 네 점 B, C, F, E는 [(가)] 위에 있게 된다.

$\overline{AB}$ = [(나)]이므로 △ABE는 이등변삼각형이다.

∴ ∠B = [(다)]

따라서 두 직각삼각형의 [(라)]의 길이와 [(마)]의 크기가 각각 같으므로

△ABC≡△DEF

24 다음은 오른쪽 그림에서 ∠A = ∠C = 90°, ∠ADB = ∠CBD일 때, △ABD≡△CDB임을 확인하는 과정이다. □ 안에 알맞은 것을 써넣어라.

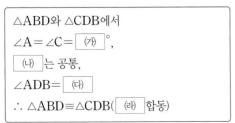

△ABD와 △CDB에서

∠A = ∠C = [(가)]°,

[(나)]는 공통,

∠ADB = [(다)]

∴ △ABD≡△CDB([(라)] 합동)

3 각의 이등분선의 성질

25 다음은 각의 이등분선 위의 한 점에서 그 각의 두 변에 이르는 거리가 같음을 확인하는 과정이다. □ 안에 알맞은 것을 써넣어라.

오른쪽 그림과 같이 ∠XOY의 이등분선을 $\overrightarrow{OP}$라 하고, 점 P에서 ∠XOY의 두 변 $\overrightarrow{OX}$, $\overrightarrow{OY}$에 내린 수선의 발을 각각 Q, R라 하면

△PQO와 △PRO에서

∠PQO = ∠PRO = [(가)]°,

∠POQ = [(나)],

[(다)]는 공통

따라서 △PQO≡△PRO([(라)] 합동)이므로

$\overline{PQ} = \overline{PR}$

26 다음은 각의 두 변에서 같은 거리에 있는 점은 그 각의 이등분선 위에 있음을 확인하는 과정이다. □ 안에 알맞은 것을 써넣어라.

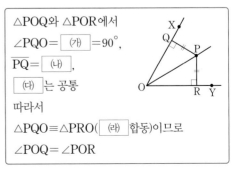

△POQ와 △POR에서

∠PQO = [(가)] = 90°,

$\overline{PQ}$ = [(나)],

[(다)]는 공통

따라서

△PQO≡△PRO([(라)] 합동)이므로

∠POQ = ∠POR

정답 p. 21

01 오른쪽 그림의 △ABC 는 $\overline{AB}=\overline{AC}$인 이등 변삼각형이다. □ 안에 알맞은 것을 보기에서 골라 써넣어라.

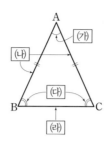

┌─ 보기 ┐
(ㄱ) 등변　　　(ㄴ) 밑변
(ㄷ) 꼭지각　　(ㄹ) 밑각

02 오른쪽 그림에서 $\overline{AB}=\overline{AC}$일 때, $\angle x$의 크기는?

① $50°$　　② $55°$
③ $60°$　　④ $65°$
⑤ $70°$

03 오른쪽 그림에서 $\overline{AB}=\overline{AC}$일 때, $\angle x$의 크기를 구하여라.

[04~05] 다음 그림에서 $\angle x$의 크기를 구하여라.

04

05

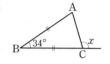

[06~09] 오른쪽 그림과 같이 $\overline{AB}=\overline{AC}$인 이등변삼각형 ABC에서 $\angle A$의 이등분선과 $\overline{BC}$의 교점을 D라 하면 $\overline{BD}=4\,\text{cm}$, $\angle A=50°$이다. 다음을 구하여라.

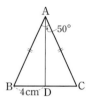

06 $\angle ACD$의 크기

07 $\angle ADC$의 크기

08 $\overline{CD}$의 길이

09 $\overline{BC}$의 길이

[10~12] 다음 그림의 삼각형 ABC에서 x의 값을 구하여라.

10

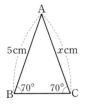

11

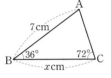

12

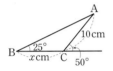

[13~14] 다음 두 직각삼각형 ABC, DEF에서 다음을 구하여라.

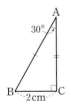 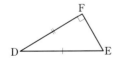

13 ∠E의 크기

14 $\overline{\text{EF}}$의 길이

15 다음 그림과 같은 두 직각삼각형에서 x의 값을 구하여라.

16 다음의 두 직각삼각형이 합동일 때, ∠x의 크기를 구하여라.

17 오른쪽 그림과 같은 직각삼각형 ABC에서 $\overline{\text{AB}}=\overline{\text{AD}}$, $\overline{\text{AC}}\perp\overline{\text{DE}}$일 때, $\overline{\text{DE}}$의 길이는?

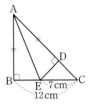

① 4 cm

② 5 cm

③ 6 cm

④ 7 cm

⑤ 8 cm

01 오른쪽 그림과 같이 $\overline{AB}=\overline{BC}$인 이등변삼각형 ABC에서 ∠$x$의 크기를 구하여라.

02 오른쪽 그림과 같이 $\overline{AB}=\overline{AC}$인 이등변삼각형 ABC에서 ∠ABD=116°일 때, ∠x의 크기는?

① 54°　　　② 58°

③ 64°　　　④ 68°

⑤ 74°

03 이등변삼각형에서 다음 중 나머지 넷과 일치하지 <u>않는</u> 직선은?

① 꼭지각의 이등분선

② 밑변의 수직이등분선

③ 꼭짓점에서 밑변에 내린 수선

④ 꼭짓점과 밑변의 중점을 지나는 직선

⑤ 밑각의 이등분선

04 다음 중 이등변삼각형의 성질이 <u>아닌</u> 것은?

① 두 밑각의 크기가 같다.

② 꼭지각의 이등분선은 밑변을 이등분한다.

③ 꼭지각의 이등분선은 밑변과 직교한다.

④ 꼭지각의 이등분선은 밑변의 중점을 지난다.

⑤ 세 내각의 크기가 같다.

05 오른쪽 그림과 같이 $\overline{AB}=\overline{AC}$인 △ABC에서 $\overline{AD}$는 ∠A의 이등분선이다. 다음 중 옳지 <u>않은</u> 것은?

① ∠B＝∠C

② $\overline{BD}=\overline{CD}$

③ $\overline{BC}\perp\overline{AD}$

④ △ABD≡△ACD

⑤ $\overline{AD}=\overline{BC}$

06 오른쪽 그림에서 △ABC는 $\overline{AB}=\overline{AC}$인 이등변삼각형이다. $\overline{AD}\perp\overline{BC}$이고 $\overline{BD}=2$cm, ∠C＝58° 일 때, $x+y$의 값을 구하여라.

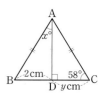

07 오른쪽 그림에서 △ABC는 $\overline{AB}=\overline{AC}$인 이등변삼각형이다. $\overline{AD}=\overline{BD}$, ∠C=75°일 때, ∠ABD의 크기는?

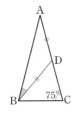

① 20° ② 25°

③ 30° ④ 35°

⑤ 40°

08 오른쪽 그림에서 △ABC는 $\overline{AB}=\overline{AC}$인 이등변삼각형이다. $\overline{BD}=\overline{BC}$, ∠C=70°일 때, ∠ABD의 크기를 구하여라.

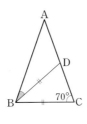

09 오른쪽 그림과 같이 $\overline{AB}=\overline{AC}$인 이등변삼각형 ABC에서 ∠B의 이등분선 과 $\overline{AC}$와의 교점을 D라 한 다. ∠A=36°일 때, 다음 중 옳지 않은 것은?

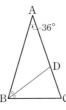

① ∠DCB=72°

② $\overline{AD}=\overline{BD}=\overline{BC}$

③ ∠ADB=∠C+∠DBC

④ ∠DBC=∠BDC

⑤ △DBC는 이등변삼각형이다.

10 오른쪽 그림에서 △ABC 는 $\overline{AB}=\overline{AC}$인 이등변삼 각형이다. 꼭지각 A의 이 등분선이 $\overline{BC}$와 만나는 점을 D라 할 때, 다음 중 옳지 않은 것은?

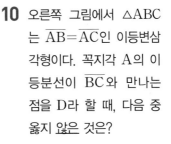
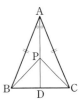

① △APB≡△APC

② $\overline{BD}=\overline{CD}$, $\overline{PD}\perp\overline{BC}$

③ $\overline{PB}=\overline{PC}$

④ ∠ABP=∠PBD

⑤ $\overline{BD}=\overline{CD}=\overline{PD}$이면 ∠BPC=90°이다.

서술형

11 오른쪽 그림과 같이 $\overline{AB}=\overline{AC}$인 이등변삼각 형 ABC에서 꼭지각 A 의 이등분선을 그어 밑변 BC와의 교점을 D라 한 다. 선분 AD 위에 $\overline{BD}=\overline{PD}$가 되도록 한 점 P를 잡을 때, ∠BPC의 크기를 구하여 라. (단, 풀이 과정을 자세히 써라.)

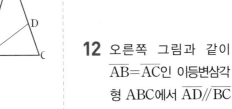

12 오른쪽 그림과 같이 $\overline{AB}=\overline{AC}$인 이등변삼각 형 ABC에서 $\overline{AD}/\!/\overline{BC}$ 이고 ∠BAC=70°일 때, ∠x의 크기는?

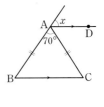

① 35° ② 40°

③ 45° ④ 50°

⑤ 55°

13 오른쪽 그림의 △ABC에서 $\overline{AB}=\overline{AC}$, $\overline{BC}=\overline{DC}$ 이고 ∠A=40°일 때, ∠ABD의 크기를 구하여라.

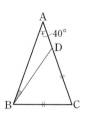

서술형

14 다음 그림에서 $\overline{AB}=\overline{BC}=\overline{CD}=\overline{DE}$이고 ∠ADE=120°일 때, ∠A의 크기를 구하여라. (단, 풀이 과정을 자세히 써라.)

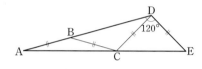

15 오른쪽 그림에서 △ABC, △BCD는 모두 이등변삼각형이다. ∠A=44°, ∠ACD=∠DCE일 때, ∠x의 크기는?

① 28° ② 28.5°
③ 29° ④ 30°
⑤ 30.5°

16 오른쪽 그림과 같이 $\overline{AB}=\overline{AC}$인 이등변삼각형 ABC에서 변 AB, AC의 중점을 각각 M, N이라 하고, $\overline{BN}$, $\overline{CM}$의 교점을 P라고 하자. 다음 중 옳지 않은 것은?

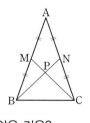

① $\overline{MP}=\overline{NP}$ ② $\overline{BP}=\overline{CP}$
③ ∠PBC=∠PCB ④ $\overline{BN}=\overline{CM}$
⑤ ∠MBP=∠PBC

서술형

17 오른쪽 그림과 같은 정삼각형 ABC에서 $\overline{AB}$, $\overline{AC}$ 위에 $\overline{BD}=\overline{CE}$가 되도록 점 D, E를 잡는다. $\overline{BE}=12\,cm$일 때, $\overline{CD}$의 길이를 구하여라. (단, 풀이 과정을 자세히 써라.)

18 폭이 일정한 종이 테이프를 오른쪽 그림과 같이 ∠DAB=80°가 되도록 접었을 때, ∠ACB의 크기는?

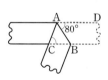

① 20° ② 25°
③ 30° ④ 35°
⑤ 40°

19 다음 중 오른쪽 그림과 같은 두 직각삼각형 ABC, A′B′C′이 합동이 되는 조건이 <u>아닌</u> 것은?

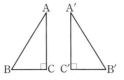

① ∠A=∠A′, $\overline{AB}=\overline{A'B'}$

② ∠A=∠A′, ∠B=∠B′

③ $\overline{AB}=\overline{A'B'}$, $\overline{BC}=\overline{B'C'}$

④ $\overline{AB}=\overline{A'B'}$, $\overline{AC}=\overline{A'C'}$

⑤ $\overline{AC}=\overline{A'C'}$, $\overline{BC}=\overline{B'C'}$

20 오른쪽 그림과 같이 $\overline{AB}=\overline{AC}$인 이등변삼각형 ABC의 밑변 BC의 중점 M에서 $\overline{AB}$, $\overline{AC}$에 내린 수선의 발을 각각 D, E라 하고, $\overline{AM}$을 그을 때, 다음 중 옳지 <u>않은</u> 것은?

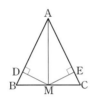

① △ABM≡△ACM

② △ADM≡△AEM

③ △ADM≡△DBM

④ △DBM≡△ECM

⑤ ∠AMB=90°

21 오른쪽 그림과 같이 직각이등변삼각형 ABC의 꼭짓점 A를 지나는 직선 *l*이 있다. 두 꼭짓점 B, C에서 직선 *l*에 내린 수선의 발을 각각 D, E라 할 때, $\overline{DE}$의 길이를 구하여라.

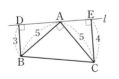

22 오른쪽 그림과 같이 $\overline{AC}=\overline{BC}$이고 ∠C=90°인 △ABC에서 $\overline{AD}=\overline{AC}$, $\overline{ED}\perp\overline{AB}$일 때, 다음 중 옳지 <u>않은</u> 것을 모두 고르면?

(정답 2개)

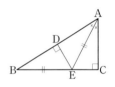

① $\overline{BD}=\overline{CE}$

② ∠DEC=135°

③ $\overline{AE}=\overline{BC}$

④ $\overline{AB}=\overline{AD}+\overline{DE}$

⑤ $\overline{BE}=\overline{EC}$

23 오른쪽 그림과 같은 직각삼각형 ABC에서 ∠DAE=∠CAE이고 $\overline{AB}\perp\overline{DE}$이다. $\overline{AE}=\overline{BE}$일 때, ∠B의 크기를 구하여라.

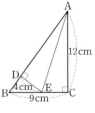

24 오른쪽 그림과 같이 ∠C=90°인 직각삼각형 ABC에서 빗변 AB 위에 $\overline{AC}=\overline{AD}$가 되도록 점 D를 잡고, 변 BC 위에 $\overline{AB}\perp\overline{DE}$가 되도록 점 E를 잡는다. $\overline{AC}=12$cm, $\overline{BC}=9$cm, $\overline{DE}=4$cm일 때, $\overline{BE}$의 길이를 구하여라.

25 오른쪽 그림과 같은 △ABC에서 $\overline{DE}=\overline{DF}$, $\overline{BD}=\overline{CD}$, $\overline{DE}\perp\overline{AB}$, $\overline{DF}\perp\overline{AC}$, ∠B=65°일 때, ∠A의 크기를 구하여라. (단, 풀이 과정을 자세히 써라.)

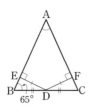

26 오른쪽 그림과 같이 ∠XOY=58°, ∠PQO=∠PRO=90°, $\overline{PQ}=\overline{PR}$일 때, ∠$x$의 크기는?

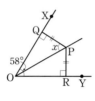

① 58° ② 59°
③ 60° ④ 61°
⑤ 62°

27 오른쪽 그림에서 $\overline{AB}=\overline{BC}$이고 $\overline{DC}=\overline{DE}$이다. ∠B=75°, ∠D=35° 일 때, ∠x의 크기를 구하여라.

28 오른쪽 그림에서 △ABC는 ∠A=90° 인 직각이등변삼각형 이다.

∠BAE=∠CAE, ∠DCE=∠DCF일 때, ∠x의 크기를 구하여라.

29 오른쪽 그림에서 $\overline{AB}=\overline{AC}=\overline{CD}$ 이 고, ∠DCE=100°일 때, ∠x-∠y의 크기 를 구하여라. (단, 풀이 과정을 자세히 써라.)

30 $\overline{AB}=\overline{AC}$인 이등변 삼각형 ABC의 변 AB 위에 점 P를 잡 아, 점 P를 지나고 $\overline{BC}$에 수직인 직선이 변 BC, 변 CA의 연장선과 만나는 점을 각각 M, N이라고 하자. $\overline{AP}=4\,cm$, $\overline{BP}=8\,cm$일 때, $\overline{NC}$의 길이를 구하여라.

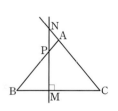

(단, 풀이 과정을 자세히 써라.)

유형 **01**

오른쪽 그림과 같이 $\overline{AB}=\overline{AC}$인 △ABC를 두 점 A, B가 일치하도록 접었다.
∠EBC=27°일 때, ∠x의 크기를 구하여라.

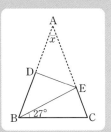

해결**포인트** ① 이등변삼각형에서 두 밑각의 크기는 같음을 이용한다.
② 삼각형의 세 내각의 크기의 합은 180°임을 이용한다.

유형 **02**

오른쪽 그림과 같이 선분 AB 위에 한 점 C를 잡아 $\overline{AC}$, $\overline{BC}$를 각각 한 변으로

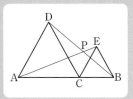

하는 정삼각형 ACD, BCE를 만들 때, ∠APD의 크기를 구하여라.

해결**포인트** ① 그림에서 합동인 두 삼각형을 찾아본다.
② 정삼각형의 한 내각의 크기가 60°임을 이용한다.

확인문제

1-1 폭이 일정한 종이 테이프를 다음 그림과 같이 접었다. ∠DAC=130°일 때, ∠x의 크기를 구하여라.

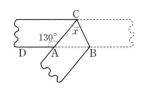

1-2 오른쪽 그림과 같이 $\overline{AB}=\overline{AC}$인 △ABC를 두 점 A, C가 일치하도록 접었다.
∠BCD=30°일 때, ∠x의 크기를 구하여라.

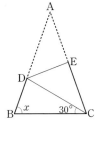

확인문제

2-1 오른쪽 그림과 같이 정삼각형 ABC에서 $\overline{AB}$, $\overline{BC}$ 위에 점 D, E를 $\overline{AD}=\overline{BE}$가 되도록 잡고, $\overline{AE}$와 $\overline{CD}$의 교점을 O라 할 때, ∠EOC의 크기를 구하여라.

2-2 오른쪽 그림에서 세 점 A, B, C는 한 직선 위에 있고, △ACD와 △BCE는 정삼각형이다. $\overline{AE}$와 $\overline{BD}$의 교점을 P라 할 때, ∠PDA+∠DAP의 크기를 구하여라.

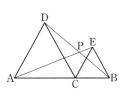

1 오른쪽 그림의 △ABC는 ∠A=40°이고 $\overline{AB}=\overline{AC}$ 인 이등변삼각형이다. $\overline{BC}$, $\overline{AC}$, $\overline{AB}$ 위에 각각 $\overline{CD}=\overline{BF}$, $\overline{BD}=\overline{CE}$가 되는 점 D, E, F를 잡을 때, ∠FDE의 크기를 구하여라. (단, 풀이 과정을 자세히 써라.)

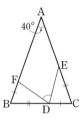

3 오른쪽 그림과 같이 △ABC에서 $\overline{AB}$, $\overline{AC}$를 한 변으로 하는 정삼각형 AEB와 ADC를 그리고 $\overline{BD}$와 $\overline{EC}$의 교점을 O, $\overline{AB}$와 $\overline{EC}$의 교점을 P라 할 때, ∠BOE의 크기를 구하여라.

(단, 풀이 과정을 자세히 써라.)

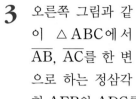

2 오른쪽 그림과 같이 정삼각형 ABC의 두 변 AB, AC 위에 $\overline{AE}=\overline{BD}$가 되도록 점 D, E를 잡을 때, ∠BPC의 크기를 구하여라. (단, 풀이 과정을 자세히 써라.)

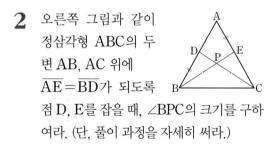

4 오른쪽 그림과 같이 △ABC 의 두 꼭짓점 B, C에서 변 AC, AB에 내린 수선의 발을 각각 D, E라 하자. $\overline{AB}=9\,cm$, $\overline{AC}=8\,cm$, $\overline{BD}=6\,cm$일 때, $\overline{CE}$의 길이를 구하여라.

(단, 풀이 과정을 자세히 써라.)

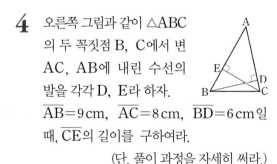

1 삼각형의 외심

01 한 다각형의 모든 꼭짓점이 한 원 위에 있을 때, 이 원은 다각형에 [   ]한다고 한다. 이때 이 원을 다각형의 [   ]이라 하고, 외접원의 중심을 [   ]이라고 한다.

02 삼각형 ABC의 세 꼭짓점이 원 O 위에 있을 때, 원 O는 삼각형 ABC에 [   ]한다고 한다. 이때 원 O를 삼각형 ABC의 [   ] 이라고 하며, 외접원의 중심 O를 삼각형 ABC의 [   ]이라고 한다.

03 삼각형 ABC의 세 변의 수직이등분선은 한 점에서 만나는데, 이 점을 삼각형 ABC의 [   ]이라고 한다.

04 삼각형의 외심에서 [   ]에 이르는 거리 는 같다.

2 삼각형의 외심의 성질

05 다음은 선분 AB의 양 끝점 A, B에서 같은 거리에 있는 점 P는 선분 AB의 수직이등분선 위에 있음을 확인하는 과정이다. □ 안에 알맞은 것을 써넣어라.

> 점 P에서 $\overline{AB}$에 내린 수선의 발을 M이라 하면
> △PAM과 △PBM에서
> ∠PMA = [(가)] = 90°
> 점 P가 두 점 A, B에서 같은 거리에 있으므로
> $\overline{PA}$ = [(나)],
> [(다)] 은 공통
> 따라서 △PAM≡△PBM([(라)] 합동)이므로
> $\overline{AM}$ = [(마)]
> 즉, $\overline{PM}$은 $\overline{AB}$의 수직이등분선이다.

06 중심의 위치를 모르는 원의 중심을 작도하는 방법을 설명하여라.

07 다음은 삼각형의 세 변의 수직이등분선은 한 점에서 만남을 확인하는 과정이다. □ 안에 알맞은 것을 써넣어라.

> △ABC에서 $\overline{AB}$, $\overline{AC}$의 수직이등분선의 교점을 O라 하고 점 O에서 $\overline{BC}$에 내린 수선의 발을 E라고 하자. 점 O는 $\overline{AB}$의 수직이등분선 위에 있으므로 $\overline{OA}=$ ⟨가⟩
> 또, 점 O는 $\overline{AC}$의 수직이등분선 위에 있으므로 $\overline{OA}=$ ⟨나⟩
> $\therefore \overline{OB}=$ ⟨나⟩
> 따라서 두 직각삼각형 BOE와 COE에서
> $\overline{OB}=$ ⟨나⟩ , ⟨다⟩ 는 공통이므로
> △BOE≡△COE(⟨라⟩ 합동)
> $\therefore \overline{BE}=$ ⟨마⟩
> 즉, $\overline{OE}$는 $\overline{BC}$의 ⟨바⟩ 이다.
> 그러므로 세 변의 수직이등분선은 한 점 O에서 만난다.

[08~10] 다음 삼각형의 외심의 위치를 말하여라.

08 예각삼각형

09 직각삼각형

10 둔각삼각형

11 다음은 직각삼각형의 외심은 빗변의 중점과 일치함을 확인하는 과정이다. □ 안에 알맞은 것을 써넣어라.

> 직각삼각형 ABC의 빗변 $\overline{AB}$의 중점 O에서 $\overline{BC}$, $\overline{AC}$에 내린 수선의 발을 각각 P, Q라 하자.
> △AOQ≡△OBP(⟨가⟩ 합동)이므로
> $\overline{AQ}=\overline{OP}$, $\overline{OQ}=\overline{BP}$
> 즉 □OPCQ는 직사각형이다.
> 따라서 $\overline{QC}=$ ⟨나⟩ , $\overline{PC}=$ ⟨다⟩ 이므로
> $\overline{OQ}$, $\overline{OP}$는 각각 $\overline{AC}$, $\overline{BC}$의 ⟨라⟩ 이다.
> 이상에서 점 O는 $\overline{BC}$, $\overline{AC}$의 수직이등분선의 교점이다.

12 다음은 점 O가 △ABC의 외심일 때, $\angle A=\dfrac{1}{2}\angle BOC$임을 확인하는 과정이다.
□ 안에 알맞은 것을 써넣어라.

> $\overline{OA}=\overline{OB}=\overline{OC}$이므로 △OAB, △OBC, △OCA는 모두 이등변 삼각형이다.
> $\angle OAB=\angle OBA=\angle x$,
> $\angle OBC=\angle OCB=\angle y$,
> $\angle OAC=\angle OCA=\angle z$라 하면
> $2(\angle x+\angle y+\angle z)=$ ⟨가⟩ °
> 즉 $\angle x+\angle y+\angle z=$ ⟨나⟩ °이므로
> $\angle A=180°-(\angle B+\angle C)$
> $=180°-(\angle x+\angle y+\angle y+\angle z)$
> $=180°-(\angle x+\angle y+\angle z+\angle y)$
> $=180°-($ ⟨나⟩ °$+\angle y)$
> $=$ ⟨다⟩ °$-\angle y$ ······ ㉠
> △OBC에서 $2\angle y=180°-\angle BOC$이므로
> $\angle y=90°-\dfrac{1}{2}\angle BOC$ ······ ㉡
> ㉠, ㉡에서 $\angle A=\dfrac{1}{2}\angle BOC$

3 삼각형의 외심의 활용

13 오른쪽 그림에서 점 O 는 △ABC의 외심이 다. ∠OAC=33°, ∠OCA=33°일 때, ∠B의 크기를 구하여라.

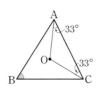

14 오른쪽 그림에서 점 O 는 △ABC의 외심이 다. ∠A=65°일 때 ∠OBC＋∠OCB의 크기를 구하여라.

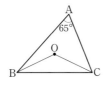

15 오른쪽 그림에서 점 O 는 △ABC의 외심이 다. ∠OBC=30°, ∠OCA=45°일 때, ∠OBA의 크기를 구하여라.

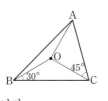

16 오른쪽 그림에서 점 O 는 △ABC의 외심이 다. ∠AOC=86°, ∠OBC=20°일 때, ∠OAB의 크기를 구하여라.

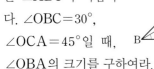

4 삼각형의 내심과 그 성질

17 원과 직선이 한 점에서 만날 때, 이 직선은 원에 [   ]고 한다. 이때 이 직선을 원의 [   ]이라고 하고 접선이 원과 만나는 점을 [   ]이라고 한다.

18 원과 두 점에서 만나는 직선을 그 원의 [   ]이라고 한다.

19 삼각형 ABC의 세 변이 원 I에 접할 때, 원 I 는 삼각형 ABC에 [   ]한다고 한다. 이 때 원 I를 삼각형 ABC의 [   ]이라고 하며, 내접원의 중심 I를 삼각형 ABC의 [   ]이라고 한다.

20 삼각형의 내심에서 [   ]에 이르는 거리 는 같다.

21 삼각형의 내심은 예각삼각형, 둔각삼각형, 직각삼각형과 같은 모양에 관계없이 항상 삼각형의 [   ]에 존재한다.

22 각의 두 변에서 같은 거리에 있는 점은 그 각의 [   ] 위에 존재한다.

23 이등변삼각형의 외심과 내심은 [   ]의 이등분선 위에 있다.

24 정삼각형의 외심과 내심은 [   ]한다.

25 다음은 삼각형의 세 내각의 이등분선은 한 점에서 만남을 확인하는 과정이다. □ 안에 알맞은 것을 써넣어라.

> 오른쪽 그림의 △ABC에서 ∠A, ∠B의 이등분선의 교점을 I라 하고, 점 I에서 세 변에 내린 수선의 발을 각각 D, E, F라고 하자.
>
>
>
> 점 I는 ∠A의 이등분선 위에 있으므로
> $\overline{ID}=$ (가) ...... ㉠
> 또, 점 I는 ∠B의 이등분선 위에 있으므로
> $\overline{ID}=$ (나) ...... ㉡
> ㉠, ㉡에서 $\overline{IE}=$ (다)
> 즉, 점 I는 $\overline{CE}$, $\overline{CF}$에서 같은 거리에 있으므로
> $\angle ICE=$ (라)
> 따라서 $\overline{CI}$는 ∠C의 이등분선이므로 삼각형 ABC의 세 내각의 이등분선은 한 점에서 만난다.

28 다음은 점 I가 삼각형 ABC의 내심일 때,
$\angle BIC=90°+\dfrac{1}{2}\angle A$
임을 확인하는 과정이다. □ 안에 알맞은 것을 써넣어라.

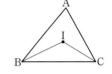

> $\overline{BI}$는 ∠B의 (가) 이므로 $\angle IBC=\dfrac{1}{2}\angle B$
> 또, $\overline{CI}$는 ∠C의 (가) 이므로
> $\angle ICB=\dfrac{1}{2}\angle C$
> △IBC에서
> $\angle BIC=180°-(\angle IBC+\angle ICB)$
> $\qquad=180°-\dfrac{1}{2}($ (나) $)$
> $\qquad=180°-\dfrac{1}{2}(180°-$ (다) $)$
> $\qquad=90°+\dfrac{1}{2}\angle A$

[26~27] 오른쪽 그림과 같은 △ABC의 내심이 I일 때 다음을 구하여라.

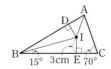

26 $\overline{ID}$의 길이

27 ∠IBD의 크기

5 삼각형의 내심의 활용

29 오른쪽 그림에서 점 I는 △ABC의 내심이다. ∠A=52°일 때, ∠BIC의 크기를 구하여라.

30 오른쪽 그림에서 점 I가 △ABC의 내심일 때, ∠x의 크기를 구하여라.

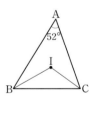

01 오른쪽 그림에서 점 O가 △ABC의 외심일 때, $\angle x+\angle y+\angle z$의 크기를 구하여라.

02 오른쪽 그림에서 점 O가 △ABC의 외심일 때, $\overline{OA}=x$ cm, $\angle OCB=y°$이다. 이때 $x+y$의 값은?

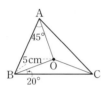

① 25   ② 30
③ 35   ④ 40
⑤ 45

03 오른쪽 그림에서 점 O가 △ABC의 외심이다. $\angle BOC=130°$일 때, $\angle OBA+\angle OCA$의 크기를 구하여라.

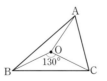

04 오른쪽 그림과 같이 $\angle B$가 직각인 직각삼각형 ABC에서 빗변 AC의 중점을 M이라 하자. $\overline{AC}=10$ cm일 때, $\overline{BM}$의 길이는?

① $\dfrac{10}{3}$ cm   ② 4 cm

③ $\dfrac{14}{3}$ cm   ④ 5 cm

⑤ $\dfrac{16}{3}$ cm

05 오른쪽 그림에서 △ABC는 $\angle C=90°$인 직각삼각형이다. △ABC의 외접원의 둘레의 길이는?

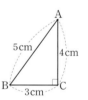

① 3π cm   ② 4π cm
③ 5π cm   ④ 7π cm
⑤ 12π cm

06 오른쪽 그림에서 점 O는 △ABC의 외심이다. $\overline{AC}=8$ cm이고, △AOC의 둘레의 길이의 합이 18 cm일 때, △ABC의 외접원의 반지름의 길이를 구하여라.

07 오른쪽 그림에서 점 I 가 삼각형 ABC의 내심일 때, $\angle x + \angle y + \angle z$의 크기를 구하여라.

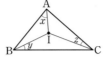

10 오른쪽 그림에서 세 점 D, E, F는 △ABC의 내접원과 세 변의 접점이다. 이때 $\overline{AD}$의 길이는?

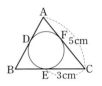

① 1 cm   ② 1.5 cm

③ 2 cm   ④ 2.5 cm

⑤ 3 cm

08 오른쪽 그림에서 점 I 는 △ABC의 내심일 때, $\angle BIC$의 크기는?

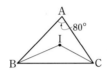

① 110°   ② 115°

③ 120°   ④ 125°

⑤ 130°

11 오른쪽 그림에서 세 점 D, E, F가 △ABC 의 내접원과 세 변의 접점일 때, x의 값을 구하여라.

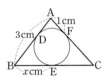

09 오른쪽 그림의 △ABC 에서 점 I는 내심이고, $\angle C = 80°$이다. $\overline{AI}$, $\overline{BI}$ 의 연장선이 $\overline{BC}$, $\overline{AC}$ 와 만나는 점을 각각 D, E라 할 때, $\angle ADB + \angle AEB$의 크기를 구하여라.

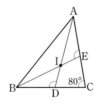

12 오른쪽 그림에서 점 I 는 △ABC의 내심이고, 내접원의 반지름의 길이가 2 cm이다. △ABC의 넓이가 24 cm²일 때, △ABC의 세 변의 길이의 합을 구하여라.

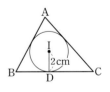

01 다음 중 점 O가 삼각형 ABC의 외심인 것은?

① ②

③ ④

⑤

02 오른쪽 그림에서 점 O가 △ABC의 외심이고, ∠ABC=45°, ∠BOC=140°일 때, ∠ACB의 크기는?

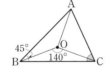

① 50°　　　② 55°

③ 60°　　　④ 65°

⑤ 70°

03 오른쪽 그림에서 점 O는 △ABC의 외심이고, ∠A : ∠B : ∠C=2 : 3 : 4 일 때, ∠AOB의 크기를 구하여라.

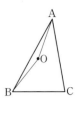

04 오른쪽 그림에서 두 점 P, Q가 $\overline{AB}$의 수직이등분선 위에 있을 때, 다음 중 옳지 않은 것은?

① $\overline{PA}=\overline{PB}$

② $\overline{QA}=\overline{QB}$

③ ∠PAQ=∠PBQ

④ ∠QAM=∠QBM

⑤ $\overline{AM}=\overline{QM}$

서술형

05 오른쪽 그림에서 점 O는 △ABC의 외심이다. ∠ABO=20°, ∠CBO=35°일 때, ∠x의 크기를 구하여라.

(단, 풀이 과정을 자세히 써라.)

06 오른쪽 그림에서 점 O는 △ABC의 외심이다. ∠BAO=30°, ∠ACO=28°일 때, ∠BOC의 크기는?

① 108° ② 112°
③ 116° ④ 120°
⑤ 124°

09 오른쪽 그림에서 점 O는 △ABC의 외심이고, $\overline{BO}$ 의 연장선이 변 AC와 만나는 점을 D라 하자. ∠A=48°일 때, ∠OBC의 크기는?

① 40° ② 42°
③ 44° ④ 46°
⑤ 48°

서술형
07 오른쪽 그림에서 점 O는 △ABC의 외심이다. ∠ABO=26°, ∠OBC=30°일 때, ∠A, ∠C의 크기를 각각 구하여라.
(단, 풀이 과정을 자세히 써라.)

10 다음 그림에서 ∠A=90°인 직각삼각형 ABC의 빗변 BC의 중점이 M일 때, ∠AMC의 크기를 구하여라.

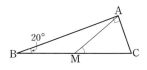

서술형
08 오른쪽 그림에서 점 O는 △ABC의 세 변의 수직이등분선의 교점이다. $\overline{AB}=\overline{AC}$, ∠OBC=30°일 때, ∠ACO의 크기를 구하여라.
(단, 풀이 과정을 자세히 써라.)

서술형
11 오른쪽 그림과 같이 ∠A=90°인 직각삼각형 ABC에서 $\overline{BC}$=10 cm이고, ∠B=30°일 때, △AMC의 둘레의 길이를 구하여라.
(단, 풀이 과정을 자세히 써라.)

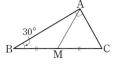

12 다음 중 점 I가 △ABC의 내심인 것은?

① 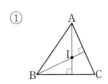 ②

③   ④

⑤

13 오른쪽 그림에서
$\overline{OA} \perp \overline{PA}$, $\overline{OB} \perp \overline{PB}$,
$\overline{PA} = \overline{PB}$일 때, 다음
중 옳지 않은 것은?

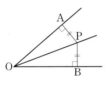

① $\overline{AO} = \overline{BO}$
② $\angle APO = \angle BPO$
③ $\angle AOP = \angle BOP$
④ $\triangle AOP \equiv \triangle BOP$
⑤ $\angle AOB = \angle OPA$

14 다음 중 삼각형의 내심에 관한 설명으로 옳지 않은 것은?

① 삼각형의 내접원의 중심이다.
② 삼각형의 세 각의 이등분선의 교점이다.
③ 내심에서 세 변에 이르는 거리는 같다.
④ 내심에서 세 꼭짓점에 이르는 거리는 같다.
⑤ 삼각형의 내심은 항상 삼각형의 내부에 있다.

15 오른쪽 그림에서 점 I는
△ABC의 내심이다.
$\angle A = 50°$일 때, $\angle BIC$의
크기를 구하여라.

16 오른쪽 그림에서 점 I는
△ABC의 내심이다. 점
I에서 세 변에 내린 수선
의 발을 각각 D, E, F
라 할 때, 다음 중 옳지 않은 것은?

① $\triangle AFI \equiv \triangle AEI$
② $\overline{BF} = \overline{BD}$
③ $\overline{ID} = \overline{IE} = \overline{IF}$
④ $\angle FBI = \angle DBI$
⑤ $\triangle BID \equiv \triangle CID$

17 오른쪽 그림에서 점 I는 △ABC의 내심이다. 다음 중 옳지 <u>않은</u> 것은?

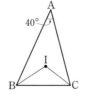

① 점 I는 △ABC의 내접원의 중심이다.

② 점 I는 세 내각의 이등분선의 교점이다.

③ 점 I에서 세 변까지의 거리는 모두 같다.

④ ∠BIC＝110°

⑤ ∠BAI＝22°

18 오른쪽 그림에서 점 I는 △ABC의 내심이고, $\overline{AI}$의 연장선이 $\overline{BC}$와 만나는 점을 D, 점 A에서 $\overline{BC}$에 내린 수선의 발을 H라 하자. ∠A＝60°, ∠B＝50°, ∠C＝70°일 때, 다음 중 옳지 <u>않은</u> 것은?

① ∠CAH＝20°　② ∠DAH＝10°

③ ∠ADC＝80°　④ ∠AIC＝110°

⑤ ∠BIC＝120°

19 오른쪽 그림에서 점 I가 △ABC의 내심이고, ∠BIC＝144°일 때, ∠A의 크기를 구하여라.

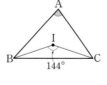

서술형

20 오른쪽 그림에서 점 I가 △ABC의 내심이고, ∠BAI＋∠BCI＝70° 일 때, ∠B의 크기를 구하여라. (단, 풀이 과정을 자세히 써라.)

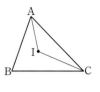

21 오른쪽 그림에서 점 I가 △ABC의 내심이고, 세 점 D, E, F는 각각 내접원과 세 변의 접점이다. $\overline{AB}$＝12cm, $\overline{BC}$＝13cm, $\overline{AC}$＝10cm 일 때, $\overline{BD}$의 길이는?

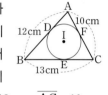

① 6 cm　　　② $\dfrac{13}{2}$ cm

③ 7 cm　　　④ $\dfrac{15}{2}$ cm

⑤ 8 cm

22 오른쪽 그림에서 점 I가 △ABC의 내심이고, 세 점 D, E, F는 각각 내접원과 세 변의 접점이다. $\overline{AB}$＝9 cm, $\overline{BC}$＝12 cm, $\overline{AC}$＝7 cm일 때, $\overline{BD}$의 길이를 구하여라.

23 오른쪽 그림에서 점 I가
△ABC의 내심일 때,
다음 중 옳지 않은 것
은?

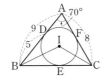

① $\overline{AD}=4$　　　② $\overline{FC}=3$

③ $\overline{BC}=9$　　　④ $\angle BIC=125°$

⑤ $\angle CAI=35°$

24 오른쪽 그림에서 점 I가
△ABC의 내심이고,
$\overline{AB}=5$, $\overline{BC}=6$,
$\overline{CA}=4$일 때, △IAB,

△IBC, △IAC의 넓이의 비를 가장 간단한
자연수의 비로 나타내어라.

25 오른쪽 그림에서
$\overline{BC}/\!/\overline{DE}$이고 점 I는
△ABC의 내심일 때, 다
음 중 옳지 않은 것은?

① $\overline{DE}=\overline{DB}+\overline{CE}$

② △DBI≡△ECI

③ △DBI는 이등변삼각형이다.

④ $\angle BIC=90°+\dfrac{1}{2}\angle A$

⑤ $\angle DBI=\angle DIB$

26 오른쪽 그림에서
$\angle C=90°$인 직
각삼각형 ABC
의 내심이 I이고, $\overline{AB}=13\,cm$,
$\overline{BC}=5\,cm$, $\overline{AC}=12\,cm$일 때, △IAB의
넓이를 구하여라.

27 삼각형의 외심과 내심에 대한 다음 설명 중
옳지 않은 것은?

① 삼각형의 외심은 세 변의 수직이등분선
이 만나는 점이다.

② 외심으로부터 세 꼭짓점에 이르는 거리
는 같다.

③ 이등변삼각형의 내심과 외심은 밑변의
수직이등분선 위에 있다.

④ 삼각형의 세 변의 수직이등분선의 교점
으로부터 세 꼭짓점에 이르는 거리는
같다.

⑤ 직각삼각형의 내심은 빗변의 중점과 일
치한다.

28 오른쪽 그림과 같이
$\angle B=90°$인 직각삼각
형 ABC에서 두 점 I,
O는 각각 △ABC의
내심과 외심이고, 점 P는 $\overline{OB}$와 $\overline{IC}$의 교점
이다. $\angle A=60°$일 때, $\angle BPC$의 크기를 구
하여라. (단, 풀이 과정을 자세히 써라.)

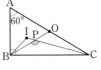

정답 p. 29

유형 01

다음 그림에서 점 O는 둔각삼각형 ABC의
외심이다. ∠ABC=30°, ∠ACB=25°일
때, ∠BOC의 크기를 구하여라.

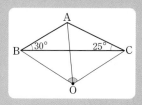

해결포인트 둔각삼각형의 외심은 삼각형의 외부에 존재
한다. 삼각형의 외심에서 세 꼭짓점에 이르는 거리가 같음을
이용하여 문제를 해결한다.

유형 02

오른쪽 그림에서 점 O와
점 I는 각각 △ABC의
외심과 내심이다.
∠BIC=115°일 때,
∠BOC의 크기를 구하여
라.

해결포인트 ① 점 O가 △ABC의 외심이므로
∠BOC=2∠A가 성립한다.
② 점 I가 △ABC의 내심이므로 ∠BIC=90°+$\frac{1}{2}$∠A가 성
립한다.

확인문제

1-1 오른쪽 그림에서 점 O
가 △ABC의 외심일
때, ∠BOC의 크기를
구하여라.

2-1 오른쪽 그림에서 점 O
가 △ABC의 외심이
고, ∠A=70°일 때,
∠OBC의 크기를 구하
여라.

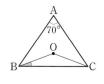

1-2 다음 그림에서 점 O가 △ABC의 외심이
고 ∠ABC=32°, ∠OBC=23°일 때,
∠ACB의 크기를 구하여라.

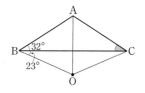

2-2 오른쪽 그림에서 점
O와 점 I는 각각
△ABC의 외심과 내
심이다. ∠BAD=40°,
∠CAE=20°일 때, ∠AEB의 크기를 구
하여라.

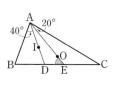

유형 03

오른쪽 그림과 같이 세 변의 길이가 각각 10 cm, 8 cm, 6 cm 인 직각삼각형 ABC의 외접원의 반지름의 길

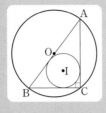

이를 R cm, 내접원의 반지름의 길이를 r cm라 할 때, $R+r$의 값을 구하여라.

해결포인트 ① 직각삼각형의 외심은 빗변의 중점과 일치함을 이용한다.
② 내심에서 삼각형의 세 변에 이르는 거리가 일정하므로 △ABC의 넓이를 세 변의 길이와 내접원의 반지름의 길이를 이용하여 나타내 본다.

유형 04

오른쪽 그림에서 점 I 는 △ABC의 내심이 고 ∠C=76°일 때, ∠ADB+∠AEB의 크기를 구하여라.

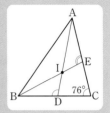

해결포인트 삼각형의 내심은 세 내각의 이등분선의 교점이다. 즉, 점 I가 △ABC의 내심이므로 $\overline{AI}$, $\overline{BI}$는 각각 ∠A, ∠B의 이등분선이다.

확인문제

3-1 오른쪽 그림에서 점 I 는 △ABC의 내심이 다. △ABC의 둘레의 길이가 18 cm이고, 넓 이가 15 cm²일 때, △ABC의 내접원의 반지름의 길이를 구하여라.

확인문제

4-1 오른쪽 그림에서 점 I 는 △ABC의 내심이 고, 점 I′은 △IBC의 내심이다. ∠A=60° 일 때, ∠BI′C의 크기 를 구하여라.

3-2 오른쪽 그림은 세 변의 길이가 각각 5, 12, 13 인 직각삼각형 ABC 의 내접원과 외접원을 그린 것이다. 어두운 부분의 넓이를 구하 여라.

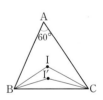

4-2 오른쪽 그림에서 점 I 는 △ABC의 내심이 고 ∠BDC=93°, ∠BEC=81°일 때, ∠A의 크기를 구하여 라.

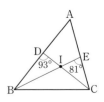

1 오른쪽 그림에서 점 O 는 △ABC의 외심이 고, 점 D는 $\overline{AO}$의 연 장선과 변 BC와의 교 점이다. ∠C=65°, ∠OAC=33°일 때, ∠BOD의 크기를 구 하여라. (단, 풀이 과정을 자세히 써라.)

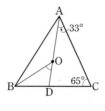

3 오른쪽 그림에서 점 I 는 한 변의 길이가 6인 정삼각형 ABC의 내 심이다. 점 I에서 $\overline{AB}$, $\overline{AC}$에 내린 수선의 발을 각각 D, E라 하 고 △ABC의 넓이를 S라 할 때, □ADIE 의 넓이를 S에 관한 식으로 나타내어라.
                    (단, 풀이 과정을 자세히 써라.)

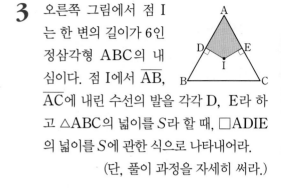

2 오른쪽 그림에서 점 I 는 △ABC의 내심이 다. $\overline{AB}$=7, $\overline{BC}$=6, $\overline{CA}$=5일 때, $\overline{CE}$의 길이를 구하여라.
        (단, 풀이 과정을 자세히 써라.)

4 오른쪽 그림과 같이 ∠A=40°, $\overline{AB}$=$\overline{AC}$인 이등변삼각형 ABC의 외 심을 O, 내심을 I라 할 때, ∠OBI의 크기를 구 하여라. (단, 풀이 과정을 자세히 써라.)

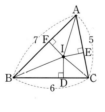

중간고사 대비
내신 만점 테스트

정답 p. 31

1회

_____ 반   이름 _____

01 서로 다른 네 개의 동전을 동시에 던질 때, 나올 수 있는 모든 경우의 수는 ? [3점]

① 8　　　　　　② 12

③ 16　　　　　　④ 20

⑤ 24

02 사건 A가 일어날 확률을 p라고 할 때, 다음 중 옳지 않은 것은? [3점]

① $p = \dfrac{(사건\ A가\ 일어나는\ 경우의\ 수)}{(모든\ 경우의\ 수)}$

② $0 < p < 1$

③ 사건 A가 일어나지 않을 확률은 $1-p$ 이다.

④ 반드시 일어나는 사건의 확률은 1이다.

⑤ 절대로 일어나지 않는 사건의 확률은 0이다.

03 A, B 두 개의 주사위를 동시에 던질 때 A 주사위에서 나온 눈의 수를 a, B 주사위에서 나온 눈의 수를 b라고 하자. 이때 x에 관한 방정식 $ax-b=1$의 해가 1 또는 4일 확률은? [3점]

① $\dfrac{1}{3}$　　　　　　② $\dfrac{2}{3}$

③ $\dfrac{1}{6}$　　　　　　④ $\dfrac{1}{9}$

⑤ $\dfrac{2}{9}$

04 초록색 공 5개와 파란색 공 4개가 들어 있는 주머니에서 2개의 공을 차례로 꺼낼 때, 2개 모두 초록색 공이 나올 확률을 m, 하나는 초록색 공이고 다른 하나는 파란색 공이 나올 확률을 n이라고 하자. 이때 $m+n$의 값은?
(단, 꺼낸 공은 다시 넣지 않는다.) [4점]

① $\dfrac{5}{6}$　　　　　　② $\dfrac{8}{9}$

③ $\dfrac{5}{18}$　　　　　　④ $\dfrac{7}{18}$

⑤ $\dfrac{13}{18}$

05 3명이 가위바위보를 할 때, 이긴 사람이 결정되지 않을 확률은? [4점]

① $\dfrac{1}{9}$ 　　② $\dfrac{2}{9}$

③ $\dfrac{1}{3}$ 　　④ $\dfrac{2}{3}$

⑤ $\dfrac{8}{9}$

06 1, 2, 3, 4의 숫자가 각각 적힌 네 장의 카드에서 3장을 뽑아 세 자리의 정수를 만든다. 만든 정수를 크기가 작은 것부터 배열할 때, 17번째에 나오는 수는? [4점]

① 321 　　② 324

③ 341 　　④ 342

⑤ 412

07 어떤 시험에서 민규가 합격할 확률은 $\dfrac{2}{3}$이고, 정호가 합격할 확률은 $\dfrac{3}{5}$일 때, 두 사람 모두 시험에 불합격할 확률은? [4점]

① $\dfrac{2}{5}$ 　　② $\dfrac{3}{5}$

③ $\dfrac{2}{15}$ 　　④ $\dfrac{5}{13}$

⑤ $\dfrac{4}{5}$

08 다음 중 옳지 않은 것은? [4점]

① 정삼각형의 외심과 내심은 일치한다.

② 이등변삼각형의 두 밑각의 크기는 같다.

③ 이등변삼각형의 밑변의 수직이등분선은 꼭지각을 이등분한다.

④ 이등변삼각형의 외심은 꼭지각의 이등분선 위에 있다.

⑤ 직각삼각형의 빗변의 중점에서 각 변에 이르는 거리는 같다.

09 오른쪽 그림의 △ABC에서 ∠B＝∠C, ∠BAD＝∠CAD일 때, 다음 중 옳지 않은 것은? [4점]

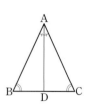

① $\overline{AD}\perp\overline{BC}$ 　　② $\overline{AB}=\overline{AC}$

③ $\overline{BD}=\overline{CD}$ 　　④ $\overline{AB}=\overline{BC}$

⑤ ∠B＋∠CAD＝90°

10 오른쪽 그림의 △ABC는 $\overline{AB}=\overline{AC}$인 이등변삼각형이고, ∠ABD=∠DBC, ∠A=40°이다. 다음 중 옳은 것은? [4점]

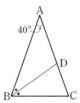

① ∠ABC=60°

② ∠ABD=30°

③ ∠BDC=75°

④ $\overline{AD}=\overline{BD}$

⑤ $\overline{DC}=\dfrac{1}{2}\overline{BC}$

11 오른쪽 그림에서 점 O는 △ABC의 외심이다. 이때 ∠x+∠y의 크기는? [4점]

① 45°   ② 50°

③ 55°   ④ 60°

⑤ 65°

12 ○, ×로 답하는 문제 5개가 있다. 어떤 학생이 5개의 문제에 무심코 답할 때, 적어도 두 문제를 맞힐 확률은? [4점]

① $\dfrac{3}{16}$ ② $\dfrac{5}{32}$

③ $\dfrac{3}{4}$ ④ $\dfrac{13}{16}$

⑤ $\dfrac{2}{5}$

13 오른쪽 그림에서 점 I는 △ABC의 내심이고 $\overline{DE}\,/\!/\,\overline{BC}$이다. 다음 중 옳지 않은 것을 모두 고르면? (정답 2개) [4점]

① ∠DIB=35°

② ∠IBC=25°

③ $\overline{DB}=\overline{EC}$

④ $\overline{DE}=\overline{DB}+\overline{EC}$

⑤ $\overline{AD}+\overline{DI}=13$

14 오른쪽 그림의 △ABC에서 두 점 O, I는 각각 △ABC의 외심과 내심이다. ∠B=40°, ∠C=60°일 때, ∠OAI의 크기는? [4점]

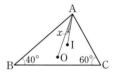

① 8°   ② 9°

③ 10°   ④ 11°

⑤ 12°

15 1부터 8까지의 자연수가 각각 적힌 8장의 카드 중에서 2장을 뽑을 때, 첫 번째 뽑은 카드에 적힌 숫자를 a, 두 번째 뽑은 카드에 적힌 숫자를 b라고 하자. 이때 분수 $\dfrac{1}{a+b}$이 유한소수일 확률은? (단, 뽑은 카드는 다시 넣는다.) [4점]

① $\dfrac{11}{32}$ ② $\dfrac{23}{64}$

③ $\dfrac{3}{8}$ ④ $\dfrac{25}{64}$

⑤ $\dfrac{13}{32}$

16 오른쪽 그림에서 점 O는 △ABC의 외심이다. $\overline{AD}=4\,cm$, $\overline{OD}=3\,cm$ 이고 △ABC$=40\,cm^2$ 일 때, □OECF의 넓이는? [4점]

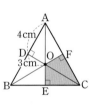

① $11\,cm^2$ ② $12\,cm^2$

③ $13\,cm^2$ ④ $14\,cm^2$

⑤ $15\,cm^2$

17 A, B, C, D, E 다섯 개를 한 줄로 세울 때, A와 B가 이웃하지 않도록 서는 경우의 수를 구하여라. [5점]

18 0, 1, 2, 3, 4, 5, 6의 숫자가 각각 적혀 있는 7장의 카드가 있다. 이 중에서 3장을 뽑아 세 자리의 정수를 만들 때, 만든 정수가 5의 배수일 확률을 구하여라. [5점]

19 주머니 속에 노란 구슬과 파란 구슬이 들어 있다. 이 주머니에 노란 구슬을 5개 더 넣고 잘 섞은 후에 구슬 한 개를 꺼냈을 때, 노란 구슬이 나올 확률은 $\dfrac{1}{2}$이 되고, 처음 주머니에 파란 구슬을 1개 더 넣고 잘 섞은 후에 구슬 1개를 꺼냈을 때, 파란 구슬이 나올 확률은 $\dfrac{4}{5}$가 된다고 한다. 이때 이 주머니 속에 처음 들어 있었던 노란 구슬의 개수를 구하여라. [5점]

20 주머니 속에 빨간색 공이 5개, 노란색 공이 2개 들어 있다. 연속하여 두 개의 공을 꺼낼 때, 꺼낸 두 개의 공이 서로 다른 색일 확률을 구하여라.(단, 꺼낸 공은 다시 넣지 않는다.)

[6점]

서술형 주관식

23 오른쪽 그림의 △ABC에서 $\overline{AB}=\overline{AC}$이고 ∠A=48°이다.
$\overline{BF}=\overline{CD}$이고 $\overline{BD}=\overline{CE}$일 때, ∠EFD의 크기를 구하여라. (단, 풀이 과정을 자세히 써라.)

[7점]

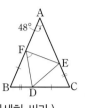

21 다음 그림에서 △ABC는 $\overline{AB}=\overline{AC}$인 이등변삼각형이고, ∠ABD=∠DBC, ∠ACD=∠DCE이다. ∠A=44°일 때, ∠BDC의 크기를 구하여라. [5점]

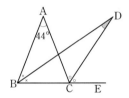

22 오른쪽 그림은 $\overline{AB}=10$, $\overline{BC}=8$, $\overline{AC}=6$인 직각삼각형 ABC의 내접원과 외접원을 함께 그린 것이다. 이때 어두운 부분의 넓이를 구하여라. [6점]

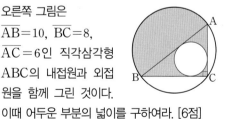

중간고사 대비
내신 만점 테스트

정답 p. 34

2회

_____ 반   이름 _____

01 1부터 12까지의 자연수가 각각 적힌 정십이면체 모양의 주사위를 던질 때, 나온 눈의 수가 소수 또는 4의 배수인 경우의 수는? [3점]

① 5   ② 6

③ 7   ④ 8

⑤ 9

02 학생 5명의 책가방이 있다. 5명이 무심코 가방을 들 때, 2명만 자신의 가방을 들고 나머지 3명은 다른 사람의 가방을 들게 되는 경우의 수는? [3점]

① 10   ② 12

③ 15   ④ 18

⑤ 20

03 A, B, C 세 사람이 가위바위보를 할 때, A가 이길 확률은? [3점]

① $\dfrac{1}{3}$ ② $\dfrac{2}{3}$

③ $\dfrac{1}{9}$ ④ $\dfrac{2}{9}$

⑤ $\dfrac{4}{9}$

04 주사위 한 개를 두 번 던져 처음 나온 눈의 수를 a, 두 번째 나온 눈의 수를 b라고 할 때, $a+2b=10$일 확률은? [4점]

① $\dfrac{1}{18}$ ② $\dfrac{1}{12}$

③ $\dfrac{1}{9}$ ④ $\dfrac{1}{6}$

⑤ $\dfrac{1}{4}$

05 각 면에 -2, 0, 2, 2가 적혀 있는 정사면체 모양의 주사위가 있다. 이 주사위를 두 번 던질 때, 바닥에 닿아 보이지 않는 면에 적힌 숫자의 합이 0이 될 확률은? [4점]

① $\dfrac{3}{16}$ ② $\dfrac{5}{16}$

③ $\dfrac{7}{16}$ ④ $\dfrac{9}{16}$

⑤ $\dfrac{11}{16}$

06 주머니에는 검은 공 5개가 들어 있고, B 주머니에는 검은 공 4개, 노란 공 6개가 들어 있다. 임의로 주머니 한 개를 택하여 공 한 개를 꺼낼 때, 그것이 검은 공일 확률은?
(단, A, B주머니를 선택할 확률은 같다.) [4점]

① $\dfrac{3}{10}$ ② $\dfrac{7}{10}$

③ $\dfrac{9}{10}$ ④ $\dfrac{5}{12}$

⑤ $\dfrac{7}{12}$

07 세 명의 사격 선수 A, B, C가 목표물을 명중시킬 확률이 각각 $\dfrac{3}{5}$, $\dfrac{2}{3}$, $\dfrac{3}{4}$일 때, 세 사람 중 두 명 이상이 목표물을 명중시킬 확률은?
[4점]

① $\dfrac{11}{12}$ ② $\dfrac{1}{2}$

③ $\dfrac{5}{12}$ ④ $\dfrac{1}{4}$

⑤ $\dfrac{3}{4}$

08 오른쪽 그림에서 $\overline{AB}=\overline{AC}$이고 $\overline{DF}\perp\overline{BC}$이다. $\overline{EB}=6\,cm$, $\overline{DC}=20\,cm$일 때, $\overline{AD}$의 길이는? [4점]

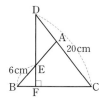

① $6\,cm$ ② $\dfrac{13}{2}\,cm$

③ $7\,cm$ ④ $\dfrac{15}{2}\,cm$

⑤ $8\,cm$

09 다음 그림에서 $\triangle ABC$와 $\triangle ADE$는 합동인 직각이등변삼각형이다. $\overline{AF}=\overline{AG}=\overline{AH}$일 때, $\angle AGH$의 크기는? [4점]

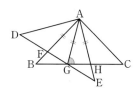

① $60°$ ② $65°$

③ $70°$ ④ $75°$

⑤ $80°$

10 각 면에 0, 1, 1, 1, 2, 2가 적혀 있는 정육면체가 있다. 이 정육면체를 두 번 던질 때, 나온 눈의 수의 합이 2일 확률은? [4점]

① $\dfrac{1}{9}$ ② $\dfrac{4}{9}$

③ $\dfrac{5}{12}$ ④ $\dfrac{13}{36}$

⑤ $\dfrac{17}{36}$

11 오른쪽 그림과 같이 $\overline{AB}=\overline{AC}$인 이등변삼각형 ABC가 있다. 점 I는 △ABC의 내심이고 ∠AIB 의 크기가 125°일 때, ∠BAI의 크기는? [4점]

① 20°   ② 25°

③ 30°   ④ 35°

⑤ 55°

12 오른쪽 그림에서 △ABC는 $\overline{AB}=\overline{AC}$인 이등변삼각형이고 ∠A=54°이다. 점 O는 △ABC의 외심이고 $\overline{BO}$의 연장선이 $\overline{AC}$와 만나는 점을 D라고 할 때, ∠BDC의 크기는? [4점]

① 78°   ② 79°

③ 80°   ④ 81°

⑤ 82°

13 오른쪽 그림에서 점 O는 △ABC와 △ADC의 외심이다. ∠B=72°일 때, ∠D의 크기는? [4점]

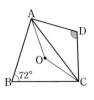

① 102°   ② 104°

③ 106°   ④ 108°

⑤ 110°

14 오른쪽 그림에서 두 점 I, I′은 각각 △ABC와 △ACD의 내심이고, 점 P는 $\overline{BI}$와 $\overline{DI'}$의 연장선의 교점이다. ∠BAC=72°, ∠ABC=50°이고 $\overline{AC}=\overline{AD}$일 때, ∠IPI′의 크기는? [4점]

① 138°   ② 137°

③ 136°   ④ 135°

⑤ 134°

15 오른쪽 그림에서 점 I는 △ABC의 내심이고, $\overline{AB} : \overline{BC} : \overline{CA}$ =6:4:3일 때, △ABC : △AIC는? [4점]

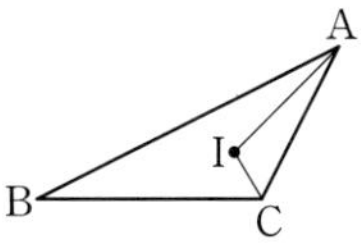

① 9:2 ② 9:4
③ 3:1 ④ 13:5
⑤ 13:3

16 자연수가 적힌 구슬이 들어 있는 두 개의 주머니 A, B가 있다. 주머니 A에서 꺼낸 구슬에 적힌 숫자를 a, 주머니 B에서 꺼낸 구슬에 적힌 숫자를 b라 할 때, a가 홀수일 확률은 $\frac{2}{3}$이고, b가 홀수일 확률은 $\frac{3}{5}$이다. 이때 $a+b$가 짝수일 확률은? [4점]

① $\frac{2}{15}$ ② $\frac{4}{15}$
③ $\frac{2}{5}$ ④ $\frac{8}{15}$
⑤ $\frac{2}{3}$

주관식

17 국어, 수학, 영어, 과학, 도덕 5과목으로 시간표를 짜는데 영어 시간 다음에 항상 수학 시간이 연속하여 오도록 시간표를 만든다면 만들 수 있는 시간표의 경우의 수를 구하여라. (단, 5개 과목을 모두 수업한다.) [5점]

18 주머니 속에 흰 공 4개, 검은 공 3개가 들어 있다. A부터 시작하여 A, B 두 사람이 번갈아 주머니에서 공을 하나씩 꺼내어 먼저 흰 공을 꺼내는 사람이 이기는 게임을 할 때, A가 이길 확률을 구하여라. (단, 꺼낸 공은 다시 넣지 않는다.) [5점]

19 주머니 A에는 흰 공 5개, 빨간 공 3개가 들어 있고, 주머니 B에는 흰 공 3개, 빨간 공 2개, 노란 공 5개가 들어 있다. 두 주머니에서 각각 공을 1개씩 꺼낼 때 1개는 흰 공이고, 1개는 빨간 공일 확률을 구하여라. [6점]

20 오른쪽 그림에서
점 O는 ∠C=90°인
직각삼각형 ABC의
외심이다. △OBC의
넓이가 72 cm²일 때, $\overline{AC}$의 길이를 구하여
라. [5점]

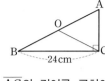

23 크고 작은 두 개의 주사위 A, B를 동시에 던
져서 나오는 눈의 수를 각각 a, b라 할 때,
직선 $ax+by=3$과 x축 및 y축으로 둘러싸인
부분의 넓이가 $\frac{3}{4}$이 될 확률을 구하여라.
(단, 풀이 과정을 자세히 써라.) [7점]

21 오른쪽 그림의
△ABC에서 ∠C=90°
이고 $\overline{AB}=10\,cm$,
$\overline{DC}=3\,cm$이다.

∠A의 이등분선이 변 BC와 만나는 점을
D라고 할 때, △ABD의 넓이를 구하여라.
[5점]

22 다음 그림에서 원 I는 △ABC에서 내접하고
세 점 D, E, F는 각각 원과 △ABC의 세
변의 접점이다. $\overline{GH}$는 원 I의 접선이고, 점 J
는 접점일 때, △GBH의 둘레의 길이를 구하
여라. [6점]

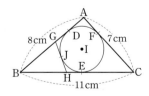

Step 1 교과서 이해

정답 p. 37

---

1 평행사변형의 뜻

01 삼각형 ABC를 기호로 △ABC로 나타내는 것과 같이 사각형 ABCD를 기호로 ☐ 와 같이 나타낸다.

02 사각형에서 마주 보는 변을 ☐, 마주 보는 각을 ☐ 이라고 한다.

03 두 쌍의 대변이 각각 평행한 사각형을 ☐ 이라고 한다.

---

2 평행사변형의 성질

04 다음은 평행사변형의 두 쌍의 대변의 길이는 각각 같음을 확인하는 과정이다. ☐ 안에 알맞은 것을 써넣어라.

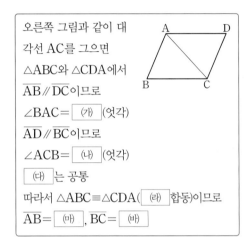

오른쪽 그림과 같이 대각선 AC를 그으면
△ABC와 △CDA에서
$\overline{AB} /\!/ \overline{DC}$이므로
∠BAC = (가) (엇각)
$\overline{AD} /\!/ \overline{BC}$이므로
∠ACB = (나) (엇각)
(다) 는 공통
따라서 △ABC ≡ △CDA((라) 합동)이므로
$\overline{AB} =$ (마) , $\overline{BC} =$ (바)

05 오른쪽 그림에서 ☐ABCD가 평행사변형일 때, x의 값을 구하여라.

06 오른쪽 그림에서 ☐ABCD가 평행사변형일 때, x, y의 값을 각각 구하여라.

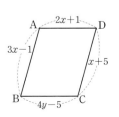

07 다음은 평행사변형의 두 쌍의 대각의 크기는 각각 같음을 확인하는 과정이다. □ 안에 알맞은 것을 써넣어라.

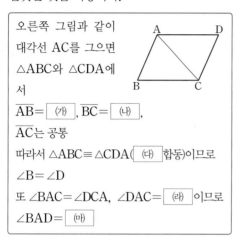

오른쪽 그림과 같이 대각선 AC를 그으면 △ABC와 △CDA에서

$\overline{AB}=$ □(가), $\overline{BC}=$ □(나),

$\overline{AC}$는 공통

따라서 △ABC≡△CDA(□(다) 합동)이므로

∠B=∠D

또 ∠BAC=∠DCA, ∠DAC= □(라) 이므로

∠BAD= □(마)

08 오른쪽 그림에서 □ABCD가 평행사변형일 때, ∠x의 크기를 구하여라.

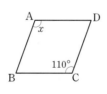

09 오른쪽 그림과 같은 평행사변형 ABCD에서 ∠x, ∠y의 크기를 각각 구하여라.

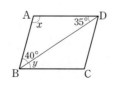

10 오른쪽 그림과 같은 평행사변형 ABCD에서 ∠A : ∠B＝3 : 2일 때, ∠C의 크기를 구하여라.

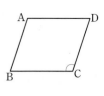

11 다음은 평행사변형의 두 대각선은 서로 다른 것을 이등분함을 확인하는 과정이다. □ 안에 알맞은 것을 써넣어라.

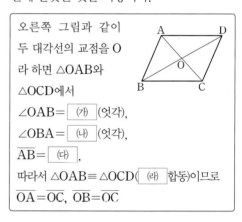

오른쪽 그림과 같이 두 대각선의 교점을 O라 하면 △OAB와 △OCD에서

∠OAB= □(가) (엇각),

∠OBA= □(나) (엇각),

$\overline{AB}=$ □(다),

따라서 △OAB≡△OCD(□(라) 합동)이므로

$\overline{OA}=\overline{OC}$, $\overline{OB}=\overline{OC}$

12 오른쪽 그림의 평행사변형 ABCD에서 x, y의 값을 각각 구하여라.

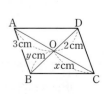

[13~16] 오른쪽 그림과 같은 평행사변형 ABCD에서 다음을 구하여라.

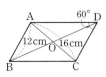

13 $\overline{CD}$의 길이

14 $\overline{OA}$의 길이

15 ∠ABC의 크기

16 ∠BCD의 크기

17 다음은 평행사변형 ABCD에서 ∠A+∠B=180°임을 확인하는 과정이다. □ 안에 알맞은 것을 써넣어라.

> ∠A+∠B+∠C+∠D=□ (가) °
> 그런데 ∠A=□ (나) , ∠B=□ (다) 이므로
> ∠A+∠A+∠B+∠B=□ (가) °
> ∴ ∠A+∠B=180°

18 오른쪽 그림과 같은 평행사변형 ABCD에서 ∠ABO=40°, ∠DCO=70°일 때, ∠AOD의 크기를 구하여라.

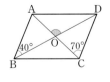

---

3 평행사변형이 되는 조건

19 사각형은 다음의 어느 한 조건을 만족하면 평행사변형이 된다. 각 조건을 완성하여라

(1) 두 쌍의 대변이 각각 ＿＿＿＿＿＿＿

(2) 두 쌍의 대변의 ＿＿＿＿＿＿＿＿

(3) 두 쌍의 대각의 ＿＿＿＿＿＿＿＿

(4) 두 대각선이 ＿＿＿＿＿＿＿＿＿

(5) 한 쌍의 ＿＿＿＿＿＿＿＿＿＿＿

20 다음은 두 쌍의 대변의 길이가 각각 같은 사각형 ABCD가 평행사변형임을 확인하는 과정이다. □ 안에 알맞은 것을 써넣어라.

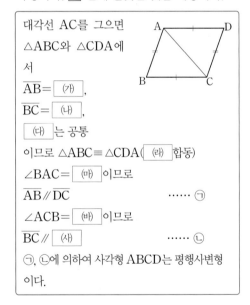

> 대각선 AC를 그으면
> △ABC와 △CDA에서
> $\overline{AB}=$ □ (가) ,
> $\overline{BC}=$ □ (나) ,
> □ (다) 는 공통
> 이므로 △ABC≡△CDA((라) 합동)
> ∠BAC= □ (마) 이므로
> $\overline{AB}\,/\!/\,\overline{DC}$ ······ ㉠
> ∠ACB= □ (바) 이므로
> $\overline{BC}\,/\!/$ □ (사)   ······ ㉡
> ㉠, ㉡에 의하여 사각형 ABCD는 평행사변형이다.

[21~25] 다음에서 □ABCD가 평행사변형이 되는 이유를 말하여라.
(단, 점O는 두 대각선의 교점이다.)

21 $\overline{AB}=\overline{BC}=\overline{CD}=\overline{DA}=5\,cm$

22 ∠A=120°, ∠B=60°, ∠C=120°,

23 $\overline{OA}=5\,cm,\ \overline{OB}=3\,cm,\ \overline{OC}=5\,cm,$
$\overline{OD}=3\,cm$

24 $\overline{AD}/\!/\overline{BC},\ \overline{AD}=7\,cm,\ \overline{BC}=7\,cm$

25 $\angle BAC=\angle DCA,\ \angle C=70°,\ \angle D=110°$

26 다음은 한 쌍의 대변이 평행하고, 그 길이가 같은 사각형은 평행사변형임을 확인하는 과정이다. ☐ 안에 알맞은 것을 써넣어라.

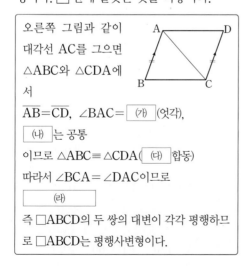

오른쪽 그림과 같이 대각선 AC를 그으면 △ABC와 △CDA에서
$\overline{AB}=\overline{CD},\ \angle BAC=$ ☐(가) (엇각),
☐(나) 는 공통
이므로 △ABC≡△CDA(☐(다) 합동)
따라서 ∠BCA=∠DAC이므로
☐(라)
즉 ☐ABCD의 두 쌍의 대변이 각각 평행하므로 ☐ABCD는 평행사변형이다.

27 다음은 두 대각선이 서로 다른 것을 이등분하는 사각형은 평행사변형임을 확인하는 과정이다. ☐ 안에 알맞은 것을 써넣어라.

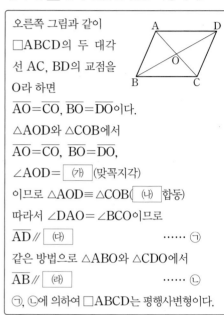

오른쪽 그림과 같이 ☐ABCD의 두 대각선 AC, BD의 교점을 O라 하면
$\overline{AO}=\overline{CO},\ \overline{BO}=\overline{DO}$이다.
△AOD와 △COB에서
$\overline{AO}=\overline{CO},\ \overline{BO}=\overline{DO},$
∠AOD= ☐(가) (맞꼭지각)
이므로 △AOD≡△COB(☐(나) 합동)
따라서 ∠DAO=∠BCO이므로
$\overline{AD}/\!/$ ☐(다) ……… ㉠
같은 방법으로 △ABO와 △CDO에서
$\overline{AB}/\!/$ ☐(라) ……… ㉡
㉠, ㉡에 의하여 ☐ABCD는 평행사변형이다.

28 다음 ☐ABCD 중 평행사변형인 것을 모두 골라라. (단, 점 O는 두 대각선의 교점이다.)

(ㄱ) $\angle A=80°,\ \angle B=100°,\ \angle C=80°,$
$\angle D=100°$
(ㄴ) $\overline{AD}/\!/\overline{BC},\ \overline{AB}=5\,cm,\ \overline{CD}=5\,cm$
(ㄷ) $\angle A=\angle C,\ \overline{AB}/\!/\overline{DC}$
(ㄹ) $\angle A=70°,\ \angle B=110°,\ \overline{AD}=5\,cm,$
$\overline{BC}=5\,cm$
(ㅁ) $\overline{AB}=3\,cm,\ \overline{BC}=5\,cm,\ \overline{DC}=3\,cm,$
$\overline{AD}=5\,cm$

01 오른쪽 그림과 같은 평행사변형 ABCD에서 $x+y$의 값은?

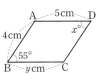

① 9   ② 55

③ 59   ④ 60

⑤ 64

02 오른쪽 그림과 같은 평행사변형 ABCD에서 $\angle x + \angle y$의 크기는?

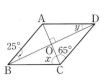

① $40°$ ② $50°$

③ $65°$ ④ $90°$

⑤ $100°$

03 오른쪽 그림과 같은 평행사변형 ABCD에서 $\angle ACD = 90°$, $\angle BDC = 35°$일 때, $\angle x + \angle y + \angle z$의 크기를 구하여라.

04 오른쪽 그림과 같이 평행사변형 ABCD에서 두 대각선의 교점 O를 지나는 직선이 $\overline{AB}$, $\overline{CD}$와 만나는 점을 각각 P, Q라 하자. 다음은 $\overline{OP} = \overline{OQ}$임을 확인하는 과정이다. □ 안에 알맞은 것을 써넣어라.

> △AOP와 △COQ에서
> $\overline{OA} =$ ⑺ , $\angle OAP =$ ⑻ (엇각),
> $\angle AOP =$ ⑼ (맞꼭지각)
> 이므로 △AOP ≡ △COQ(⑽ 합동)
> ∴ $\overline{OP} = \overline{OQ}$

05 오른쪽 그림은 $\angle A = 110°$인 평행사변형이다. $\angle D$의 이등분선과 수직이 되도록 $\overline{AP}$를 잡을 때, $\angle BAP$의 크기를 구하여라.

[06~07] 오른쪽 그림과 같은 평행사변형 ABCD에서 $\overline{AB} /\!/ \overline{GH}$, $\overline{AD} /\!/ \overline{EF}$일 때, 다음을 구하여라.

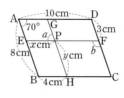

06 x, y의 값

07 $\angle a$, $\angle b$의 크기

08 오른쪽 그림과 같은 평행사변형 ABCD에서 $\angle D = 60°$이고, $\angle BAE : \angle EAD = 3 : 1$일 때, $\angle AED$의 크기는?

① 90°　　② 100°

③ 110°　　④ 120°

⑤ 130°

09 오른쪽 그림과 같이 평행사변형 ABCD에서 $\overline{BC}$의 연장선과 $\angle DAC$의 이등분선의 교점을 E라 한다. $\angle B = 70°$, $\angle ACD = 50°$일 때, $\angle BEA$의 크기를 구하여라.

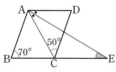

10 오른쪽 그림과 같이 평행사변형 ABCD에서 $\angle B$, $\angle D$의 이등분선이 변 AD, BC와 만나는 점을 각각 E, F라고 하자. 다음은 $\overline{BE} = \overline{DF}$임을 확인하는 과정이다. □ 안에 알맞은 것을 써넣어라.

△ABE와 △CDF에서

$\overline{AB} = \boxed{(가)}$, $\angle A = \boxed{(나)}$

$\angle B = \angle D$이고, $\angle ABE = \dfrac{1}{2}\angle B$,

$\angle CDF = \dfrac{1}{2}\angle D$이므로

$\angle ABE = \boxed{(다)}$

따라서 △ABE ≡ △CDF ($\boxed{(라)}$ 합동)이므로

$\overline{BE} = \overline{DF}$

11 오른쪽 그림과 같은 평행사변형 ABCD의 둘레의 길이가 16 cm이고 $\overline{AB} = 3$ cm일 때, $\overline{AD}$의 길이를 구하여라.

01 다음 중 평행사변형의 뜻(정의)을 바르게 말한 것은?

① 두 쌍의 대변의 길이가 각각 같은 사각형

② 두 쌍의 대각의 크기가 각각 같은 사각형

③ 두 대각선이 서로 다른 것을 이등분하는 사각형

④ 두 쌍의 대변이 각각 평행한 사각형

⑤ 한 쌍의 대변이 평행하고, 그 길이가 같은 사각형

02 오른쪽 그림의 □ABCD가 평행사변형일 때, 다음 중 옳지 않은 것은?

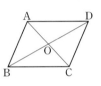

① $\overline{AB}=\overline{DC}$, $\overline{AD}=\overline{BC}$

② $\overline{AB}\,/\!/\,\overline{DC}$, $\overline{AD}\,/\!/\,\overline{BC}$

③ $\angle A=\angle C$, $\angle B=\angle D$

④ $\overline{OA}=\overline{OC}$, $\overline{OB}=\overline{OD}$

⑤ $\overline{AC}=\overline{BD}$

03 오른쪽 그림과 같은 평행사변형 ABCD에서 $\angle x$의 크기를 구하여라.

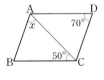

04 오른쪽 그림의 평행사변형 ABCD에서 $\angle ACD=65°$, $\angle ABD=35°$이다. 이때 $\angle x+\angle y$의 크기는?

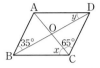

① $65°$ ② $70°$

③ $75°$ ④ $80°$

⑤ $85°$

서술형

05 오른쪽 그림의 평행사변형 ABCD에서 점 O는 두 대각선의 교점이고, $\overline{AB}=6\,cm$, $\overline{AC}=10\,cm$, $\overline{BD}=12\,cm$일 때, $\triangle DOC$의 둘레의 길이를 구하여라.

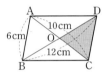

(단, 풀이 과정을 자세히 써라.)

06 오른쪽 그림과 같은 평행사변형 ABCD에서 $\angle x$의 크기는?

① $20°$ ② $25°$

③ $30°$ ④ $35°$

⑤ $40°$

07 오른쪽 그림과 같은 평행사변형 ABCD에서 $\angle AEB=58°$, $\angle BAE=\angle DAE$일 때, $\angle D$의 크기는?

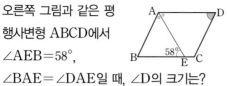

① 58° ② 60°

③ 62° ④ 64°

⑤ 66°

08 오른쪽 그림의 평행사변형 ABCD에서 $\angle A$와 $\angle B$의 이등분선이 만나는 점을 P라 하자. 다음은 $\angle APB$의 크기를 구하는 과정이다. □ 안에 알맞은 것을 써넣어라.

$\angle A+\angle B=$ ⟨가⟩ $°$에서

$\dfrac{1}{2}\angle A+\dfrac{1}{2}\angle B=$ ⟨나⟩ $°$

즉 $\angle PAB+\angle PBA=$ ⟨다⟩ $°$이므로

$\triangle PAB$에서

$\angle APB=180°-(\angle PAB+\angle PBA)$

$\qquad =$ ⟨라⟩ $°$

09 다음은 두 쌍의 대각의 크기가 각각 같은 사각형은 평행사변형임을 확인하는 과정이다. ⟨가⟩~⟨마⟩에 들어갈 것으로 옳지 <u>않은</u> 것은?

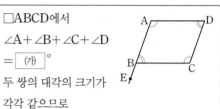

□ABCD에서

$\angle A+\angle B+\angle C+\angle D$

$=$ ⟨가⟩ $°$

두 쌍의 대각의 크기가 각각 같으므로

$\angle A=\angle C$, $\angle B=\angle D$

$\therefore \angle A+\angle B=$ ⟨나⟩ $°$ ······ ㉠

$\angle ABC+\angle EBC=$ ⟨나⟩ $°$ ······ ㉡

㉠, ㉡에서 $\angle A=\angle EBC$

그런데 $\angle A$와 $\angle EBC$는 ⟨다⟩ 이므로

⟨라⟩

같은 방법으로 ⟨마⟩

따라서 두 쌍의 대각의 크기가 각각 같은 사각형은 평행사변형이다.

① ⟨가⟩ : 360 ② ⟨나⟩ : 180

③ ⟨다⟩ : 엇각 ④ ⟨라⟩ : $\overline{AD}\,/\!/\,\overline{BC}$

⑤ ⟨마⟩ : $\overline{AB}\,/\!/\,\overline{DC}$

10 오른쪽 그림과 같은 평행사변형 ABCD에서 $\angle ABD$의 크기는?

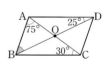

① 40° ② 45°

③ 50° ④ 55°

⑤ 60°

11 오른쪽 그림의 평행사변형 ABCD에서 ∠B=50°, ∠ACB=60°일 때, ∠x와 ∠y의 크기는?

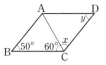

① ∠x=50°, ∠y=50°

② ∠x=60°, ∠y=50°

③ ∠x=70°, ∠y=50°

④ ∠x=70°, ∠y=60°

⑤ ∠x=70°, ∠y=70°

12 오른쪽 그림과 같은 평행사변형 ABCD에서 점 M은 $\overline{AD}$의 중점이고 $\overline{BC}=2\overline{AB}$일 때, ∠BMC의 크기를 구하여라. (단, 풀이 과정을 자세히 써라.)

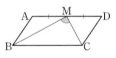

13 오른쪽 그림과 같은 평행사변형 ABCD에서 $\overline{CD}$의 중점을 M, $\overline{AM}$의 연장선과 $\overline{BC}$의 연장선의 교점을 P라고 하자. $\overline{AD}=5\,cm$일 때, $\overline{BP}$의 길이를 구하여라.

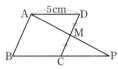

14 오른쪽 그림과 같은 평행사변형 ABCD의 두 내각 ∠A, ∠B의 이등분선의 교점을 O라 하자. ∠BFD=160°일 때, ∠AEC의 크기는?

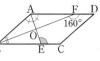

① 100° ② 110°

③ 120° ④ 130°

⑤ 140°

15 오른쪽 그림과 같이 평행사변형 ABCD의 꼭짓점 A, C에서 대각선 BD에 내린 수선의 발을 각각 E, F라 할 때, 다음 중 옳지 않은 것은?

① △ABE≡△CDF

② $\overline{AE}=\overline{CF}$

③ $\overline{AF}\,/\!/\,\overline{CE}$

④ $\overline{AF}=\overline{CE}$

⑤ $\overline{AF}=\overline{CF}$

16 오른쪽 그림과 같은 평행사변형 ABCD에서 ∠ABE의 크기를 구하여라.

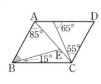

17 오른쪽 그림과 같은 사각형 ABCD가 평행사변형이 되기 위해서는 $\overline{AD}=\overline{BC}$, ☐ 이어야 한다. ☐ 안에 알맞은 것을 모두 고르면?

(정답 2개)

① $\overline{AO}=\overline{CO}$　　② $\overline{AD} /\!/ \overline{BC}$
③ $\overline{AC}\perp\overline{BD}$　　④ $\overline{AB} /\!/ \overline{DC}$
⑤ $\overline{AB}=\overline{DC}$

18 오른쪽 그림과 같이 평행사변형 ABCD의 각 변의 중점을 각각 E, F, G, H라 하고 $\overline{AF}$ 와 $\overline{CE}$의 교점을 P, $\overline{AG}$와 $\overline{CH}$의 교점을 Q라 하자. 다음은 ☐APCQ가 평행사변형임을 확인하는 과정이다. (가)~(마)에 들어갈 것으로 옳지 않은 것은?

> ☐AFCH에서
> $\overline{AH} /\!/$ (가) , $\overline{AH}=$ (가)
> 이므로 ☐AFCH는 (나) 이다.
> ∴ $\overline{AP} /\!/$ (다) 　　…… ㉠
> ☐AECG에서
> $\overline{AE} /\!/$ (라) , $\overline{AE}=$ (라)
> 이므로 ☐AECG는 (나) 이다.
> ∴ $\overline{AQ} /\!/$ (마) 　　…… ㉡
> ㉠, ㉡에 의하여 ☐APCQ는 평행사변형이다.

① (가) : $\overline{FC}$　　② (나) : 평행사변형
③ (다) : $\overline{QC}$　　④ (라) : $\overline{GC}$
⑤ (마) : $\overline{BF}$

19 오른쪽 그림과 같은 평행사변형 ABCD의 꼭짓점 A에서 ∠D의 이등분선 DF에 내린 수선이 $\overline{DF}$, $\overline{BC}$와 만나는 점을 각각 G, E라 하자. ∠B=80°일 때, ∠AEB크기는?

① 35°　　② 40°
③ 45°　　④ 50°
⑤ 55°

20 다음 중 ☐ABCD가 평행사변형이 되지 않는 것은? (단, 점 O는 두 대각선의 교점이다.)

① ∠A=120°, ∠B=60°, ∠C=120°
② ∠A=70°, ∠B=110°, $\overline{AD}=5\,cm$, $\overline{BC}=5\,cm$
③ $\overline{OA}=5\,cm$, $\overline{OB}=3\,cm$, $\overline{OC}=5\,cm$, $\overline{OD}=3\,cm$
④ $\overline{AB}=\overline{BC}=3\,cm$, $\overline{CD}=\overline{DA}=5\,cm$
⑤ $\overline{AD} /\!/ \overline{BC}$, $\overline{AD}=4\,cm$, $\overline{BC}=4\,cm$

서술형

21 오른쪽 그림의 평행사변형 ABCD에서 ∠B의 이등분선이 $\overline{CD}$의 연장선 및 $\overline{AD}$와 만나는 점을 각각 E, F라 할 때, △ABF의 넓이를 구하여라.

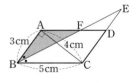

(단, 풀이 과정을 자세히 써라.)

22 오른쪽 그림에서 △ABD, △BCE, △ACF는 모두 △ABC의 세 변을 각 각 한 변으로 하는 정삼각형이다. 다음 보기 에서 옳은 것을 모두 골라라.

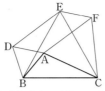

┤ 보기 ├

(ㄱ) △DBE≡△FEC

(ㄴ) $\overline{DE}=\overline{AF}$

(ㄷ) ∠ACB=∠DBE

(ㄹ) △ABC≡△DBE

(ㅁ) □DAFE는 평행사변형이다.

23 오른쪽 그림과 같은 평행사변형 ABCD의 넓이가 $72\,cm^2$일 때, △OBC의 넓이를 구하여라.

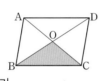

24 오른쪽 그림과 같이 평행사변형 ABCD의 두 대각선의 교점 O를 지나는 직선이 $\overline{AD}$, $\overline{BC}$와 만나는 점을 각각 E, F라 하자. □ABCD의 넓이가 $80\,cm^2$일 때, △AOE 와 △BOF의 넓이의 합은?

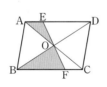

① $16\,cm^2$
② $20\,cm^2$
③ $24\,cm^2$
④ $28\,cm^2$
⑤ $32\,cm^2$

25 오른쪽 그림과 같은 평행사변형 ABCD에 서 $\overline{AD}$, $\overline{BC}$의 중점을 각각 M, N이라 하자. □ABCD=$32\,cm^2$일 때, □MPNQ의 넓 이는?

① $6\,cm^2$
② $8\,cm^2$
③ $10\,cm^2$
④ $12\,cm^2$
⑤ $14\,cm^2$

26 오른쪽 그림과 같은 평행사변형 ABCD에 서 $\overline{BC}$와 $\overline{DC}$의 연장 선 위에 $\overline{BC}=\overline{CE}$, $\overline{DC}=\overline{CF}$가 되도록 두 점 E, F를 잡는다. □ABCD=$20\,cm^2$ 일 때, □BFED의 넓이를 구하여라.

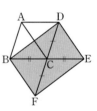

서술형

27 오른쪽 그림과 같은 평 행사변형 ABCD의 내 부의 한 점 P에 대하여 △ABP=$18\,cm^2$, △PBC=$16\,cm^2$, △PCD=$30\,cm^2$일 때, △APD의 넓이를 구하여라. (단, 풀이 과정을 자세히 써라.)

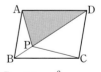

유형 01

오른쪽 그림과 같은
평행사변형 ABCD
에서 $\overline{AF}$, $\overline{DE}$ 가
각각 ∠A, ∠D의
이등분선일 때, $\overline{EF}$
의 길이를 구하여라.

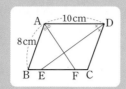

해결**포인트** 평행한 두 직선이 한 직선과 만나서 생기는
동위각과 엇각의 크기는 같음을 이용한다.

유형 02

오른쪽 그림과 같은 평
행사변형 ABCD의
넓이가 40 cm²일 때,
□ABCD의 내부의
한 점 P에 대하여 △PAB+△PCD의 값
을 구하여라.

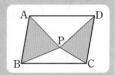

해결**포인트** 평행사변형 ABCD의 내부의 한 점 P에 대
하여

$$\triangle PAB + \triangle PCD = \triangle PBC + \triangle PDA = \frac{1}{2}\square ABCD$$

임을 이용한다.

확인문제

1-1 오른쪽 그림과 같은
평행사변형 ABCD
에서 $\overline{AB}=\overline{AE}$,
∠EBC=35°일 때, ∠x의 크기를 구하여
라.

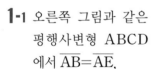

1-2 오른쪽 그림과 같은
평행사변형 ABCD
에서 ∠DAC의 이등
분선이 $\overline{BC}$ 의 연장
선과 만나는 점을 E라 하자. ∠B=70°,
∠E=40°일 때, ∠x의 크기를 구하여라.

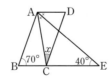

확인문제

2-1 오른쪽 그림과 같이
평행사변형 ABCD의
내부에 한 점 P를 잡
았을 때, 다음을 구하여라.

(1) △PAB=15 cm², △PCD=10 cm²
△PDA=9 cm²일 때 △PBC의 넓이

(2) □ABCD=60 cm², △PAB=18 cm²
일 때, △PCD의 넓이

1 오른쪽 그림과 같은 평행사변형 ABCD에서 점 O는 두 대각선의 교점이다.

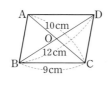

$\overline{AC}=10cm$, $\overline{BD}=12cm$, $\overline{BC}=9cm$일 때, $\triangle ODA$의 둘레의 길이를 구하여라.

(단, 풀이 과정을 자세히 써라.)

2 오른쪽 그림과 같이 평행사변형 ABCD에서

$\overline{AB}=9\,cm$,

$\overline{AD}=12\,cm$, $\angle B=60°$이고, $\overline{DC}$의 연장선 위에 $\overline{DF}=12\,cm$가 되도록 점 F를 잡는다. 이때 $\overline{AE}+\overline{EC}$의 값을 구하여라.

(단, 풀이 과정을 자세히 써라.)

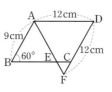

3 오른쪽 그림과 같이 평행사변형 ABCD의 대각선 BD를 삼등분하는 점을 각각 M, N이라 하자.

$\square ABCD=30cm^2$일 때, $\square AMCN$의 넓이를 구하여라.

(단, 풀이 과정을 자세히 써라.)

4 오른쪽 그림과 같이 $\overline{AB}=\overline{AC}$인 $\triangle ABC$에서 밑변 BC 위의 점 P에서 $\overline{AB}$, $\overline{AC}$에 내린 수선의 발을 각각 Q, R라 하면 $\overline{PQ}=3\,cm$, $\overline{PR}=5\,cm$이다. 점 B에서 $\overline{AC}$에 내린 수선의 발을 D라 할 때, $\overline{BD}$의 길이를 구하여라.

(단, 풀이 과정을 자세히 써라.)

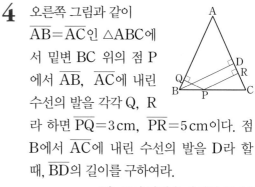

여러 가지 사각형

정답 p. 42

1 직사각형

01 네 각의 크기가 모두 같은 사각형을 ☐ 이라고 한다.

02 직사각형의 한 내각의 크기는 ☐ °이다.

03 직사각형은 두 쌍의 대각의 크기가 각각 같 으므로 ☐ 이다.

04 직사각형의 두 대각선은 ☐ 가 서로 같 고, 서로 다른 것을 ☐ .

05 다음은 직사각형의 두 대각선의 길이가 같 음을 확인하는 과정이다. ☐ 안에 알맞은 것 을 써넣어라.

> 직사각형은 평행사변형이
> 므로 오른쪽 그림의 두 삼
> 각형 ABC와 DCB에서
> $\overline{AB}=$ ☐ (가) (평행사변형의 대변),
> $\angle ABC = \angle DCB =$ ☐ (나) °,
> ☐ (다) 는 공통
> 이므로 $\triangle ABC \equiv \triangle DCB($ ☐ (라) 합동)이다.
> 따라서 $\overline{AC}=\overline{DB}$ 이므로 직사각형의 두 대각선
> 의 길이는 같다.

[06~07] 다음 직사각형 ABCD에서 x, y의 값을 각각 구하여라.

06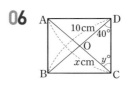

07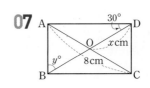

08 다음은 두 대각선의 길이가 같고, 서로를 이등분하는 사각형은 직사각형임을 확인하는 과정이다. □ 안에 알맞은 것을 써넣어라.

> □ABCD는 두 대각선이 서로를 이등분하므로 평행사변형이다.
>
> $\overline{AB}=$ (가) (평행사변형의 대변)
>
> □ABCD의 두 대각선의 길이는 같으므로 두 삼각형 ABC와 DCB에서
>
> $\overline{AC}=\overline{DB}$, (나) 는 공통
>
> 따라서 △ABC≡△DCB((다) 합동)이므로
>
> ∠B= (라)
>
> 그런데 □ABCD가 평행사변형이므로
>
> ∠A=∠C, ∠B=∠D
>
> ∴ ∠A=∠B=∠C=∠D= (마) °
>
> 따라서 □ABCD는 직사각형이다.

---

2 마름모

09 네 변의 길이가 모두 같은 사각형을 □ 라고 한다.

10 마름모의 두 대각선은 서로 다른 것을 □ 한다.

---

11 다음은 마름모의 두 대각선은 서로 수직임을 확인하는 과정이다. □ 안에 알맞은 것을 써넣어라.

> 마름모는 평행사변형이므로 오른쪽 그림과 같이 두 대각선 AC, BD의 교점을 O라고 하면 두 삼각형 AOB, AOD에서
>
> $\overline{AB}=$ (가) , $\overline{OB}=$ (나) , $\overline{AO}$는 공통이므로 △AOB≡△AOD((다) 합동)이다.
>
> 따라서 ∠AOB= (라) 이고
>
> ∠AOB+∠AOD=180°이므로
>
> ∠AOB=∠AOD= (마) °
>
> 즉 $\overline{AC}\perp\overline{BD}$이므로 마름모의 두 대각선은 수직이다.

[12~14] 오른쪽 그림의 사각형 ABCD가 마름모일 때, 다음을 구하여라.

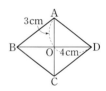

12 $\overline{CO}$의 길이

13 ∠BOC의 크기

14 사각형 ABCD의 넓이

15 다음은 두 대각선이 서로 다른 것을 수직이 등분하는 사각형은 마름모임을 확인하는 과정이다. □ 안에 알맞은 것을 써넣어라.

> □ABCD는 두 대각선이 서로를 이등분하므로 평행사변형이다.
>
> ∴ $\overline{AB}=$ (가), $\overline{AD}=$ (나)
>
> 두 삼각형 ABO와 ADO에서
>
> $\overline{BO}=$ (다), ∠AOB=∠AOD=90°,
>
> (라) 는 공통이므로
>
> △ABO≡△ADO((마) 합동)
>
> 따라서 $\overline{AB}=$ (바) 이므로
>
> $\overline{AB}=\overline{BC}=\overline{CD}=\overline{DA}$
>
> 즉 네 변의 길이가 모두 같으므로 □ABCD는 마름모이다.

16 다음은 이웃하는 두 변의 길이가 같은 평행사변형은 마름모임을 확인하는 과정이다. □ 안에 알맞은 것을 써넣어라.

> □ABCD가 (가) 이므로
>
> $\overline{AB}=$ (나) ,
>
> $\overline{AD}=$ (다)
>
> 그런데 $\overline{AB}=\overline{BC}$이므로
>
> $\overline{AB}=\overline{BC}=\overline{CD}=\overline{DA}$
>
> 따라서 네 변의 길이가 모두 같으므로
>
> □ABCD는 마름모이다.

17 오른쪽 그림의 사각형 ABCD가 마름모일 때, ∠BAD의 크기를 구하여라.

3 정사각형

18 네 각의 크기가 모두 같고, 네 변의 길이가 모두 같은 사각형을 □이라고 한다.

19 정사각형의 두 대각선은 □가 같고, 서로 다른 것을 □한다.

20 ∠A=90°, $\overline{AB}=\overline{BC}$인 평행사변형 ABCD는 어떤 사각형인지 말하여라.

[21~23] 오른쪽 그림의 정사각형 ABCD에서 두 대각선의 교점을 O라 할 때, 다음을 구하여라.

21 $\overline{BD}$의 길이

22 ∠BOC의 크기

23 사각형 ABCD의 넓이

24 이웃하는 두 변의 길이가 같고, 두 대각선이 수직으로 만나는 평행사변형은 어떤 사각형인지 말하여라.

25 두 대각선의 길이가 같고 두 대각선이 수직인 평행사변형 ABCD는 어떤 사각형이지 말하여라.

26 정사각형의 각 변의 중점을 차례로 이어서 만든 사각형은 어떤 사각형인지 말하여라.

27 다음은 두 대각선의 길이가 서로 같은 마름모는 정사각형임을 확인하는 과정이다. □ 안에 알맞은 것을 써넣어라.

> □ABCD는 평행사변형이고 두 대각선의 길이가 같으므로 (가) 이 된다.
> 따라서 네 (나) 와 네 (다) 가 모두 같으므로 □ABCD는 정사각형이다.

4 사다리꼴

28 한 쌍의 대변이 평행한 사각형을 □□□□이라고 한다.

29 사다리꼴 중에서 아랫변의 양 끝 각의 크기가 같은 사다리꼴을 □□□□이라고 한다.

30 다음은 등변사다리꼴에서 평행하지 않은 두 대변의 길이가 같음을 확인하는 과정이다. □ 안에 알맞은 것을 써넣어라.

> 오른쪽 그림과 같이 $\overline{AD} /\!/ \overline{BC}$, ∠B=∠C인 등변사다리꼴 ABCD 에서 점 D를 지나고 변 AB에 평행한 직선이 변 BC와 만나는 점을 E 라 하자.
>
>
>
> □ABED는 평행사변형이므로
> $\overline{AB}=$ (가) (평행사변형의 대변) …… ㉠
> 또 $\overline{AB} /\!/ \overline{DE}$이므로 ∠B=∠DEC((나))이고,
> ∠B= (다) 이므로 ∠DEC= (다)
> 즉 삼각형 DEC는 (라) 이므로
> $\overline{DE}=$ (마) …… ㉡
> ㉠, ㉡에서 $\overline{AB}=$ (마) 이므로 등변사다리꼴에서 평행하지 않은 두 대변의 길이는 같다.

31 다음은 오른쪽 그림과 같이 $\overline{AD} \parallel \overline{BC}$, $\angle B = \angle C$인 등변사다리꼴 ABCD에 대하여 두 대각선의 길이가 서로 같음을 확인하는 과정이다. ☐ 안에 알맞은 것을 써넣어라.

△ABC와 △DCB에서
☐(가)☐ 는 공통, ∠ABC= ☐(나)☐ ,
$\overline{AB}$= ☐(다)☐
이므로 △ABC≡△DCB(☐(라)☐ 합동)
따라서 $\overline{AC}=\overline{BD}$이므로 두 대각선의 길이는
같다.

[32~36] 다음 표에서 각 사각형의 성질인 것은 ○, 성질이 아닌 것은 ×를 표시하여라.

사각형 \ 성질	두 대각선이 수직이다.	두 대각선의 길이가 같다.	두 대각선이 서로를 이등분한다.
32 정사각형			
33 마름모			
34 직사각형			
35 평행사변형			
36 사다리꼴			

37 오른쪽 그림과 같이 $\overline{AD} \parallel \overline{BD}$인 등변사다리꼴 ABCD에서 두 대각선의 교점을 O라고 할 때, 다음 중 옳지 않은 것은?

① △ABC≡△DCB
② △ABD≡△DCA
③ △AOB≡△DOC
④ ∠OBC=∠OCB
⑤ $\overline{AC}\perp\overline{BD}$

38 다음은 오른쪽 그림과 같은 등변사다리꼴 ABCD의 두 대각선의 교점을 O라 할 때, △OBC가 이등변삼각형임을 확인하는 과정이다. ☐ 안에 알맞은 것을 써넣어라.

△ABC와 △DCB에서
$\overline{AB}$= ☐(가)☐ , ∠ABC= ☐(나)☐ ,
☐(다)☐ 는 공통
따라서 △ABC≡△DCB(☐(라)☐ 합동)이므로
∠ACB= ☐(마)☐
△OBC의 두 ☐(바)☐ 의 크기가 같으므로
△OBC는 이등변삼각형이다.

5 평행선과 넓이

39 다음은 오른쪽 그림과 같이 $\overline{AD} \parallel \overline{BC}$인 사다리꼴 ABCD의 대각선의 교점을 O라고 할 때, △AOB=△DOC임을 확인하는 과정이다. ☐ 안에 알맞은 것을 써넣어라.

△ABC와 △DCB에서
밑변 BC는 ☐(가)☐ 이고 $\overline{AD} \parallel$ ☐(나)☐ 이므로
△ABC= ☐(다)☐ ······ ㉠
한편, △AOB=△ABC− ☐(라)☐ ······ ㉡
△DOC=△DBC− ☐(마)☐ ······ ㉢
따라서 ㉠, ㉡, ㉢에 의하여
△AOB=△DOC

01 오른쪽 그림의 □ABCD는 직사각형 이다. 이때 $x+y$의 값 은? (단, 점 O는 두 대각선의 교점이다.)

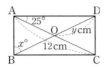

① 65   ② 68

③ 71   ④ 74

⑤ 77

02 다음은 오른쪽 그림과 같이 평행사변형 ABCD의 변 BC의 중 점을 M이라 할 때, $\overline{AM}=\overline{DM}$이면 이 사각 형은 어떤 사각형이 되는지 확인하는 과정이 다. □ 안에 알맞은 것을 써넣어라.

△ABM과 △DCM에서

$\overline{AB}=$ (가) , $\overline{BM}=$ (나) , $\overline{AM}=$ (다)

이므로 △ABM≡△DCM((라) 합동)

∴ ∠B= (마)

그런데 ∠B+∠C=180°이므로

∠B= (마) = (바) °

따라서 □ABCD는 (사) 이다.

[03~05] 오른쪽 그림에서 $\overline{AB}/\!/\overline{GH}/\!/\overline{DC}$, $\overline{AD}/\!/\overline{EF}/\!/\overline{BC}$일 때, 다음 물음에 답하여라.

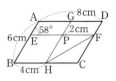

03 $\overline{PH}$와 $\overline{HC}$의 길이를 각각 구하여라.

04 사각형 PHCF는 어떤 사각형인지 말하여라.

05 ∠CHF의 크기를 구하여라.

06 평행사변형 ABCD에서 $\overline{AB}=2x+1$, $\overline{CD}=3x-11$, $\overline{AD}=x+13$ 일 때, 이 평행사변형은 어떤 사각형인지 말 하여라.

07 오른쪽 그림과 같은 정사각형 ABCD에서 $\overline{OB}=5x-1$, $\overline{OD}=3x+1$ 일 때, $\overline{AC}$의 길이를 구하여라.

08 오른쪽 그림과 같은 마름모 ABCD에서 $x+y$의 값은?

① 70 ② 73
③ 76 ④ 78
⑤ 79

09 오른쪽 그림과 같이 $\overline{AD} /\!/ \overline{BC}$인 등변사다리꼴 ABCD에서 $\angle ABD=25°$, $\angle C=55°$일 때, $\angle ADB$의 크기는?

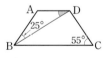

① 25° ② 30°
③ 35° ④ 40°
⑤ 45°

10 오른쪽 그림과 같이 $\overline{AD} /\!/ \overline{BC}$인 등변사다리꼴 ABCD에서 $\overline{AD}=6$ cm, $\overline{BC}=14$ cm이다. 점 A에서 $\overline{BC}$에 내린 수선의 발을 E라 할 때, $\overline{BE}$의 길이는?

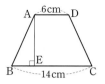

① 2 cm ② 3 cm
③ 4 cm ④ 5 cm
⑤ 6 cm

11 다음은 평행사변형 ABCD의 네 내각의 이등분선으로 만들어지는 □EFGH가 어떤 사각형인지 확인하는 과정이다. □ 안에 알맞은 것을 써넣어라.

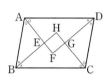

$\angle A+\angle B=$ (가) $°$이므로 △ABE에서

$\angle EAB+\angle ABE=\dfrac{1}{2}(\angle A+\angle B)$

$=$ (나) $°$

$\therefore \angle AEB=\angle HEF=$ (다) $°$

또, $\angle B+\angle C=$ (라) $°$이므로 △HBC에서

$\angle HBC+\angle HCB=\dfrac{1}{2}(\angle B+$ (마) $)$

$=$ (바) $°$

$\therefore \angle BHC=$ (사) $°$

같은 방법으로 $\angle AFD=$ (아) $°$

따라서 □EFGH는 (자) 이다.

01 오른쪽 그림의 □ABCD는 $\overline{AB}=6\,cm$, $\overline{BC}=8\,cm$인 직사각형이고, $\overline{BD}=10\,cm$ 일 때, $\overline{CH}$의 길이는?

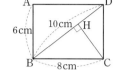

① $\dfrac{6}{5}\,cm$ ② $\dfrac{12}{5}\,cm$

③ $\dfrac{16}{5}\,cm$ ④ $4\,cm$

⑤ $\dfrac{24}{5}\,cm$

02 오른쪽 그림의 직사각형 ABCD에서 점 M은 $\overline{AD}$의 중점이고, $\angle ABM=50°$일 때, $\angle x$의 크기를 구하여라.

03 오른쪽 그림과 같은 평행사변형 ABCD에서 다음 조건을 추가할 때, 직사각형이 되지 않는 것은? (단, 점 O는 두 대각선의 교점이다.)

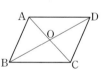

① $\angle A=\angle B$ ② $\overline{AO}=\overline{DO}$
③ $\overline{AC}=\overline{BD}$ ④ $\overline{AC}\perp\overline{BD}$
⑤ $\angle DAO=\angle ADO$

04 오른쪽 그림의 사각형 ABCD는 마름모이고 $\angle ABD=42°$일 때, $\angle x$, $\angle y$의 크기를 각각 구하여라.

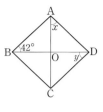

05 사각형 ABCD가 $\overline{AD}\,/\!/\,\overline{BC}$, $\overline{AB}\,/\!/\,\overline{DC}$, $\overline{AC}\perp\overline{BD}$를 만족할 때, □ABCD는 어떤 사각형인가?

① 평행사변형 ② 등변사다리꼴
③ 직사각형 ④ 마름모
⑤ 정사각형

06 다음 중 오른쪽 그림과 같은 마름모의 성질이 아닌 것은? (단, 점 O는 두 대각선의 교점이다.)

① $\overline{AC}=\overline{BD}$
② $\overline{AB}=\overline{AD}$
③ $\overline{AO}=\overline{CO}$, $\overline{BO}=\overline{DO}$
④ $\overline{AC}\perp\overline{BD}$
⑤ $\angle A=\angle C$, $\angle B=\angle D$

07 오른쪽 그림과 같은 평행사변형 ABCD에서 다음 조건을 추가할 때, 마름모가 되지 <u>않는</u> 것은?

(단, 점 O는 두 대각선의 교점이다.)

① $\overline{AB}=\overline{BC}$ ② $\overline{AD}=\overline{CD}$

③ $\angle ABO=\angle CDO$ ④ $\angle BAO=\angle BCO$

⑤ $\angle AOD=90°$

08 평행사변형 ABCD에서 $\angle A=90°$, $\overline{AC}\perp\overline{BD}$인 조건을 만족하면 어떤 사각형이 되는가?

① 사다리꼴   ② 등변사다리꼴
③ 직사각형   ④ 마름모
⑤ 정사각형

09 다음 중 두 대각선이 서로 다른 것을 수직이등분하는 사각형을 모두 고르면? (정답 2개)

① 등변사다리꼴   ② 마름모
③ 평행사변형   ④ 직사각형
⑤ 정사각형

10 오른쪽 그림과 같은 마름모 ABCD가 정사각형이 되려면 다음 중 어떤 조건을 만족해야 하는가? (단, 점 O는 두 대각선의 교점이다.)

① $\overline{AB}\,/\!/\,\overline{CD}$ ② $\overline{AC}=\overline{BD}$
③ $\overline{AC}\perp\overline{BD}$ ④ $\overline{OA}=\overline{OC}$
⑤ $\overline{AB}=\overline{BC}$

11 다음 조건을 만족하는 □ABCD는 어떤 사각형인지 말하여라.

$$\overline{AB}=\overline{DC},\ \overline{AB}\,/\!/\,\overline{DC}$$
$$\overline{AC}=\overline{BD},\ \overline{AC}\perp\overline{BD}$$

서술형

12 오른쪽 그림과 같은 정사각형 ABCD에서 $\angle AQD$의 크기를 구하여라.

(단, 풀이 과정을 자세히 써라.)

13 다음 설명 중 옳지 <u>않은</u> 것은?

① 직사각형의 두 대각선의 길이는 같다.

② 마름모의 두 대각선은 길이가 같고, 서로 다른 것을 수직이등분한다.

③ 정사각형의 두 대각선은 길이가 같고, 서로 다른 것을 수직이등분한다.

④ 등변사다리꼴의 두 대각선의 길이는 같다.

⑤ 평행사변형의 두 대각선은 서로 다른 것을 이등분한다.

14 다음 중 두 대각선의 길이가 서로 같은 사각형을 모두 골라라.

(ㄱ) 사다리꼴	(ㄴ) 등변사다리꼴
(ㄷ) 평행사변형	(ㄹ) 직사각형
(ㅁ) 마름모	(ㅂ) 정사각형

15 $\overline{AB}/\!/\overline{CD}$, $\overline{AD}/\!/\overline{BC}$인 사각형 ABCD에서 다음 중 옳지 <u>않은</u> 것은?

(단, 점 O는 두 대각선의 교점이다.)

① ∠A=90°이면 □ABCD는 직사각형이다.

② $\overline{AB}=\overline{BC}$이면 □ABCD는 마름모이다.

③ $\overline{AC}=\overline{BD}$이면 □ABCD는 직사각형이다.

④ $\overline{AC}\perp\overline{BD}$이면 □ABCD는 마름모이다.

⑤ $\overline{OA}=\overline{OB}=\overline{OC}=\overline{OD}$이면 □ABCD는 정사각형이다.

서술형

16 오른쪽 그림에서 □ABCD는 $\overline{AD}/\!/\overline{BC}$인 사다리꼴이다. $\overline{AB}=\overline{AD}=\overline{CD}=\frac{1}{2}\overline{BC}$일 때, ∠DBC의 크기를 구하여라.

(단, 풀이 과정을 자세히 써라.)

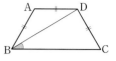

17 오른쪽 그림과 같이 $\overline{AD}/\!/\overline{BC}$인 등변사다리꼴 ABCD에서 $\overline{AB}=7cm$, $\overline{AD}=5cm$, ∠A=120°일 때, $\overline{BC}$의 길이는?

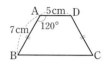

① 8 cm　　② 10 cm

③ 11 cm　　④ 12 cm

⑤ 14 cm

18 오른쪽 그림과 같이 $\overline{AD}=2\overline{AB}$인 평행사변형 ABCD에서 $\overline{CD}$의 연장선 위에 $\overline{CE}=\overline{CD}=\overline{DF}$가 되도록 점 E, F를 잡고, $\overline{AE}$와 $\overline{BF}$가 만나는 점을 P라 할 때, 다음 중 옳지 <u>않은</u> 것은?

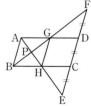

① $\overline{AB}=\overline{AG}$　　② ∠FPE=90°

③ $\overline{BH}=\overline{CE}$　　④ $\overline{GH}=\overline{CD}$

⑤ $\overline{HE}=\overline{CE}$

[19~20] 오른쪽 그림의 정사각형 ABCD에서 변 BC, CD 위에 $\overline{BE}=\overline{CF}$가 되도록 점 E, F를 잡고 $\overline{AE}$와 $\overline{BF}$의 교점을 G라고 할 때, 다음 물음에 답하여라.

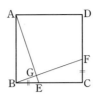

19 ∠AGF의 크기를 구하여라.

20 △ABG$=30\,\text{cm}^2$일 때, □GECF의 넓이를 구하여라.

21 오른쪽 그림에서 □ABCD는 직사각형이고, □PQRS는 정사각형이다.

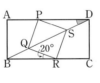

∠BRQ$=20°$일 때, ∠PDS의 크기는?

① 15° ② 20°
③ 25° ④ 30°
⑤ 35°

22 오른쪽 그림의 등변사다리꼴 ABCD에서 $\overline{AB}=\overline{CD}=\overline{AD}$, ∠BDC$=90°$일 때, ∠C의 크기는?

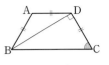

① 50° ② 55°
③ 60° ④ 65°
⑤ 70°

서술형

23 오른쪽 그림에서 △ABC는 $\overline{AB}=\overline{AC}$인 이등변삼각형이고, □ACDE는 정사각형이다. 이때 ∠EBC의 크기를 구하여라.
(단, 풀이 과정을 자세히 써라.)

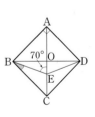

24 오른쪽 그림의 사각형 ABCD는 ∠BAD$=90°$인 마름모이다. 대각선 AC 위에 ∠AEB$=70°$가 되도록 점 E를 잡을 때, ∠EBC의 크기를 구하여라.

25 오른쪽 그림과 같이 $\overline{AD} \parallel \overline{BC}$인 사다리꼴 ABCD에 대하여 다음 중 옳지 않은 것을 모두 고르면? (정답 2개)

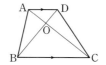

① $\triangle ABC = \triangle DBC$
② $\triangle ABD = \triangle ACD$
③ $\triangle ABO = \triangle DCO$
④ $\triangle ABD = \triangle DBC$
⑤ $\triangle AOD = \triangle OBC$

26 다음은 오른쪽 그림에서 $\overline{AC} \parallel \overline{DE}$일 때, □ABCD와 △ABE의 넓이가 같음을 확인하는 과정이다. □ 안에 알맞은 것을 써넣어라.

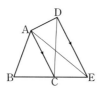

$\overline{AC} \parallel \overline{DE}$이므로

$\triangle ACD = \boxed{\text{(가)}}$

$\therefore \square ABCD = \triangle ABC + \triangle ACD$

$\qquad = \triangle ABC + \boxed{\text{(나)}}$

$\qquad = \boxed{\text{(다)}}$

27 오른쪽 그림의 평행사변형 ABCD에서 $\overline{BD} \parallel \overline{EF}$일 때, 다음 중 △ABE와 넓이가 같은 삼각형을 모두 골라라.

(ㄱ) $\triangle ADF$ (ㄴ) $\triangle AEF$
(ㄷ) $\triangle DBE$ (ㄹ) $\triangle DBF$
(ㅁ) $\triangle DEF$

서술형

28 오른쪽 그림과 같이 평행사변형 ABCD에서 $\overline{AB} = \overline{BE}$가 되도록 AB의 연장선 위에 점 E를 잡는다.

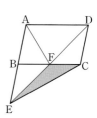

$\triangle AFD = 20\,\text{cm}^2$일 때, △EFC의 넓이를 구하여라. (단, 풀이 과정을 자세히 써라.)

29 학생 A가 칠판에 그린 사각형을 보고 네 학생 B, C, D, E가 다음과 같이 말하였다.

B : 정사각형이네!
C : 사다리꼴이잖아!
D : 마름모야!
E : 평행사변형이군.

네 학생 B, C, D, E 중 세 명의 말은 옳고 나머지 한 명의 말은 옳지 않다고 할 때, 학생 A가 칠판에 그린 사각형의 이름을 말하여라.

30 오른쪽 그림과 같이 정사각형 ABCD의 내부의 한 점 P에 대하여 △PBC가 정삼각형일 때, ∠APD의 크기는?

① 120° ② 130°

③ 140° ④ 150°

⑤ 160°

33 오른쪽 그림과 같이 평행사변형 ABCD에서 $\overline{AB}$의 연장선 위에 한 점 E를 잡아 $\overline{ED}$와 $\overline{BC}$가 만나는 점을 F라 할 때, 다음 중 △ABF와 넓이가 같은 삼각형은?

① △DFC ② △AFC

③ △EFC ④ △BFE

⑤ △ACD

31 오른쪽 그림과 같이 $\overline{AD} /\!/ \overline{BC}$인 사다리꼴 ABCD에서 △ABC=50 cm², △OBC=30 cm²일 때, △DOC의 넓이를 구하여라.

34 오른쪽 그림에서 $\overline{BM}=\overline{MC}$, $\overline{QM}\perp\overline{BC}$, $\overline{AP}\perp\overline{BC}$이고, △ABC의 넓이가 40 cm²일 때, □AQPC의 넓이를 구하여라.

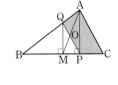

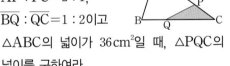

32 오른쪽 그림에서 $\overline{AP}:\overline{PC}=2:1$, $\overline{BQ}:\overline{QC}=1:2$이고 △ABC의 넓이가 36 cm²일 때, △PQC의 넓이를 구하여라.

(단, 풀이 과정을 자세히 써라.)

서술형

35 오른쪽 그림의 평행사변형 ABCD에서 △ABF=16 cm², △BCE=13 cm²일 때, △DFE의 넓이를 구하여라. (단, 풀이 과정을 자세히 써라.)

유형 01

오른쪽 그림과 같이 직사각형 ABCD를 $\overline{BE}$를 접는 선으로 하여 꼭짓점 C가 C′에 오도록 접었다.
$\angle BEC'=62°$일 때, $\angle x$의 크기를 구하여라.

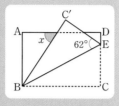

해결**포인트** 접은 도형은 서로 합동이다. 즉, 접은 각의 크기가 같음을 이용한다.

유형 02

오른쪽 그림과 같이 한 변의 길이가 4 cm인 정사각형 ABCD의 두 대각선의 교점 O를 한 꼭짓점으로 하여 정사각형 ABCD와 합동인 정사각형 OEFG를 그린다. 이때 □OHCI의 넓이를 구하여라.

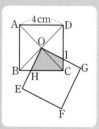

해결**포인트** □OHIC＝△OHC＋△OCI이므로 △OHC 또는 △OCI와 합동인 삼각형을 찾아본다.

확인문제

1-1 오른쪽 그림과 같이 직사각형 ABCD를 대각선 BD를 따라 접을 때, $\angle x$의 크기를 구하여라.

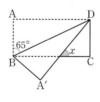

확인문제

2-1 오른쪽 그림에서 □ABCD, □OEFG는 한 변의 길이가 8 cm인 정사각형이다.
□OEFG의 꼭짓점 O가 □ABCD의 대각선의 교점과 일치하도록 두 사각형을 겹쳐 놓을 때, 어두운 부분의 넓이를 구하여라.

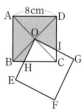

1-2 오른쪽 그림과 같이 직사각형 ABCD의 꼭짓점 C가 점 A에 오도록 접었더니
$\angle EAF=70°$이었다. 이때 $\angle AFE$의 크기를 구하여라.

유형 03

오른쪽 그림의 평행사변형 ABCD에서 각 변의 중점을 각각 E, F, G, H라 하자. $\overline{EF}=6\,cm$, $\overline{FG}=9\,cm$, $\angle HEF=75°$일 때, $x+y$의 값을 구하여라.

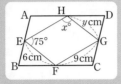

해결포인트 사각형 각 변의 중점을 연결하여 만든 사각형은 어떤 사각형인지 알아두자.
① 사각형 ➡ 평행사변형　② 평행사변형 ➡ 평행사변형
③ 직사각형 ➡ 마름모　④ 마름모 ➡ 직사각형
⑤ 정사각형 ➡ 정사각형　⑥ 등변사다리꼴 ➡ 마름모

유형 04

오른쪽 그림에서 $\overline{AD}/\!/\overline{EC}$, $\overline{BD}:\overline{DC}=1:2$이고, $\overline{AB}=6\,cm$, $\overline{BC}=9\,cm$일 때, $\triangle EAD$의 넓이를 구하여라.

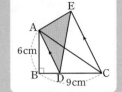

해결포인트 평행한 두 직선 사이의 거리는 일정하므로 넓이가 같은 삼각형을 찾아본다.

 확인문제

3-1 오른쪽 그림에서 □ABCD의 각 변의 중점을 연결하여 만든 □EFGH는 어떤 사각형인지 말하여라.

3-2 오른쪽 그림에서 □ABCD는 정사각형이고 □EFGH는 □ABCD의 각 변의 중점을 연결하여 만든 것이다. $\overline{EF}=6\,cm$일 때, □ABCD의 넓이를 구하여라.

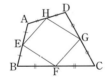

 확인문제

4-1 오른쪽 그림의 평행사변형 ABCD에서 $\overline{AC}/\!/\overline{FE}$이고 $\triangle EBC=30\,cm^2$일 때, $\triangle ACF$의 넓이를 구하여라.

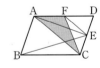

4-2 오른쪽 그림에서 $\overline{CD}$는 원 O의 지름이고 $\overline{AB}/\!/\overline{CD}$이다. 호 AB의 길이가 원의 둘레의 길이의 $\frac{1}{6}$일 때, 어두운 부분의 넓이를 구하여라.

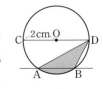

1 오른쪽 그림의 평행
사변형 ABCD에서
$\overline{AB}=8\,cm$,
$\overline{AD}=10\,cm$이고

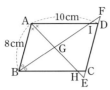

∠A, ∠B의 이등분선이 $\overline{CD}$의 연장선과
만나는 점을 각각 E, F라고 할 때, $\overline{EF}$의 길
이를 구하여라.

(단, 풀이 과정을 자세히 써라.)

2 오른쪽 그림과 같은
직사각형 ABCD에
서 $\overline{AM}=\overline{BM}$,
$\overline{AB}:\overline{BC}=2:3$,
$\overline{BQ}:\overline{QC}=2:1$일 때, $\angle x+\angle y$의 크기를
구하여라. (단, 풀이 과정을 자세히 써라.)

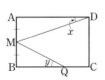

3 오른쪽 그림과 같은
직사각형 ABCD에
서 $\overline{AO}=\overline{CO}$,
$\overline{AC}\perp\overline{EF}$, $\overline{BC}=9$,
$\overline{ED}=3$일 때, $\overline{AF}$의 길이를 구하여라.

(단, 풀이 과정을 자세히 써라.)

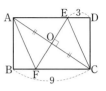

4 오른쪽 그림의
△ABC에서 점 M은
변 AB의 중점이고 점
C에서 $\overline{AB}$에 내린 수
선의 발을 P라 하자. $\overline{AM}=4$, $\overline{PC}=5$,
$\overline{PC}/\!/\overline{MD}$일 때, △BDP의 넓이를 구하여
라. (단, 풀이 과정을 자세히 써라.)

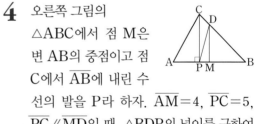

정답 p. 49

01 오른쪽 그림과 같이 $\overline{AB}=\overline{AC}$인 이등변삼각형 ABC의 변 BC 위에 $\overline{AC}=\overline{CD}$, $\overline{AB}=\overline{BE}$가 되도록 점 D, E를 잡는다. $\angle DAE=46°$일 때, $\angle CAE$의 크기는?

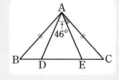

① $18°$ ② $19°$ ③ $20°$

④ $21°$ ⑤ $22°$

> 이등변삼각형의 두 밑각의 크기는 같음을 이용한다.

02 오른쪽 그림과 같이 $\overline{AB}=\overline{AC}$인 이등변삼각형 ABC에서 $\overline{AD}=\overline{AE}$이고 $\angle A=50°$, $\angle ABE=32°$일 때, $\angle EPC$의 크기를 구하여라.

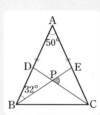

> 이등변삼각형의 꼭지각의 크기를 알면 밑각의 크기를 구할 수 있음을 이용한다.

03 오른쪽 그림에서 점 O는 △ABC의 외심이고, 사각형 OECF의 넓이는 $8\,cm^2$이다. $\overline{AD}=4\,cm$, $\overline{OD}=3\,cm$일 때, △ABC의 넓이를 구하여라.

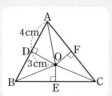

> 삼각형의 외심은 세 변의 수직이등분선의 교점이므로 합동인 삼각형을 찾아본다.

04 오른쪽 그림에서 두 점 I, I′은 각각 △ABD, △BCD의 내심이다. $\overline{AB}=\overline{AD}$, $\overline{BD}=\overline{BC}$, $\overline{AD}/\!/\overline{BC}$, $\angle DBC=40°$이고, $\overline{AI}$의 연장선과 $\overline{DI'}$의 연장선이 만나는 점을 E라 할 때, $\angle AED$의 크기를 구하여라.

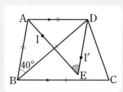

> 평행선과 엇각, 동위각의 성질, 이등변삼각형의 성질 등을 이용한다.

05 오른쪽 그림에서 두 점 O, I는 각각 △ABC의 외심과 내심이다. $\overline{AO}$, $\overline{AI}$의 연장선이 $\overline{BC}$와 만나는 점을 각각 D, E라 하고, ∠BAD=25°, ∠CAE=35°일 때, ∠AED의 크기를 구하여라.

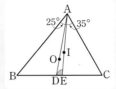

삼각형의 외심은 세 변의 수직이등분선의 교점, 내심은 세 내각의 이등분선의 교점임을 알고 그 성질을 이용한다.

06 오른쪽 그림에서 점 I는 △ABC의 내심이고 세 점 D, E, F는 각각 내접원과 세 변의 접점이다. ∠B=40°, ∠C=90°일 때, ∠DFE의 크기는?

① 60° ② 65° ③ 70°

④ 75° ⑤ 80°

점 I는 △ABC의 내심이고, △DEF의 외심임을 이용한다.

07 오른쪽 그림의 평행사변형 ABCD에서 $\overline{AB}$의 중점을 M이라 하고, 점 C에서 $\overline{DM}$에 내린 수선의 발을 E라 하자. ∠BCE=72°일 때, ∠CBE의 크기를 구하여라.

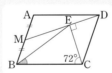

$\overline{DM}$의 연장선과 $\overline{CB}$의 연장선을 그어 만나는 점을 F라 하고 △CEF에서 점 B가 어떤 위치에 있는지 생각해 본다.

08 오른쪽 그림에서 △ABD, △BCF, △ACE는 △ABC의 세 변을 각각 한 변으로 하는 정삼각형이다. $\overline{AB}$=3cm, $\overline{BC}$=6cm, $\overline{CA}$=4cm일 때, □AEFD의 둘레의 길이는?

① 13cm ② 14cm ③ 15cm

④ 16cm ⑤ 17cm

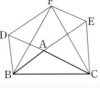

합동인 삼각형을 이용하여 □AEFD가 어떤 사각형인지를 먼저 알아본다.

09 오른쪽 그림과 같은 마름모 ABCD
에서 $\overline{DE}=\overline{DF}=7\,cm$, $\overline{BD}=17\,cm$
일 때, $\overline{CE}$의 길이는?

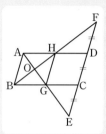

① $2\,cm$ ② $\dfrac{5}{2}\,cm$

③ $3\,cm$ ④ $\dfrac{7}{2}\,cm$

⑤ $4\,cm$

> $\overline{DE}=\overline{DF}$이므로 $\triangle DEF$는 이등
> 변삼각형이다. 이등변삼각형의 두
> 밑각의 크기는 서로 같고, 두 내각
> 의 크기가 같은 삼각형은 이등변삼
> 각형임을 이용한다.

10 오른쪽 그림과 같이 $\overline{BC}=2\overline{AB}$인 평
행사변형 ABCD에서 $\overline{CD}$의 연장선
위에 $\overline{CD}=\overline{CE}=\overline{DF}$가 되도록 두 점
E, F를 잡는다. $\overline{AE}$, $\overline{BF}$가 평행사변
형과 만나는 점을 각각 G, H라 하고,
$\overline{AE}$, $\overline{BF}$의 교점을 O라 할 때,
∠OEF+∠OFE의 크기를 구하여라.

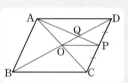

> 먼저 □ABGH가 어떤 사각형인
> 지 생각해 본다.

11 오른쪽 그림과 같은 평행사변형
ABCD에서 $\overline{CP}=\overline{PD}$이고
$\overline{AQ}:\overline{QP}=2:1$이다. $\triangle OPQ$의
넓이가 $3\,cm^2$일 때, □ABCD의
넓이는?

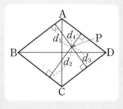

① $48\,cm^2$ ② $54\,cm^2$ ③ $64\,cm^2$

④ $72\,cm^2$ ⑤ $80\,cm^2$

> 높이가 같은 두 삼각형의 넓이의
> 비는 두 삼각형의 밑변의 길이의
> 비와 같음을 이용한다.

12 오른쪽 그림과 같이 한 변의 길이가
5인 마름모 ABCD의 두 대각선의
길이가 각각 $\overline{AC}=6$, $\overline{BD}=8$이다.
□ABCD의 내부의 한 점 P에서
네 변에 내린 수선의 길이를 각각
d_1, d_2, d_3, d_4라고 할 때,
$d_1+d_2+d_3+d_4$의 값을 구하여라.

> 두 대각선의 길이가 각각 a, b인
> 마름모의 넓이는 $\dfrac{ab}{2}$임을 이용한다.

Step **7**

대단원 성취도 평가

나의 점수 _____점 / 100점 만점

정답 p. 51

객관식 [각 5점]

01 오른쪽 그림과 같이 $\overline{AB}=\overline{AC}$인 이등변삼각형 ABC에서 선분 AD 가 $\overline{BC}$의 수직이등분선일 때, ∠BAD의 크기는?

① 21° ② 22° ③ 23° ④ 24° ⑤ 25°

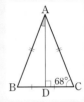

02 오른쪽 그림과 같이 $\overline{AB}=\overline{AC}$인 이등변삼각형 ABC에서 $\overline{AB}$, $\overline{AC}$ 위에 $\overline{AM}=\overline{AN}$이 되도록 점 M, N을 잡을 때, 다음 중 옳지 않은 것은?

① $\overline{BM}=\overline{CN}$ ② △BME ≡ △CNE
③ $\overline{ME}=\overline{NE}$ ④ ∠BME = ∠CNE
⑤ $\overline{CM}=\overline{BC}$

03 오른쪽 그림과 같이 정삼각형 ABC의 세 변 위에 $\overline{AF}=\overline{BD}=\overline{CE}$가 되도록 점 D, E, F를 잡을 때, 다음 중 옳지 않은 것은?

① △ACF ≡ △CBE ② $\overline{AD}=\overline{BE}=\overline{CF}$
③ ∠APB=120° ④ $\overline{FR}=\overline{CQ}$
⑤ $\overline{PR}=\overline{PQ}=\overline{RQ}$

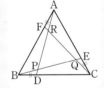

04 오른쪽 그림에서 점 O는 △ABC의 외심이다. ∠AOC=120°, ∠OCB=25°일 때, ∠BAO의 크기는?

① 20° ② 25° ③ 30° ④ 35° ⑤ 40°

05 ∠C=∠F=90°인 두 직각삼각형 ABC와 DEF가 다음 조건을 만족할 때, 두 삼각형 이 합동이 되지 않는 경우는?

① $\overline{AB}=\overline{DE}$, ∠A = ∠D ② $\overline{AB}=\overline{DE}$, $\overline{BC}=\overline{EF}$ ③ $\overline{BC}=\overline{EF}$, ∠B = ∠D
④ $\overline{AC}=\overline{DF}$, $\overline{BC}=\overline{EF}$ ⑤ $\overline{BC}=\overline{EF}$, ∠A = ∠D

06 다음 중 사각형 ABCD가 평행사변형인 것은? (단, 점 O는 두 대각선의 교점이다.)

① $\overline{AB}=3\,cm$, $\overline{BC}=3\,cm$, $\overline{CD}=3\,cm$, $\overline{AD}=4\,cm$

② $\overline{OA}=3\,cm$, $\overline{OB}=4\,cm$, $\overline{OC}=3\,cm$, $\overline{OD}=4\,cm$

③ $\overline{AB}/\!/\overline{CD}$, $\overline{AD}=4\,cm$, $\overline{BC}=4\,cm$

④ $\angle A=50°$, $\angle B=130°$, $\angle D=50°$

⑤ $\overline{AB}=\overline{BC}$, $\overline{AD}/\!/\overline{BC}$

07 오른쪽 그림에서 □ABCD, □ECGF는 각각 정사각형이다. $\angle EBC=65°$일 때, $\angle CGD$의 크기는?

① $20°$ ② $22°$ ③ $25°$

④ $27°$ ⑤ $30°$

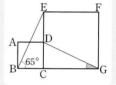

08 오른쪽 그림에서 점 I는 △ABC의 내심이다. $\angle AIB : \angle BIC : \angle AIC=6 : 5 : 7$일 때, $\angle ACB$의 크기는?

① $40°$ ② $45°$ ③ $50°$

④ $55°$ ⑤ $60°$

09 오른쪽 그림과 같이 평행사변형 ABCD의 대각선의 교점 O를 지나는 직선이 $\overline{AD}$, $\overline{BC}$와 만나는 점을 각각 X, Y라 할 때, 다음 중 옳지 않은 것은?

① △OAX≡△OCY   ② $\overline{OB}=\overline{OD}$

③ $\overline{OX}=\overline{OY}$ ④ $\overline{XD}=\overline{DC}$ ⑤ △ODX≡△OBY

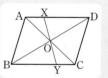

10 오른쪽 그림의 □ABCD는 마름모이다. $\angle C=110°$이고 꼭짓점 A에서 $\overline{CD}$에 내린 수선의 발을 H, $\overline{AH}$와 $\overline{BD}$의 교점을 P라 할 때, $\angle APB$의 크기는?

① $45°$ ② $50°$ ③ $55°$

④ $60°$ ⑤ $65°$

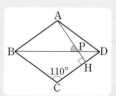

11 다음 중 □ABCD가 마름모인 것은?

① $\overline{AB}=\overline{DC}$, $\overline{AD}=\overline{BC}$　　　② $\overline{AB}=\overline{CD}$, $\overline{AB}/\!/\overline{CD}$

③ $\overline{AB}=\overline{CD}$, $\overline{AB}/\!/\overline{CD}$, $\overline{AC}\perp\overline{BD}$　　　④ $\overline{AB}=\overline{CD}$, $\overline{AB}/\!/\overline{CD}$, $\overline{AC}=\overline{BD}$

⑤ $\overline{AD}=\overline{BC}$, $\overline{AB}/\!/\overline{CD}$, $\overline{AC}\perp\overline{BD}$

12 오른쪽 그림에서 점 I는 삼각형 ABC의 내심이고, $\overline{DE}/\!/\overline{BC}$이다. $\overline{AB}=8\,cm$, $\overline{AC}=10\,cm$일 때, 삼각형 ADE의 둘레의 길이는?

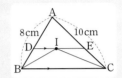

① 16 cm　　② 17 cm　　③ 18 cm

④ 19 cm　　⑤ 20 cm

13 오른쪽 그림과 같이 정사각형 ABCD의 대각선 AC 위의 점 E에 대하여 $\overline{CB}$의 연장선과 $\overline{DE}$의 연장선의 교점을 F라 하면 ∠F=25°이다. 이때 ∠BEC의 크기는?

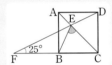

① 60°　　② 65°　　③ 70°

④ 75°　　⑤ 80°

14 다음 중 옳지 <u>않은</u> 것은?

① 두 대각선이 수직인 직사각형은 정사각형이다.

② 두 대각선이 수직인 평행사변형은 마름모이다.

③ 두 대각선의 길이가 같은 평행사변형은 직사각형이다.

④ 두 대각선의 길이가 같은 사다리꼴은 직사각형이다.

⑤ 두 대각선의 길이가 같은 마름모는 정사각형이다.

주관식 [각 6점]

15 오른쪽 그림과 같이 $\overline{AB}=\overline{AC}$인 △ABC에서 $\overline{BD}=\overline{DE}=\overline{EC}$이고 ∠DAE=30°일 때, ∠ADE의 크기를 구하여라.

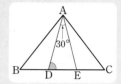

16 오른쪽 그림에서 점 O는 △ABC의 외심이다.
∠ABC=30°, ∠BCO=40°일 때, ∠ACB의 크기를 구하여라.

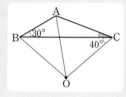

17 오른쪽 그림의 평행사변형 ABCD에서 ∠A : ∠B=3 : 2이고, $\overline{AP}$는 ∠A의 이등분선이다. 이때 ∠APC의 크기를 구하여라.

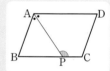

18 오른쪽 그림의 평행사변형 ABCD에서 점 O는 두 대각선의 교점이다. $\overline{CE} : \overline{ED}=2 : 3$이고, □ABCD=100 cm²일 때, △AOE의 넓이를 구하여라.

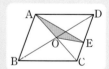

서술형 주관식

19 오른쪽 그림에서 △ABC는 $\overline{AB}=\overline{AC}$인 이등변삼각형이다. 점 O는 △ABC의 외심이고, 점 I는 △ABC의 내심이다. ∠A=32°일 때, ∠OBI의 크기를 구하여라. (단, 풀이 과정을 자세히 써라.) [6점]

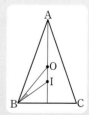

VI

도형의 닮음

Step 1
교과서 이해

정답 p. 53

1 도형의 닮음

01 모양과 크기가 같아서 완전히 포개어지는 두 도형을 ☐ 이라고 한다.

02 한 도형을 일정한 비율로 확대하거나 축소한 도형이 다른 도형과 합동일 때, 이 두 도형은 ☐ 인 관계에 있다고 한다.

03 다음 중 항상 닮은 도형인 것을 모두 골라라.

> (ㄱ) 두 정삼각형　　(ㄴ) 두 정사각형
> (ㄷ) 두 직사각형　　(ㄹ) 두 마름모
> (ㅁ) 두 원　　　　　(ㅂ) 두 이등변삼각형

04 △ABC와 △A′B′C′이 닮은 도형일 때, 이것을 기호 ☐ 를 사용하여
△ABC ☐ △A′B′C′
과 같이 나타낸다.

05 닮은 두 도형에서 대응변 또는 대응하는 모서리의 길이의 비를 ☐ 라고 한다.

2 평면도형에서 닮음의 성질

[06~08] 아래 그림에서 △ABC∽△A′B′C′일 때, 다음을 구하여라.

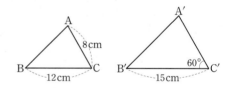

06 △ABC와 △A′B′C′의 닮음비

07 $\overline{A'C'}$의 길이

08 ∠C의 크기

[09~11] 아래 그림에서 □ABCD∽□A′B′C′D′
일 때, 다음을 구하여라.

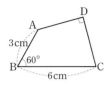

09 두 도형의 닮음비

10 ∠A의 크기

11 $\overline{A'B'}$의 길이

[12~13] 다음 그림에서 △ABC∽△DEF일
때, x, y의 값을 각각 구하여라.

12

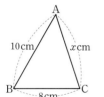

13

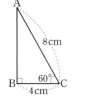

[14~16] □ABCD∽□EFGH이고,
□ABCD와 □EFGH의 닮음비가 2 : 3일
때, 다음을 구하여라.

14 $\overline{AB}$=6 cm일 때, $\overline{AB}$에 대응하는 변과 그
길이

15 $\overline{GH}$=6 cm일 때, $\overline{GH}$에 대응하는 변과 그
길이

16 ∠C=70°일 때, ∠C에 대응하는 각과 그
크기

3 입체도형에서의 닮음의 성질

[17~18] 아래 그림의 두 삼각기둥이 닮은 도
형이고 $\overline{AB}$에 대응하는 모서리가 $\overline{A'B'}$일 때,
다음을 구하여라.

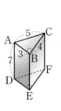 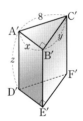

17 두 삼각기둥의 닮음비

18 x, y, z의 값

19 세 모서리의 길이가 각각 4, 5, 6인 직육면
체 A가 있다. 직육면체 B가 직육면체 A와
닮은 도형이고 A, B의 닮음비가 3 : 2일
때, 직육면체 B의 세 모서리의 길이를 각각
구하여라.

4 삼각형의 닮음 조건

20 다음은 오른쪽 그림에서
∠ABD = ∠C일 때,
△ABD ∽ △ACB임
을 확인하는 과정이다.
□ 안에 알맞은 것을 써넣어라.

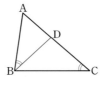

△ABD와 △ACB에서 (가) 는 공통
∠ABD = (나) 이므로
△ABD ∽ △ACB((다) 닮음)

21 다음 삼각형 중에서 닮은 삼각형을 찾아 짝
을 짓고, 닮음 조건을 써라.

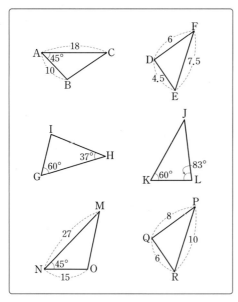

[22~27] 다음 그림에서 닮은 삼각형을 찾아
기호 ∽를 사용하여 나타내고 닮음 조건을 말
하여라.

22

23
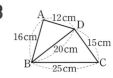

24
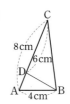

25

26 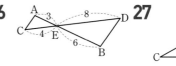 **27**

28 오른쪽 그림에서 x,
y의 값을 각각 구하
여라.

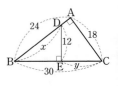

01 다음 중 항상 닮은 도형인 것을 모두 고르면? (정답 2개)

① 두 구   ② 두 원뿔
③ 두 원기둥   ④ 두 정사면체
⑤ 두 직육면체

02 다음 그림에서 △ABC∽△PQR일 때, $\overline{AB}$의 길이를 구하여라.

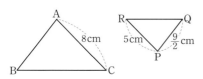

03 다음 그림에서 △ABC∽△DEF일 때, $\overline{AB}$의 대응변과 ∠E의 대응각을 차례로 적은 것은?

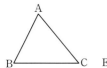

① $\overline{DE}$, ∠A   ② $\overline{DE}$, ∠B
③ $\overline{DE}$, ∠C   ④ $\overline{DF}$, ∠B
⑤ $\overline{DF}$, ∠C

[04~05] 다음 그림에서 △ABC∽△DEF이다. 다음 물음에 답하여라.

04 $\overline{AC}$의 길이와 ∠E의 크기를 차례로 적은 것은?

① 6 cm, 50°   ② 6 cm, 55°
③ $\frac{20}{3}$ cm, 50°   ④ $\frac{20}{3}$ cm, 55°
⑤ 7 cm, 50°

05 ∠D + ∠F를 구하여라.

06 오른쪽 그림의 △ABC에서 ∠AED = ∠C, $\overline{AD}$ = 3 cm, $\overline{AE}$ = 2 cm, $\overline{DC}$ = 2 cm일 때, $\overline{EB}$의 길이를 구하여라.

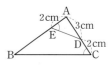

07 오른쪽 그림에서 $\overline{AC}/\!\!/\overline{DE}$일 때, b를 a에 관한 식으로 바르게 나타낸 것은?

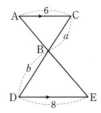

① $b=\dfrac{3}{4}a$

② $b=\dfrac{4}{3}a$

③ $b=3a$

④ $b=4a$

⑤ $b=6a$

08 오른쪽 그림에서 $\overline{BC}$의 길이는?

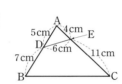

① $14\,cm$

② $15\,cm$

③ $16\,cm$

④ $17\,cm$

⑤ $18\,cm$

09 오른쪽 그림과 같은 평행사변형 ABCD의 변 AD 위의 점 E와 꼭짓점 B를 이은 선분

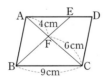

이 대각선 AC와 만나는 점을 F라 할 때, $\overline{AF}=4\,cm$, $\overline{CF}=6\,cm$, $\overline{BC}=9\,cm$이다. 이때 $\overline{AE}$의 길이를 구하여라.

10 오른쪽 그림에서 $\angle BAC=\angle ADC$ $=90°$일 때, x, y의 값을 각각 구하여라.

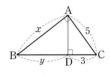

11 다음은 오른쪽 그림에서 $\overline{AD}$가 $\angle A$의 이등분선이고, 점 B, C에서 $\overline{AD}$ 또는 그 연장선에 내린 수선의 발을 각각 E, F라 할 때, $\overline{AB}:\overline{AC}=\overline{BD}:\overline{CD}$임을 확인하는 과정이다. ☐ 안에 알맞은 것을 써넣어라.

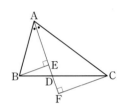

△ABE∽△ACF((가) 닮음)이므로

$\overline{AB}:\overline{AC}=\overline{BE}:$ (나) ······ ㉠

$\angle BDE=$ (다) (맞꼭지각)이므로

△BDE∽△CDF((라) 닮음)

즉 $\overline{BE}:$ (나) $=\overline{BD}:\overline{CD}$ ······ ㉡

㉠, ㉡에 의하여

$\overline{AB}:\overline{AC}=\overline{BD}:\overline{CD}$

01 다음 그림의 두 삼각뿔 A−BCD와 P−QRS
는 닮은 도형이고 △ABC∽△PQR일 때,
모서리 CD에 대응하는 모서리와 면 ABD
에 대응하는 면을 차례로 적은 것은?

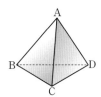

① $\overline{QR}$, △PRS   ② $\overline{QR}$, △PQS
③ $\overline{RS}$, △PQR   ④ $\overline{RS}$, △PRS
⑤ $\overline{RS}$, △PQS

02 다음 중 항상 닮은 도형인 것을 모두 골라라.

> (ㄱ) 두 원
> (ㄴ) 두 직각이등변삼각형
> (ㄷ) 두 원뿔
> (ㄹ) 두 직사각형
> (ㅁ) 두 구
> (ㅂ) 중심각의 크기가 같은 두 부채꼴
> (ㅅ) 한 각의 크기가 같은 두 이등변삼각형

03 아래 그림에서 □ABCD∽□EFGH일 때,
다음 중 옳지 <u>않은</u> 것은?

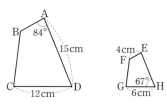

① $\overline{AB}$=8 cm   ② $\overline{BC}$=2$\overline{FG}$
③ ∠E=84°   ④ ∠F=96°
⑤ □ABCD와 □EFGH의 닮음비는
2 : 1이다.

04 다음 그림의 두 사면체는 닮은 도형이고, $\overline{BC}$
에 대응하는 모서리가 $\overline{B'C'}$일 때, $x+y$의 값
은?

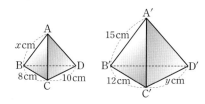

① 21   ② 22
③ 23   ④ 24
⑤ 25

05 다음 중 △ABC∽△A′B′C′인 것을 모두
고르면?(정답 2개)

① $\overline{AB}=2\overline{A'B'}$, $\overline{AC}=2\overline{A'C'}$, $\overline{BC}=2\overline{B'C'}$

② $3\overline{AB}=\overline{A'B'}$, $3\overline{AC}=\overline{A'C'}$

③ $\overline{BC}=3\overline{B'C'}$, $\angle B=\angle B'$, $\angle C=\angle C'$

④ $\angle A=\angle A'$, $\overline{AC}=2\overline{A'C'}$, $\overline{BC}=2\overline{B'C'}$

⑤ $\overline{AB}=2\overline{A'B'}$, $\angle A=\angle A'$

06 다음 두 삼각형 ABC, DEF에 대한 설명 중
옳지 않은 것은?

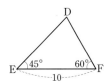

① △ABC∽△EFD

② $\angle A=\angle E$

③ 닮음비는 4 : 5이다.

④ $\overline{BC}=\dfrac{5}{4}\overline{FD}$

⑤ $\overline{AC}$에 대응하는 변은 $\overline{ED}$이다.

07 오른쪽 그림에서
$\angle ABC=\angle BCD$일
때, $\overline{BD}$의 길이를 구
하여라.

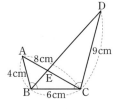

08 다음 그림의 두 원기둥 A, B가 닮은 도형일
때, 원기둥 A의 밑면의 둘레의 길이는?

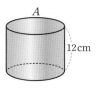

① 12π cm   ② 15π cm

③ 16π cm   ④ 18π cm

⑤ 24π cm

09 다음 중 오른쪽 그림의
△ABC와 닮음인 것을
모두 고르면?

(정답 2개)

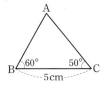

①

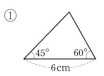

②

③

④

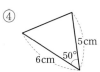

⑤

10 오른쪽 그림의 △ABC에서 $\overline{BC}$의 길이는?

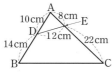

① 24 cm   ② 27 cm

③ 30 cm   ④ 33 cm

⑤ 36 cm

11 다음 그림에서 ∠ABC = ∠ADE일 때, $\overline{BE}$ 의 길이를 구하여라.

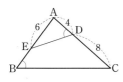

12 오른쪽 그림에서 $\overline{AE} /\!/ \overline{BC}$ 이고 $\overline{AB} /\!/ \overline{ED}$일 때, △ADE의 둘레의 길이를 구하여라. (단, 풀이 과정을 자세히 써라.)

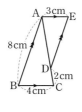

13 오른쪽 그림에서 ∠ACD = ∠ABC 이고 $\overline{AB}$ = 18 cm, $\overline{AC}$ = 12 cm일 때, $\overline{AD}$의 길이는?

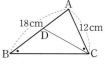

① 8 cm   ② $\dfrac{17}{2}$ cm

③ 9 cm   ④ $\dfrac{19}{2}$ cm

⑤ 10 cm

14 오른쪽 그림의 평행사 변형 ABCD에서 $\overline{AD}$ 위의 점 E와 꼭짓점 B 를 이은 선분이 $\overline{AC}$와 만나는 점이 F이고, $\overline{AF}$ = 3 cm, $\overline{CF}$ = 5 cm, $\overline{BC}$ = 10 cm일 때, 다음 중 옳은 것은?

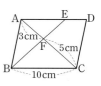

① $\overline{AE} : \overline{BC}$ = 2 : 3

② $\overline{EF} : \overline{BF}$ = 3 : 4

③ $\overline{AE}$ = 6 cm

④ △ABE ∽ △BFC

⑤ △ABF ∽ △AEF

15 오른쪽 그림과 같이 평 행사변형 ABCD의 꼭짓점 A에서 두 변 BC, CD에 내린 수선 의 발을 각각 E, F라 할 때, $\overline{AE}$ = 6 cm, $\overline{AF}$ = 8 cm이다. $\overline{AB} : \overline{AD}$를 구하여라.

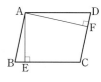

16 오른쪽 그림에서 $\overline{AD}$
의 길이는?

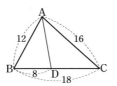

① 10 ② $\dfrac{32}{3}$

③ 11 ④ $\dfrac{35}{3}$

⑤ 12

서술형

17 오른쪽 그림에서
$\angle ABC = \angle BCD$
$= 90°$이고,
$\overline{AB} = 4\,cm$,

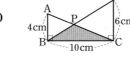

$\overline{CD} = 6\,cm$, $\overline{BC} = 10\,cm$일 때, △PBC의
넓이를 구하여라.

(단, 풀이 과정을 자세히 써라.)

서술형

18 오른쪽 그림에서
□ABCD는 직사각
형이고, 대각선 BD
의 수직이등분선이

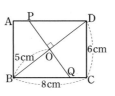

변 AD, BC와 만나는 점을 각각 P, Q라
할 때, $\overline{PD}$의 길이를 구하여라.

(단, 풀이 과정을 자세히 써라.)

19 오른쪽 그림과 같은
정삼각형 ABC를 접
어서 꼭짓점 A가 $\overline{BC}$
위의 점 D와 일치하
도록 하였다.

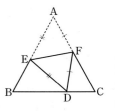

$\overline{CD} = 3\,cm$, $\overline{FD} = 7\,cm$, $\overline{FC} = 8\,cm$일 때,
$\overline{AE}$의 길이는?

① 9 cm ② $\dfrac{19}{2}$ cm

③ 10 cm ④ $\dfrac{21}{2}$ cm

⑤ 11 cm

20 오른쪽 그림과 같이
△ABC의 꼭짓점
A, B에서 대변에
내린 수선의 발을 각

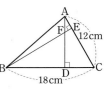

각 D, E라 하자. $\overline{BC} = 18\,cm$, $\overline{AC} = 12\,cm$,
$\overline{BD} : \overline{DC} = 2 : 1$일 때 $\overline{AE}$의 길이를 구하
여라.

21 오른쪽 그림과 같
이 △ABC의 내심
을 I라 하고 $\overline{AI}$의

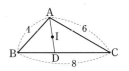

연장선과 $\overline{BC}$와의 교점을 D라고 하자.
$\overline{AB} = 4$, $\overline{AC} = 6$, $\overline{BC} = 8$일 때, $\overline{AI} : \overline{ID}$를
구하여라.

22 오른쪽 그림에서
∠BAD=∠CAD,
$\overline{AB}$=15cm,
$\overline{AC}$=12cm,
$\overline{BC}$=18cm일 때, 다음 보기에서 옳지 <u>않은</u>
것을 모두 고른 것은?

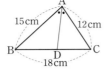

┤ 보기 ├

(ㄱ) $\overline{BD}$=10cm

(ㄴ) △ABD : △ACD=5 : 4

(ㄷ) △ABD∽△ACD

(ㄹ) $\overline{BD}$: $\overline{DC}$=5 : 4

① (ㄱ) ② (ㄴ)

③ (ㄷ) ④ (ㄱ), (ㄴ)

⑤ (ㄷ), (ㄹ)

(서술형)

23 오른쪽 그림에서 $\overline{AD}$,
$\overline{CE}$가 각각 ∠A, ∠C의
이등분선일 때, $\overline{AE}$의 길
이를 구하여라. (단, 풀이
과정을 자세히 써라.)

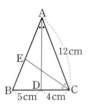

24 오른쪽 그림은 직
사각형 ABCD에
서 점 C가 변 AD
위의 점 F와 일치
하도록 접은 것이다. $\overline{AB}$=6, $\overline{BC}$=10,
$\overline{FD}$=2일 때, $\overline{EF}$의 길이를 구하여라.

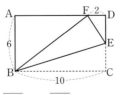

25 오른쪽 그림에서
∠BAE=∠CBF
=∠ACD,
$\overline{AB}$=4, $\overline{BC}$=6,
$\overline{CA}$=7일 때, $\overline{DE}$: $\overline{EF}$는?

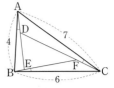

① 2 : 3 ② 4 : 7

③ 6 : 7 ④ 3 : 2

⑤ 7 : 6

(서술형)

26 오른쪽 그림과 같은
□ABCD에서
∠A=∠C=90°이고
대각선 BD는 ∠B의
이등분선이고 $\overline{BC}⊥\overline{AF}$이다. $\overline{BF}$=6cm,
$\overline{FC}$=4cm, $\overline{CD}$=5cm일 때, $\overline{AF}$의 길이
를 구하여라. (단, 풀이 과정을 자세히 써라.)

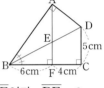

27 오른쪽 그림의
△ABC에서
∠A=90°,
$\overline{BM}=\overline{CM}$,
$\overline{AG}⊥\overline{BC}$, $\overline{GH}⊥\overline{AM}$, $\overline{BG}$=4cm,
$\overline{CG}$=1cm일 때 $\overline{AH}$의 길이를 구하여라.

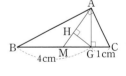

유형 01

다음 그림과 같이 직사각형 ABCD를 $\overline{EC}$ 를 접는 선으로 하여 꼭짓점 B가 $\overline{AD}$ 위의 점 B′에 오도록 접었다. $\overline{B'D}$의 길이를 구하여라.

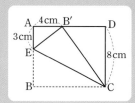

해결**포인트** 닮은 삼각형을 찾아내어 대응하는 변의 길이의 비가 일정함을 이용한다.

유형 02

다음 그림과 같이 $\angle A=90°$인 $\triangle ABC$에서 $\overline{BM}=\overline{CM}$이고 $\overline{AD}\perp\overline{BC}$, $\overline{AM}\perp\overline{DE}$일 때, $\overline{AE}$의 길이를 구하여라.

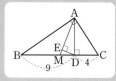

해결**포인트** 직각삼각형의 빗변의 중점은 외심과 일치하고, 외심에서 세 꼭짓점에 이르는 거리가 일정함을 이용한다.

확인문제

1-1 오른쪽 그림과 같이 정사각형 ABCD의 꼭짓점 A가 BC 위의 점 A′에 오도록 접었을 때, $\overline{GD'}$의 길이를 구하여라.

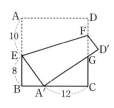

1-2 오른쪽 그림과 같이 정삼각형 ABC의 꼭짓점 A가 $\overline{BC}$ 위의 점 E에 오도록 접었다. $\overline{BA'}=4\,cm$, $\overline{A'C}=8\,cm$, $\overline{AF}=7\,cm$일 때, $\overline{AD}$의 길이를 구하여라.

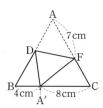

확인문제

2-1 오른쪽 그림과 같이 $\angle A=90°$인 $\triangle ABC$에서 $\overline{AD}\perp\overline{BC}$일 때, $\triangle ABD : \triangle ADC$를 구하여라.

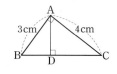

2-2 오른쪽 그림과 같이 $\angle A=90°$ 인 $\triangle ABC$에서 점 M은 $\overline{BC}$의 중점이고, $\overline{AD}\perp\overline{BC}$, $\overline{AM}\perp\overline{DH}$일 때, $\overline{MH}$의 길이를 구하여라.

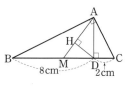

서술형 만점대비

정답 p. 58

1 오른쪽 그림의 △ABC에서 $\overline{AD}$=6cm, $\overline{BD}$=12cm, $\overline{BE}$=8cm이고, ∠ACB＝∠BDE일 때, $\overline{EC}$의 길이를 구하여라.

(단, 풀이 과정을 자세히 써라.)

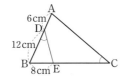

3 오른쪽 그림에서 ∠BAC＝∠DBC, ∠ABE＝∠DBE이다. $\overline{BC}$=9cm, $\overline{AC}$=15cm일 때, $\overline{DE}$ 의 길이를 구하여라.

(단, 풀이 과정을 자세히 써라.)

2 오른쪽 그림에서 $\overline{AD}$는 ∠A의 이등분 선이고 $\overline{DE}$∥$\overline{AC}$, $\overline{AC}$=4cm, $\overline{BD}$=3cm, $\overline{DC}$=2cm일 때, $\overline{BE}$의 길이를 구하여라.

(단, 풀이 과정을 자세히 써라.)

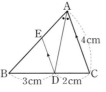

4 오른쪽 그림의 삼각 형에서 $\overline{AB}$=9cm, $\overline{EF}$=3cm, $\overline{FC}$=4cm, $\overline{CE}$=5cm이고 ∠BAC＝∠ADC＝∠EFC＝90°일 때, $\overline{AD}$＋$\overline{AE}$를 구하여라.

(단, 풀이 과정을 자세히 써라.)

PART 02 닮음의 활용(1)

1 삼각형에서 평행선과 선분의 길이의 비

01 오른쪽 그림에서
$\overline{DE} /\!/ \overline{BC}$이면
$\overline{AB}$: □
$= \overline{AC}$: □
$= \overline{BC}$: □

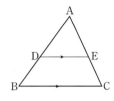

02 오른쪽 그림에서
$\overline{BC} /\!/ \overline{DE}$이면
$\overline{AB}$: □
$=$ □ : $\overline{CE}$

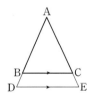

03 오른쪽 그림에서
$\overline{ED} /\!/ \overline{BC}$이면
□ : $\overline{AD}$
$=$ □ : $\overline{AE}$
$=$ □ : $\overline{DE}$

[04~06] 오른쪽 그림의 △ABC에서 $\overline{PQ} /\!/ \overline{BC}$ 일 때, 다음 물음에 답하여라.

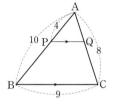

04 △APQ∽△ABC이다. 닮음 조건을 말하여라.

05 $\overline{AQ}$의 길이를 구하여라.

06 $\overline{PQ}$의 길이를 구하여라.

[07~09] 다음 그림에서 $\overline{BC} /\!/ \overline{DE}$일 때, x, y 의 값을 각각 구하여라.

07

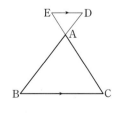

08

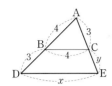

09

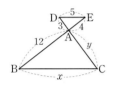

10 다음 그림에서 $\overline{BC} /\!/ \overline{DE}$인 것을 모두 찾아라.

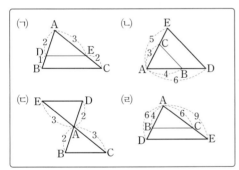

2 삼각형의 중점 연결 정리

11 삼각형의 두 변의 중점을 연결한 선분은 나머지 한 변과 [   ]하고, 그 길이는 나머지 한 변의 길이의 [   ]이다.

12 삼각형의 한 변의 중점을 지나고 다른 한 변에 평행한 직선은 나머지 한 변의 [   ] 을 지난다.

13 오른쪽 그림의 △ABC에서 $\overline{AM}=\overline{BM}$, $\overline{AN}=\overline{CN}$이면 $\overline{MN} /\!/$ [   ], $\overline{MN}=\dfrac{1}{2}$ [   ]

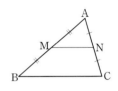

14 오른쪽 그림의 △ABC에서 두 점 D, E가 각각 $\overline{AB}$, $\overline{BC}$의 중점일 때, $\overline{DE}$의 길이를 구하여라.

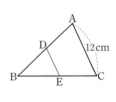

15 오른쪽 그림의 △ABC에서 $\overline{AB}=8\,\mathrm{cm}$, $\overline{BC}=12\,\mathrm{cm}$, $\overline{CA}=10\,\mathrm{cm}$이고 $\overline{AB}$, $\overline{BC}$, $\overline{CA}$의 중점을 각각 D, E, F라 할 때, △DEF의 세 변의 길이를 각각 구하여라.

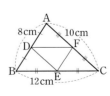

16 다음은 $\overline{AB}=5\,cm$, $\overline{BC}=8\,cm$, $\overline{CA}=6\,cm$인 $\triangle ABC$에서 $\overline{AB}$의 중점을 M이라 하고, $\overline{MN}\,/\!/\,\overline{BC}$일 때, $\overline{MN}$과 $\overline{NC}$의 길이를 구하는 과정이다. □ 안에 알맞은 것을 써넣어라.

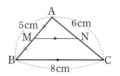

> $\triangle ABC$와 $\triangle AMN$에서
> ⟨가⟩ 는 공통, $\angle B=\angle AMN$(⟨나⟩)
> 이므로 $\triangle ABC \backsim \triangle AMN$(⟨다⟩ 닮음)
> 따라서 ⟨라⟩ : $\overline{MN}=\overline{AC}:\overline{AN}=2:1$이므로
> $\overline{MN}=$ ⟨마⟩ (cm), $\overline{NC}=$ ⟨바⟩ (cm)

3 평행선 사이의 선분의 길이의 비

17 오른쪽 그림에서 $\overline{AA'}\,/\!/\,\overline{BB'}\,/\!/\,\overline{CC'}$이면
$\overline{AB}:$ □
$=\overline{A'B'}:$ □

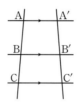

18 오른쪽 그림에서 $k\,/\!/\,l\,/\!/\,m\,/\!/\,n$이면
$a:$ □ $=b:$ □ $=c:$ □,
$a:b:c=$ □ : □ : □

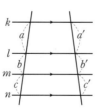

[19~20] 다음 그림에서 $l\,/\!/\,m\,/\!/\,n$일 때, x의 값을 구하여라.

19

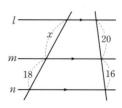

20

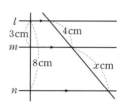

21 오른쪽 그림에서 $l\,/\!/\,m\,/\!/\,n$일 때, x, y의 값을 각각 구하여라.

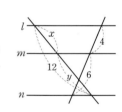

22 오른쪽 그림에서 $a\,/\!/\,b\,/\!/\,c\,/\!/\,d$일 때, x, y의 값을 각각 구하여라.

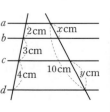

4 삼각형의 무게중심

23 삼각형에서 한 꼭짓점과 그 대변의 중점을 이은 선분을 □ 이라고 한다. 한 삼각형에는 중선이 □ 개 있다.

24 삼각형의 세 중선의 교점을 그 삼각형의 □ 이라고 한다.

25 삼각형의 세 중선은 한 점에서 만나고, 이 점은 세 중선의 길이를 각 꼭짓점으로부터 □ 로 나눈다.

26 오른쪽 그림에서 점 G가 △ABC의 무게중심일 때, x, y 의 값을 각각 구하여라.

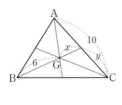

27 오른쪽 그림에서 점 G가 △ABC의 무게중심이고 $\overline{DF}=\overline{FC}$ 일 때, $\overline{AG}$ 의 길이를 구하여라.

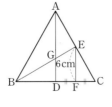

28 다음은 점 G가 △ABC의 무게중심일 때, △GAB, △GBC, △GCA의 넓이가 모두 같음을 확인하는 과정이다. □ 안에 알맞은 것을 써넣어라.

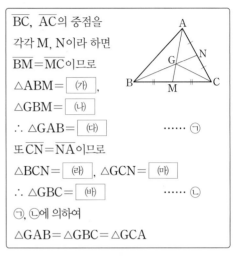

$\overline{BC}$, $\overline{AC}$의 중점을 각각 M, N이라 하면
$\overline{BM}=\overline{MC}$이므로
△ABM = □ (가) ,
△GBM = □ (나)
∴ △GAB = □ (다) ······ ㉠
또 $\overline{CN}=\overline{NA}$이므로
△BCN = □ (라) , △GCN = □ (마)
∴ △GBC = □ (바) ······ ㉡
㉠, ㉡에 의하여
△GAB = △GBC = △GCA

29 오른쪽 그림에서 점 G가 △ABC의 무게중심이고, △GCM = 4 cm² 일 때, △ABC의 넓이를 구하여라.

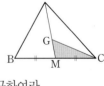

01 오른쪽 그림과 같은
△ABC에서
$\overline{BC}$∥$\overline{DE}$일 때,
$x+y$의 값은?

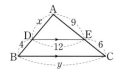

① 22   ② 24

③ 26   ④ 28

⑤ 30

04 오른쪽 그림과 같은
△ABC에서 두 점
D, E가 각각 $\overline{AC}$,
$\overline{BC}$의 중점일 때,
$x+y$의 값은?

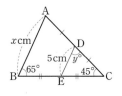

① 70   ② 75

③ 80   ④ 85

⑤ 90

02 오른쪽 그림에서
$\overline{AB}$∥$\overline{CD}$∥$\overline{EF}$일 때,
$\overline{BE}$의 길이는?

① $\dfrac{11}{2}$ ② 6

③ $\dfrac{13}{2}$ ④ 7

⑤ $\dfrac{15}{2}$

05 오른쪽 그림의
△ABC에서 점 D
가 $\overline{AB}$의 중점이고
$\overline{DE}$∥$\overline{BC}$, $\overline{DE}$=7 cm
일 때, $\overline{BC}$의 길이를
구하여라.

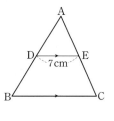

03 오른쪽 그림에서
$\overline{DE}$∥$\overline{BC}$일 때, $\overline{DP}$의
길이를 구하여라.

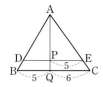

06 오른쪽 그림과 같이
$\overline{AD}$∥$\overline{BC}$인 사다리
꼴 ABCD에서
$\overline{AD}$=4 cm,
$\overline{BC}$=10 cm, $\overline{AE}$=$\overline{EB}$,
$\overline{EF}$∥$\overline{BC}$일 때, $\overline{EF}$의 길이를 구하여라.

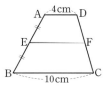

07 오른쪽 그림에서 $l /\!/ m /\!/ n$일 때, $x+y$의 값은?

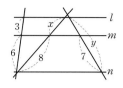

① 13

② $\dfrac{27}{2}$

③ 14

④ $\dfrac{29}{2}$

⑤ 15

08 오른쪽 그림에서 $l /\!/ m /\!/ n /\!/ p$일 때, x, y, z의 값을 각각 구하여라.

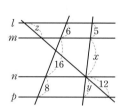

09 오른쪽 그림에서 $\overline{AB} /\!/ \overline{PQ} /\!/ \overline{DC}$ 일 때, $x+y$의 값은?

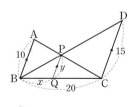

① 12

② 13

③ 14

④ 15

⑤ 16

10 오른쪽 그림에서 점 G가 △ABC의 무게중심일 때, $x+y$의 값은?

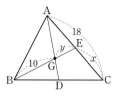

① 10

② 11

③ 12

④ 13

⑤ 14

11 오른쪽 그림에서 점 G는 △ABC의 무게중심이고, 점 G′은 △GBC의 무게중심이다. $\overline{AD}=9\,\text{cm}$일 때, $\overline{GG'}$의 길이를 구하여라.

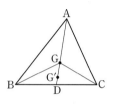

12 오른쪽 그림에서 점 G는 △ABC의 무게중심이고, $\overline{EF} /\!/ \overline{BC}$이다. $△ABC=18\text{cm}^2$일 때, △ADF의 넓이를 구하여라.

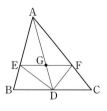

01 오른쪽 그림의 △ABC에서 $\overline{AB} /\!/ \overline{DE}$, $\overline{AD} : \overline{DC} = 3 : 1$이고 $\overline{BC} = 16$ cm일 때, $\overline{EC}$의 길이는?

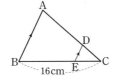

① 2 cm ② $\dfrac{5}{2}$ cm

③ 3 cm ④ $\dfrac{7}{2}$ cm

⑤ 4 cm

02 오른쪽 그림의 △ABC에서 $\overline{BC} /\!/ \overline{DE}$일 때, 다음 중 옳지 않은 것은?

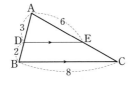

① △ABC∽△ADE

② $\overline{EC} = 4$ ③ $\overline{DE} = \dfrac{24}{5}$

④ $\overline{AE} : \overline{AC} = 3 : 5$

⑤ $\overline{AE} : \overline{EC} = \overline{DE} : \overline{BC}$

03 오른쪽 그림에서 $\overline{AB} /\!/ \overline{DE}$일 때, $\overline{AE} + \overline{CD}$의 길이를 구하여라.

04 오른쪽 그림에서 $\overline{BC} /\!/ \overline{DE}$일 때, $\overline{BD}$의 길이는?

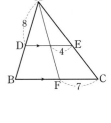

① 5

② $\dfrac{11}{2}$

③ 6

④ $\dfrac{13}{2}$

⑤ 7

05 오른쪽 그림에서 $\overline{BC} /\!/ \overline{DE}$일 때, xy의 값은?

① 18

② 20

③ 24

④ 28

⑤ 32

06 오른쪽 그림에서 $\overline{BC} /\!/ \overline{DE}$, $\overline{AC} /\!/ \overline{FG}$일 때, $\overline{HG}$의 길이를 구하여라.

07 두 점 D, E가 각각 $\overline{AB}$, $\overline{AC}$ 또는 그 연장 선 위의 점일 때, 다음 중 $\overline{BC}/\!/\overline{DE}$인 것을 모두 고르면? (정답 2개)

①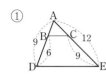

②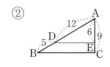

③

④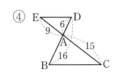

⑤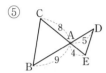

08 오른쪽 그림의 △ABC에서 $\overline{AB}=28$ cm, $\overline{AD}:\overline{DB}=3:4$, $\overline{DE}/\!/\overline{BC}$, $\overline{EF}/\!/\overline{AB}$, $\overline{FG}/\!/\overline{AC}$일 때, $\overline{DG}$의 길이를 구하여라.

(단, 풀이 과정을 자세히 써라.)

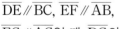

09 오른쪽 그림에서 점 D는 $\overline{AB}$의 중점이고 $\overline{DE}/\!/\overline{BC}$이다. $\overline{DE}=6$ cm, $\overline{AC}=10$ cm일 때, $x+y$의 값은?

① 15   ② 16

③ 17   ④ 18

⑤ 19

10 오른쪽 그림과 같이 $\overline{AD}/\!/\overline{BC}$인 사다리꼴 ABCD에서 $\overline{AD}=6$ cm이고, M, N은 각각 $\overline{AB}$, $\overline{DC}$의 중점이다. $\overline{ME}=\overline{EF}=\overline{FN}$일 때, $\overline{BC}$의 길이는?

① 8 cm   ② 9 cm

③ 10 cm   ④ 11 cm

⑤ 12 cm

11 오른쪽 그림과 같이 $\overline{AD}/\!/\overline{BC}$인 사다리꼴 ABCD에서 두 점 M, N은 각각 $\overline{AB}$, $\overline{CD}$의 중점이다. $\overline{AD}+\overline{BC}=48$이고, $\overline{PQ}:\overline{QN}=2:3$일 때, $\overline{PQ}$의 길이를 구하여라.

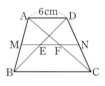

12 오른쪽 그림과 같이 $\overline{AD} /\!/ \overline{BC}$인 사다리꼴 ABCD에서 두 점 M, N은 각각 $\overline{AB}$, $\overline{DC}$의 중점이다. $\overline{BC}=6\,cm$, $\overline{PN}=2\,cm$일 때, $x+y$의 값은?

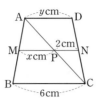

① 5   ② 6

③ 7   ④ 8

⑤ 9

13 오른쪽 그림과 같은 사각형 ABCD에서 $\overline{AD}$, $\overline{BC}$, $\overline{BD}$의 중점을 각각 E, F, G라 하자. $\overline{AB}+\overline{CD}=20\,cm$, $\overline{EF}=6\,cm$일 때, △EGF의 둘레의 길이를 구하여라.

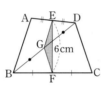

14 오른쪽 그림에서 $\overline{BD}=\overline{DC}$, $\overline{AE}=\overline{ED}$, $\overline{BF} /\!/ \overline{DG}$일 때, $\overline{AF}:\overline{FG}:\overline{GC}$는?

① 1 : 1 : 1   ② 2 : 3 : 2

③ 2 : 2 : 3   ④ 3 : 2 : 2

⑤ 1 : 1 : 2

15 오른쪽 그림의 □ABCD에서 네 점 E, F, G, H는 각각 네 변의 중점이고, $\overline{AC}=8\,cm$, $\overline{BD}=9\,cm$일 때, □EFGH의 둘레의 길이는?

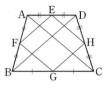

① 16 cm   ② 17 cm

③ 18 cm   ④ 19 cm

⑤ 20 cm

16 오른쪽 그림에서 $\overline{AM}=\overline{BM}$, $\overline{DQ}=\overline{CQ}$, $\overline{MN} /\!/ \overline{PQ} /\!/ \overline{BC}$이고, $\overline{MN}=8\,cm$, $\overline{PR}=5\,cm$일 때, $\overline{RQ}$의 길이를 구하여라.

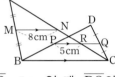

17 오른쪽 그림에서 $\overline{AD}=\overline{DB}$, $\overline{DE}=\overline{EF}$이고 $\overline{BC}=12\,cm$일 때, $\overline{CF}$의 길이는?

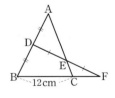

① 5 cm   ② $\dfrac{11}{2}$ cm

③ 6 cm   ④ $\dfrac{13}{2}$ cm

⑤ 7 cm

18 오른쪽 그림에서 $l /\!/ m /\!/ n$일 때, xy의 값은?

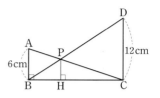

① 72

② 80

③ 84

④ 92

⑤ 96

19 오른쪽 그림과 같은 △ABC에서 $\overline{AD} : \overline{DB} = 3 : 2$이고, $\overline{DF} /\!/ \overline{AC}$, $\overline{DE} /\!/ \overline{BC}$ 일 때, $x+y$의 값은?

① 10

② $\dfrac{32}{3}$

③ 11

④ $\dfrac{35}{3}$

⑤ 12

20 오른쪽 그림과 같이 $\overline{AD} /\!/ \overline{BC}$인 사다리꼴 ABCD에서 $\overline{PQ} /\!/ \overline{BC}$, $\overline{AP} : \overline{PB} = 3 : 2$일 때, $\overline{PQ}$의 길이를 구하여라.

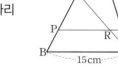

21 다음 그림에서 $\overline{AB}$, $\overline{DC}$, $\overline{PH}$는 모두 $\overline{BC}$에 수직이다. 이때 $\overline{PH}$의 길이를 구하여라.

22 오른쪽 그림에서 $\overline{AD} /\!/ \overline{PQ} /\!/ \overline{BC}$이고 $\overline{AP} : \overline{PB} = 2 : 3$일 때, △DPQ : △CPQ는?

① 1 : 2   ② 2 : 1

③ 2 : 3   ④ 3 : 2

⑤ 3 : 4

서술형

23 오른쪽 그림에서 $\overline{DE} /\!/ \overline{BC}$이고 $\overline{AD} : \overline{DB} = 1 : 2$, $\overline{BF} : \overline{FC} = 3 : 2$일 때, $\overline{PQ}$의 길이를 구하여라.

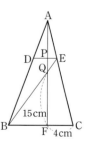

(단, 풀이 과정을 자세히 써라.)

24 오른쪽 그림에서
$\overline{AD} /\!/ \overline{EF} /\!/ \overline{BC}$이고,
$3\overline{EG}=2\overline{GH}$,
$\overline{AE} : \overline{EB}=3 : 1$
일 때, $\overline{BC}$의 길이는?

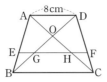

① 6 cm
② $\dfrac{19}{3}$ cm
③ $\dfrac{20}{3}$ cm
④ 7 cm
⑤ $\dfrac{22}{3}$ cm

서술형

25 오른쪽 그림에서
□ABCD는 평행
사변형이고,
$\overline{AE}=15$ cm,
$\overline{CD}=9$ cm, $\overline{ED}$
와 $\overline{AF}$의 교점 G가 $\overline{BC}$ 위에 있을 때, $\overline{CF}$
의 길이를 구하여라.
(단, 풀이 과정을 자세히 써라.)

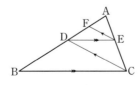

26 다음 그림에서 $\overline{BC} /\!/ \overline{DE}$, $\overline{DC} /\!/ \overline{FE}$,
$\overline{AF} : \overline{FD}=2 : 3$이다. $\overline{AD}=10$ cm일 때,
$\overline{BD}$의 길이를 구하여라.

27 오른쪽 그림에서 점 G
는 △ABC의 무게중
심이다. 다음 중 옳은
것은?

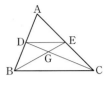

① $\overline{BC}=6$ cm이면 $\overline{DE}=4$ cm
② $\overline{BE}=8$ cm이면 $\overline{BG}=6$ cm
③ $\overline{DG}=2$ cm이면 $\overline{CG}=3$ cm
④ △DBG=△CEG
⑤ △DBG=△DEG

28 오른쪽 그림에서 점
G는 △ABC의 무게
중심이고, $\overline{BE} /\!/ \overline{DF}$,
$\overline{GE}=2$ cm일 때,
$x+y$의 값은?

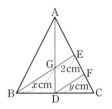

① 4
② 5
③ 6
④ 7
⑤ 8

서술형

29 오른쪽 그림에서 점
G는 △ABC의 무게
중심이고,
$\overline{AM}=\overline{MD}$,
△ABC=48 cm²일 때, △MBG의 넓이를
구하여라. (단, 풀이 과정을 자세히 써라.)

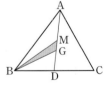

30 오른쪽 그림에서 점 G 는 △ABC의 무게중심 이고, △ABC의 넓이 가 60 cm²일 때, △DGE의 넓이는?

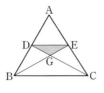

① 5 cm²　　　　② 6 cm²

③ 8 cm²　　　　④ 10 cm²

⑤ 12 cm²

31 오른쪽 그림에서 두 점 G, G′은 각각 △ABC, △GBC의 무게중심이 다. △ABC=9 cm²일 때, △GG′C의 넓이를 구하여라.

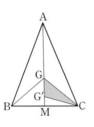

32 오른쪽 그림의 평행사 변형 ABCD의 넓이가 24cm²일 때, △BEG 의 넓이는?

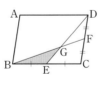

① 2 cm²　　　　② 3 cm²

③ $\frac{10}{3}$ cm²　　　④ 4 cm²

⑤ 5 cm²

33 오른쪽 그림에서 점 G는 △ABC의 무게 중심이다. $\overline{GE}=\overline{EH}$ 이고 △BHE=5cm² 일 때, △ABC의 넓이 는?

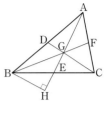

① 20 cm²　　　　② 25 cm²

③ 30 cm²　　　　④ 35 cm²

⑤ 40 cm²

34 오른쪽 그림과 같이 평 행사변형 ABCD에서 $\overline{BC}$, $\overline{CD}$의 중점을 각 각 M, N이라 하고, $\overline{BD}$와 $\overline{AM}$, $\overline{AN}$의 교점을 각각 P, Q라 하자. $\overline{BP}=10$ cm일 때, $\overline{MN}$의 길이를 구하여라.

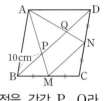

35 오른쪽 그림에서 $\overline{AD}:\overline{DC}=2:3$이 고, 점 M은 $\overline{BD}$의 중점이다. $\overline{AM}$의 연 장선과 $\overline{BC}$와의 교점 을 E라 할 때, $\overline{BE}=4$ cm이다. 이때 $\overline{EC}$의 길이를 구하여라.

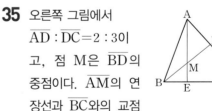

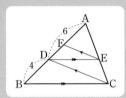

유형 **01**

다음 그림에서 $\overline{DE} /\!/ \overline{BC}$, $\overline{FE} /\!/ \overline{DC}$일 때, $\overline{AF}$의 길이를 구하여라.

해결포인트 △ABC에서 $\overline{BC}$에 평행한 직선과 $\overline{AB}$, $\overline{AC}$ 또는 그 연장선이 만나는 점을 각각 D, E라 할 때, $\overline{AB}$: $\overline{AD} = \overline{AC}$: $\overline{AE}$, $\overline{AD}$: $\overline{DB} = \overline{AE}$: $\overline{EC}$임을 이용한다.

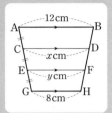

유형 **02**

오른쪽 그림에서 $\overline{AB} /\!/ \overline{CD} /\!/ \overline{EF} /\!/ \overline{GH}$ 이고, $\overline{AC} = \overline{CE} = \overline{EG}$ 일 때, $x+y$의 값을 구하여라.

해결포인트 $\overline{AH}$를 그어 삼각형에서 평행선과 선분의 길이의 비의 관계를 이용한다.

1-1 오른쪽 그림에서 $\overline{FD} /\!/ \overline{CE}$, $\overline{FE} /\!/ \overline{CB}$ 일 때, $\overline{AB}$: $\overline{BE}$를 구하여라.

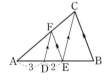

1-2 오른쪽 그림에서 $\overline{AB} /\!/ \overline{DE}$, $\overline{AD} /\!/ \overline{EF}$이고 $\overline{DF}$: $\overline{FC} = 1 : 2$, $\overline{BD} = 3$일 때, $\overline{DF}$의 길이를 구하여라.

2-1 오른쪽 그림에서 $\overline{DE} /\!/ \overline{FG} /\!/ \overline{BC}$, $\overline{AF}$: $\overline{FB} = 3 : 1$, AE : $\overline{EC} = 2 : 3$, $\overline{DE} = 8$ cm일 때, $\overline{FG}$의 길이를 구하여라.

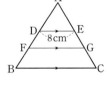

2-2 오른쪽 그림에서 $\overline{AD} /\!/ \overline{BC}$이고 $\overline{AD} = 8$, $\overline{BC} = 12$ 이다. $\overline{BP} = \dfrac{1}{3}\overline{BD}$, $\overline{CQ} = \dfrac{1}{3}\overline{AC}$일 때, $\overline{PQ}$의 길이를 구하여라.

유형 03

오른쪽 그림에서 네 점 E, F, G, H는 각각 평행사변형 ABCD의 각 변의 중점이고, $\overline{BP}=20\,cm$일 때, $\overline{PH}$의 길이를 구하여라.

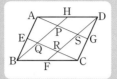

해결포인트 위의 그림에서 $\overline{AG}\,/\!/\,\overline{EC}$, $\overline{BH}\,/\!/\,\overline{DF}$이므로 □PQRS는 평행사변형임을 이용한다.

유형 04

오른쪽 그림에서 △ABC의 두 중선 $\overline{AE}$와 $\overline{CD}$의 중점을 각각 I, H라 하자. △ABC=90\,cm^{2}일 때, □DEHI의 넓이를 구하여라.

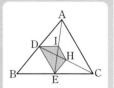

해결포인트 삼각형의 넓이는 세 중선에 의하여 6등분된다. 또 삼각형의 무게중심과 세 꼭짓점을 이어서 생기는 삼각형의 넓이는 같다.

확인문제

3-1 오른쪽 그림의 평행사변형 ABCD에서 두 점 E, F는 각각 $\overline{BC}$, $\overline{CD}$의 중점이고, □ABCD=36\,cm^{2}일 때, △AGH의 넓이를 구하여라.

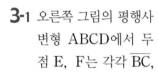

확인문제

4-1 오른쪽 그림에서 점 G는 △ABC의 무게중심이고 $\overline{AM}=\overline{DM}$이다. △ABC=72\,cm^{2}일 때, △GEM의 넓이를 구하여라.

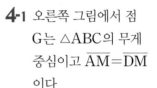

3-2 오른쪽 그림에서 네 점 E, F, G, H는 각각 평행사변형 ABCD의 각 변의 중점이고 △RFC=3\,cm^{2}일 때, □ABCD의 넓이를 구하여라.

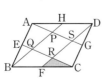

4-2 오른쪽 그림에서 점 G, G′은 각각 삼각형 ABC, ADC의 무게중심이다. △GDG′=3\,cm^{2}일 때, 삼각형 ABC의 넓이를 구하여라.

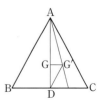

1 오른쪽 그림에서
$\overline{BM}=\overline{PM}$,
$\overline{CN}=\overline{PN}$이고,
$\overline{MD}/\!/\overline{PA}/\!/\overline{NE}$,
$\overline{DE}/\!/\overline{BC}$이다.

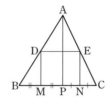

$\overline{AP}=8\,cm$, $\overline{BC}=12\,cm$일 때, □DMNE
의 둘레의 길이를 구하여라.

(단, 풀이 과정을 자세히 써라.)

3 오른쪽 그림과 같이
△ABC의 변 AB의
연장선 위에
$\overline{AB}=\overline{AD}$가 되도록

점 D를 잡고, 점 D와 변 AC의 중점 M을
잇는 직선과 변 BC와의 교점을 E라 할
때, $\overline{BE}:\overline{CE}$를 구하여라.

(단, 풀이 과정을 자세히 써라.)

2 다음 그림에서 $\overline{FE}/\!/\overline{BC}$이고
$\overline{AE}:\overline{EC}=1:2$, $\overline{BD}:\overline{DC}=3:4$,
$\overline{GD}=9\,cm$일 때, $\overline{FG}$의 길이를 구하여라.
(단, 풀이 과정을 자세히 써라.)

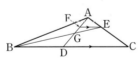

4 오른쪽 그림에서
두 점 G, G'은 각각
△ABD, △ADC의
무게중심이다.
$\overline{BC}=18\,cm$일 때,

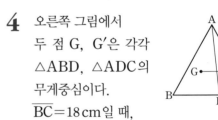

$\overline{GG'}$의 길이를 구하여라.

(단, 풀이 과정을 자세히 써라.)

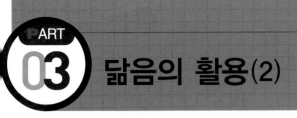

1 닮은 평면도형의 넓이의 비

01 닮은 두 평면도형의 닮음비가 $m:n$이면 둘레의 길이의 비는 ☐, 넓이의 비는 ☐이다.

02 닮음비가 $2:3$인 두 삼각형 ABC와 A′B′C′의 넓이의 비를 구하여라.

03 닮음비가 $4:5$인 두 사각형 ABCD와 A′B′C′D′의 넓이의 비를 구하여라.

04 △ABC와 △A′B′C′의 닮음비가 $4:5$이고 △A′B′C′의 넓이가 50 cm^2일 때, △ABC의 넓이를 구하여라.

[05~06] 오른쪽 그림의 삼각형에서 ∠ADE=∠ABC, $\overline{AE}:\overline{AC}=2:3$일 때, 다음 물음에 답하여라.

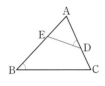

05 △ADE와 △ABC의 넓이의 비를 구하여라.

06 △ADE의 넓이가 $S \text{ cm}^2$일 때, ☐BCDE의 넓이를 S에 대한 식으로 나타내어라.

[07~09] 오른쪽 그림에서 $\overline{AD}:\overline{DB}=\overline{AE}:\overline{EC}=3:7$일 때, 다음 비를 구하여라.

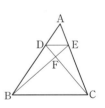

07 △ADE : △ABC

08 △DEF : △CBF

09 △CEF : △CBE

10 오른쪽 그림의 $\triangle ABC$에서 $\overline{AC} /\!/ \overline{DE}$, $\overline{AD} : \overline{DB} = 2 : 3$이고 $\triangle ABC = 50\,\text{cm}^2$일 때, $\square ADEC$의 넓이를 구하여라.

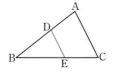

2 닮은 입체도형의 부피의 비

11 닮은 두 입체도형의 닮음비가 $m : n$일 때, 겉넓이의 비는 □□□□, 부피의 비는 □□□□이다.

12 두 정육면체 A, B의 부피의 비가 $1 : 8$일 때, A, B의 겉넓이의 비를 구하여라.

[13~14] 닮음인 두 직육면체의 닮음비가 $3 : 4$일 때, 다음 물음에 답하여라.

13 두 직육면체의 부피의 비를 구하여라.

14 작은 직육면체의 부피가 $54\,\text{cm}^3$일 때, 큰 직육면체의 부피를 구하여라.

[15~17] 다음 그림의 두 삼각기둥은 닮은 도형이다. $\overline{AD} = 4\,\text{cm}$, $\overline{AC} = 3\,\text{cm}$, $\overline{A'D'} = 6\,\text{cm}$일 때, 다음 물음에 답하여라.

 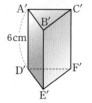

15 $\overline{A'C'}$의 길이를 구하여라.

16 $\triangle ABC : \triangle A'B'C'$을 구하여라.

17 작은 삼각기둥의 부피가 $16\,\text{cm}^3$일 때, 큰 삼각기둥의 부피를 구하여라.

[18~20] 닮은 두 원기둥 A, B의 높이의 비가 $2 : 3$일 때, 다음 물음에 답하여라.

18 두 원기둥 A, B의 밑면의 둘레의 길이의 비를 구하여라.

19 원기둥 B의 옆넓이가 $225\,\text{cm}^2$일 때, 원기둥 A의 옆넓이를 구하여라.

20 원기둥 A의 부피가 $80\,\text{cm}^3$일 때, 원기둥 B의 부피를 구하여라.

21 한 모서리의 길이가 10 cm인 정육면체 모양의 쇠 주사위를 녹여 한 모서리의 길이가 2 cm인 정육면체 모양의 쇠 주사위를 모두 몇 개 만들 수 있는지 구하여라.

[22~23] 큰 쇠구슬 한 개를 녹여서 같은 크기의 작은 쇠구슬 여러 개를 만들려고 한다. 이때 작은 쇠구슬의 반지름의 길이는 큰 쇠구슬의 반지름의 길이의 $\frac{1}{4}$이다. 다음 물음에 답하여라.

22 작은 쇠구슬을 모두 몇 개 만들 수 있는지 구하여라.

23 작은 쇠구슬의 겉넓이를 모두 합하면 처음의 큰 쇠구슬의 겉넓이의 몇 배인지 구하여라.

24 오른쪽 그림과 같이 삼각뿔 V−ABC의 밑면 △ABC에 평행한 평면 L이 모서리 VA를 3 : 2로 자를 때, 평면 L에 의하여 나누어진 두 부분의 부피의 비를 구하여라.

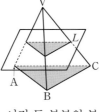

3 닮음의 활용

25 도형을 일정한 비율로 줄여서 그린 그림을 [   ]라고 한다. 축도에서 실제 도형을 줄인 비율을 [   ]이라고 한다.

26 지도에서 축척은 1 : a 또는 $\frac{1}{a}$과 같이 나타내고, 이것은 지도에서의 거리와 실제 거리의 비가 1 : [   ]임을 뜻한다.

27 (축척)$=\dfrac{([\quad]\text{에서의 길이})}{(\text{실제 길이})}$ 이므로

([   ]에서의 길이)=(실제 길이)×(축척)과 같이 계산한다.

28 축척이 1 : 50000인 지도에서 2 cm만큼 떨어진 두 지점 사이의 실제 거리는 몇 km인지 구하여라.

29 축척이 1 : 200인 건물의 모형도에서 바닥의 넓이가 약 9000 cm^{2}일 때, 실제 건물의 바닥의 넓이는 약 몇 m^{2}인지 구하여라.

[01~02] 오른쪽 그림과 같이 $\overline{AD} /\!\!/ \overline{BC}$인 사다리꼴 ABCD에서 $\overline{AD} : \overline{BC} = 3 : 5$일 때, 다음을 구하여라.

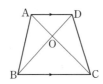

01 △AOD : △COB

02 △ABO : △AOD

03 오른쪽 그림에서 두 점 D, E가 각각 $\overline{AB}$, $\overline{AC}$의 중점이고, $\triangle ABC = 48 \, cm^2$일 때, △ADE의 넓이를 구하여라.

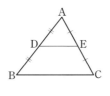

04 오른쪽 그림과 같이 ∠A=90°인 직각삼각형 ABC의 점 A에서 $\overline{BC}$에 내린 수선의 발을 D라 할 때, △ABD : △ADC를 구하여라.

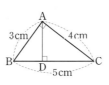

05 정육면체 모양의 상자 안에 단면이 다음 그림과 같도록 크기와 모양이 같은 구슬로 가득 채웠을 때, 세 상자 A, B, C 안에 들어 있는 구슬 전체의 겉넓이의 비를 구하여라.

A   B   C

06 오른쪽 그림과 같이 원뿔의 높이를 밑면에 평행한 평면으로 삼등분하여 생긴 세 입체도형의 부피를 차례로 V_1, V_2, V_3이라고 하자. 이때 $V_1 : V_2 : V_3$을 구하여라.

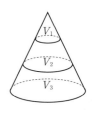

07 A, B 두 지점 사이의 실제 거리가 $20 \, km$일 때, 축척이 $1 : 100000$인 지도에서의 A, B 두 지점 사이의 거리는 몇 cm인지 구하여라.

01 오른쪽 그림과 같은 △ABC에서 ∠B=∠AED이고, △ABC의 넓이가 45 cm² 일 때, □DBCE의 넓이는?

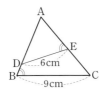

① 20 cm²　　② 25 cm²

③ 30 cm²　　④ 35 cm²

⑤ 36 cm²

02 오른쪽 그림과 같이 중심이 같은 세 원의 반지름의 길이의 비가 1 : 2 : 3일 때, 세 부분 A, B, C의 넓이의 비를 구하여라.

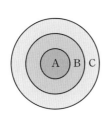

03 오른쪽 그림에서 네 점 D, E, F, G는 각각 △ABC의 변 AB, AC를 삼등분하는 점이다. 사다리꼴 EBCG의 넓이가 45 cm²일 때, 사다리꼴 DEFG의 넓이는?

① 21 cm²　　② 24 cm²

③ 27 cm²　　④ 30 cm²

⑤ 33 cm²

서술형

04 오른쪽 그림에서 $\overline{AD} /\!/ \overline{BC}$이고, $\overline{AD} : \overline{BC}=1 : 2$이다. △AOD의 넓이가 6 cm² 일 때, □ABCD의 넓이를 구하여라. (단, 풀이 과정을 자세히 써라.)

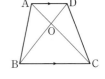

05 오른쪽 그림과 같이 $\overline{AD} /\!/ \overline{BC}$인 사다리꼴 ABCD에서 △AOD=18 cm², △COB=50 cm²일 때, △ABO의 넓이는?

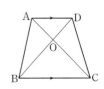

① 20 cm²　　② 24 cm²

③ 25 cm²　　④ 30 cm²

⑤ 36 cm²

06 오른쪽 그림에서 $\overline{AD}=3$ cm, $\overline{BD}=4$ cm, $\overline{AC}=5$ cm이고 ∠ABC=∠AED일 때, △AED : △ABC 를 구하여라.

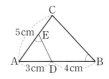

07 오른쪽 그림에서
$\overline{DE} /\!/ \overline{BC}$,
$\overline{AE}=8\,cm$이다.
△AED의 넓이는
$16\,cm^2$이고, △ABC의 넓이는 $36\,cm^2$일 때,
x의 값은?

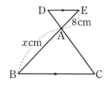

① 9   ② 10
③ 12   ④ 15
⑤ 16

08 오른쪽 그림과 같이
직각삼각형 ABC의
꼭짓점 C에서 빗변
AB에 내린 수선의
발을 D라 할 때, △ADC의 넓이를 구하여라.

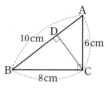

09 두 직육면체 P, Q가 닮은 도형이고, P, Q
의 겉넓이의 비가 $4:9$, P의 부피가 $40\,cm^3$
일 때, Q의 부피는?

① $81\,cm^3$ ② $108\,cm^3$
③ $120\,cm^3$ ④ $135\,cm^3$
⑤ $150\,cm^3$

10 지름의 길이가 $0.3\,m$인 쇠공을 녹이면 지름
의 길이가 $6\,cm$인 쇠공을 몇 개 까지 만들
수 있는가?

① 5개   ② 25개
③ 100개   ④ 125개
⑤ 150개

11 다음 그림의 두 직육면체 P, Q가 닮은 도형
일 때, 직육면체 Q의 부피를 구하여라.

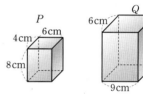

12 오른쪽 그림과 같이 원판
에 원 모양의 구멍을 반지
름의 길이가 원판의 반지
름의 길이의 $\dfrac{1}{10}$이 되도록
하여 25개의 구멍을 뚫었다. 남은 부분의 넓
이는 원판의 넓이의 몇 배인가?

① $\dfrac{1}{4}$배   ② $\dfrac{1}{2}$배
③ $\dfrac{2}{3}$배   ④ $\dfrac{3}{4}$배
⑤ $\dfrac{4}{5}$배

13 오른쪽 그림과 같이 삼각뿔 V−ABC를 밑면에 평행한 평면으로 자른 단면을 각각 △A′B′C′, △A″B″C″ 이라고 하자. △A′B′C′의 넓이가 $12\,cm^2$일 때, △ABC의 넓이는?

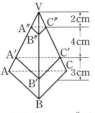

① $18\,cm^2$　　② $21\,cm^3$

③ $24\,cm^3$　　④ $27\,cm^3$

⑤ $30\,cm^3$

14 오른쪽 그림과 같은 원뿔 모양의 그릇에 그 깊이의 $\dfrac{2}{3}$까지 물을 넣었다. 원뿔의 부피가 $27\,cm^3$일 때, 물의 부피를 구하여라.

서술형

15 좌표평면 위에 다음 그림과 같이 정사각형 ABOC가 놓여 있다. 변 AB 위의 한 점 P에 대하여 직선 CP가 x축과 만나는 점을 Q라 하자. △APC와 △PQB의 넓이의 합이 □PBOC의 넓이와 같을 때, △APC : △PQB를 구하여라.

(단, 풀이 과정을 자세히 써라.)

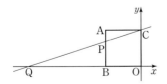

16 원뿔대의 두 밑면의 반지름의 길이가 각각 $3\,cm$, $5\,cm$이고 높이가 $4\,cm$일 때, 이 원뿔대의 부피를 구하여라.

17 오른쪽 그림과 같은 원뿔 모양의 그릇에 일정한 속도로 물을 넣고 있다. 전체 높이의 $\dfrac{1}{2}$만큼 물을 채우는 데 20분이 걸렸다면 그릇에 물을 가득 채울 때까지 시간이 얼마나 더 걸리겠는가?

① 40분　　② 1시간 20분

③ 1시간 40분　　④ 2시간 20분

⑤ 2시간 40분

18 축척이 $1:50000$인 지도에서 거리가 $3\,cm$인 두 지점 사이의 실제 거리는 $a\,km$이고, 실제 거리 $10\,km$는 같은 지도에서 $b\,cm$이다. 이때 $a+b$의 값을 구하여라.

19 축척이 1 : 50000인 지도 위에서 넓이가 40 cm²인 땅의 실제의 넓이는 몇 km²인가?

① 5 km² ② 10 km²
③ 20 km² ④ 50 km²
⑤ 100 km²

서술형

20 오른쪽 그림과 같이 원뿔대 모양의 그릇에 물을 부어서 높이가 반이 되게 하였더니 들어 있는 물의 부피가 190 mL였다. 그릇 전체의 부피를 구하여라.

(단, 풀이 과정을 자세히 써라.)

21 오른쪽 그림과 같이 깊이가 30 cm인 원뿔 모양의 그릇에 일정한 속도로 물을 넣을 때, 물을 넣기 시작하여 10분이 된 순간의 물의 깊이가 15 cm였다. 이때 그릇에 물을 가득 채우는 데 걸리는 시간을 구하여라.

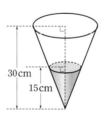

22 밑면이 한 변의 길이가 40 cm인 정사각형인 정사각뿔 모양의 피라미드가 있다. 길이가 1 m인 막대의 그림자의 길이가 2 m가 될 때, 피라미드의 그림자의 길이를 재었더니 80 m가 되었다. 이 피라미드의 높이를 구하여라.

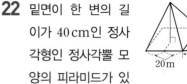
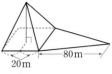

23 다음 그림과 같이 가로, 세로의 길이가 각각 4 cm, 3 cm인 슬라이드 필름은 영사기 렌즈로부터 10 cm 떨어진 곳에 있고, 스크린은 필름으로부터 490 cm 떨어진 곳에 있다. 이때 스크린에 비친 영상의 넓이는 필름의 넓이의 몇 배인지 구하여라.

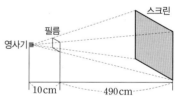

24 200 m 떨어진 해안가의 두 지점 A, B에서 두 개의 섬 C, D를 보고 축도를 그렸더니 오른쪽 그림과 같이 $\overline{AB}=5\,cm$, $\overline{CD}=4.2\,cm$로 나타났다. $\overline{AB}/\!/\overline{CD}$일 때, 두 섬 C, D사이의 실제 거리를 구하여라.

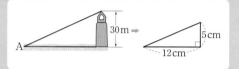

유형 01

오른쪽 그림과 같이 높이가 9cm인 원뿔 모양의 그릇에 일정한 속도로 물을 넣고 있다. 물을 넣기 시작한 지 5분이 되는 순간의 그릇에 채워진 물의 깊이가 3 cm일 때, 이 그릇에 물을 가득 채우려면 몇 분 동안 물을 더 넣어야 하는지 구하여라.

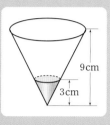

9cm
3cm

해결포인트 닮은 두 입체도형의 닮음비가 $m : n$이면 겉넓이의 비는 $m^2 : n^2$, 부피의 비는 $m^3 : n^3$임을 이용한다.

유형 02

등대와 해안가의 한 지점 A 사이의 거리를 알아보기 위해 축도를 그렸더니 다음 그림과 같았다. 등대와 A지점 사이의 실제 거리는 몇 m인지 구하여라.

30m ➡
A
5cm
12cm

해결포인트 축척이 $1 : a$인 축도에서 두 지점 사이의 거리가 $x$cm이면 실제 거리는 $a \times x$ cm임을 이용한다.

확인문제

1-1 오른쪽 그림과 같은 원뿔 모양의 그릇에 일정한 속도로 물을 넣어 그릇의 높이의 $\frac{2}{3}$가 되도록 물을 채우는 데 16분이 걸렸다. 이 그릇에 물을 가득 채우려면 몇 분 동안 물을 더 넣어야 하는지 구하여라.

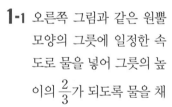

확인문제

2-1 축척이 $1 : 10000$인 지도에서 10 cm만큼 떨어진 두 지점 사이의 실제 거리는 몇 km인지 구하여라.

2-2 어떤 땅을 측량하여 오른쪽 그림과 같은 축척 $1 : 200$인 축도 △ABC를 그렸다. 실제의 땅의 넓이는 몇 m²인지 구하여라.

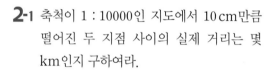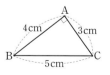

A
4cm
3cm
B
5cm
C

서술형 만점대비

정답 p. 71

1 영수가 수박을 사려고 과일 가게에 갔더니 지름의 길이가 18 cm인 수박은 한 통에 3000원이고, 지름의 길이가 30 cm인 수박은 한 통에 8000원이었다. 두 수박의 맛과 익은 정도는 같다고 할 때, 어느 것을 사는 것이 유리한지 판단하여라.

（단, 풀이 과정을 자세히 써라.）

2 어떤 원뿔의 밑면의 반지름의 길이와 높이를 각각 5배씩 확대할 때, 겉넓이와 부피는 각각 몇 배가 되는지 구하여라.

（단, 풀이 과정을 자세히 써라.）

3 오른쪽 그림과 같이 원뿔 모양의 그릇에 물이 들어 있다. 다음 물음에 답하여라.

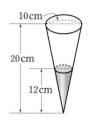

(1) 수면인 원의 반지름의 길이를 구하여라.

(2) 물의 부피는 그릇 전체의 부피의 몇 배인지 구하여라.

4 희수는 건물의 높이를 알아보기 위하여 건물에서 612 cm만큼 떨어진 지점에 거울을 놓고 뒤로 물러나 거울에 건물의 꼭대기가 보이는 곳에 섰다. 희수의 눈의 높이가 162 cm이고, 거울과 희수 사이의 거리가 153 cm일 때, 건물의 높이를 구하여라.

（단, 풀이 과정을 자세히 써라.）

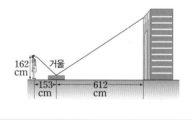

Step **6**

도전 1등급

정답 p. 72

생각해봅시다!

01 오른쪽 그림과 같은 △ABC에서 $\overline{AD}$는 ∠A의 이등분선이고, 점 C 에서 $\overline{AD}$에 내린 수선의 발을 H, $\overline{BC}$의 중점을 M이라 할 때, $\overline{MH}$ 의 길이를 구하여라.

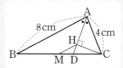

○ $\overline{CH}$의 연장선을 그어 합동인 삼각형을 찾아본다.

02 오른쪽 그림에서 ∠BAD=∠CBE=∠ACF일 때, $\overline{EF}$의 길이는?

① 3   ② $\dfrac{10}{3}$

③ $\dfrac{7}{2}$ ④ 4

⑤ $\dfrac{9}{2}$

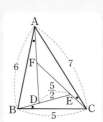

○ 삼각형의 한 외각의 크기는 이웃하지 않는 두 내각의 크기의 합과 같음을 이용한다.

03 오른쪽 그림과 같은 직사각형 ABCD 에서 $\overline{AB}$=12 cm, $\overline{AD}$=15 cm, $\overline{EF}$=6 cm이다. $\overline{AC}\perp\overline{EF}$일 때, $\overline{EC}$의 길이를 구하여라.

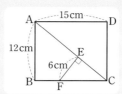

○ 닮은 삼각형을 찾아 대응하는 변의 길이의 비가 같음을 이용한다.

04 오른쪽 그림에서 ∠ABC=∠BCD=90°일 때, △PBC의 넓이는?

① 6 cm²   ② 7 cm²

③ 8 cm²   ④ 9 cm²

⑤ 10 cm²

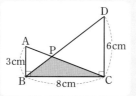

○ 점 P에서 $\overline{BC}$에 수선을 내려 평행선과 선분의 길이의 비를 이용한다.

05 오른쪽 그림과 같은 △ABC에서 점 D는 $\overline{BC}$의 중점이고, 점 G는 $\overline{AD}$의 중점이다. $\overline{BE} /\!/ \overline{DF}$일 때, $\overline{BG}$의 길이는?

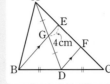

① 8 cm   ② 10 cm

③ 12 cm   ④ 14 cm   ⑤ 16 cm

> ● 삼각형의 중점연결정리를 이용한다.

06 오른쪽 그림의 △ABC에서 $\angle BAD = \angle CAD = 45°$일 때, △ADC의 넓이를 구하여라.

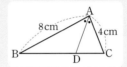

> ● $\overline{AD}$가 $\angle A$의 이등분선이므로 $\overline{AB} : \overline{AC} = \overline{BD} : \overline{CD}$임을 이용한다.

07 오른쪽 그림과 같은 △ABC에서 $\overline{AE} : \overline{EB} = 1 : 2$이고, $\overline{BD} = \overline{DC}$이다. $\overline{AD}$와 $\overline{EC}$가 만나는 점을 P라 하고, $\overline{CE}$의 길이가 12 cm일 때, $\overline{PC}$의 길이를 구하여라.

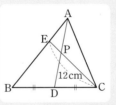

> ● $\overline{BE}$의 중점을 Q라 하고 삼각형의 중점연결정리를 이용한다.

08 오른쪽 그림에서 점 G는 △ABC의 무게중심이고 점 F는 $\overline{BD}$의 중점이다. △ABC=60 cm²일 때, □EFDG의 넓이를 구하여라.

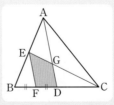

> ● 삼각형의 세 중선은 삼각형의 넓이를 6등분함을 이용한다.

09 오른쪽 그림과 같은 △ABC에서
∠BAD=∠BCA, ∠DAE=∠CAE
일 때, $\overline{DE}$의 길이를 구하여라.

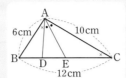

닮은 삼각형을 찾아 변의 길이의
비가 일정함을 이용한다.

10 오른쪽 그림과 같이 $\overline{AD}$∥$\overline{BC}$인
사다리꼴 ABCD에서 $\overline{BC}$의 중점
을 M, $\overline{AM}$과 $\overline{BD}$의 교점을 P,
$\overline{DM}$과 $\overline{AC}$의 교점을 Q라 하자.
이때 $\overline{PQ}$의 길이를 구하여라.

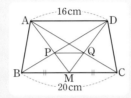

$\overline{AD}$∥$\overline{BC}$이므로 크기가 같은 각
을 찾아 닮은 삼각형을 찾아본다.

11 오른쪽 그림과 같이 $\overline{AD}$∥$\overline{BC}$인
등변사다리꼴 ABCD에서 세 점
E, F, G는 각각 $\overline{AD}$, $\overline{BD}$, $\overline{BC}$
의 중점이다. ∠ABD=40°,
∠BDC=80°일 때, ∠FEG의 크
기를 구하여라.

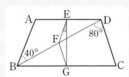

크기가 같은 각을 찾아 △EFG
가 어떤 삼각형인지 알아본다.

12 오른쪽 그림에서 점 G는 △ABC의
무게중심이고, $\overline{ED}$: $\overline{DC}$=1 : 3이다.
△ABC=45 cm²일 때, △EBG의 넓
이를 구하여라.

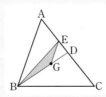

$\overline{AE}$: $\overline{ED}$의 비를 구하면 △BDE
의 넓이를 구할 수 있다.

Step 7

대단원 성취도 평가

나의 점수 _____ 점 / 100점 만점

정답 p. 73

객관식 [각 5점]

01 항상 닮은 도형인 것을 보기에서 모두 고르면?

┌─ 보기 ├─

(ㄱ) 두 정사면체   (ㄴ) 두 삼각기둥   (ㄷ) 두 직각삼각형   (ㄹ) 두 정오각형

① (ㄱ), (ㄴ)   ② (ㄱ), (ㄹ)   ③ (ㄴ), (ㄷ)   ④ (ㄴ), (ㄹ)   ⑤ (ㄷ), (ㄹ)

02 오른쪽 그림에 대한 설명으로 옳지 않은 것은?

(단, $\angle BAC = \angle ADC = 90°$)

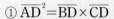

① $\overline{AD}^2 = \overline{BD} \times \overline{CD}$ ② $\overline{AB} \times \overline{CD} = \overline{AC} \times \overline{BD}$

③ $\overline{AB}^2 = \overline{BC} \times \overline{BD}$ ④ $\overline{AB} \times \overline{AC} = \overline{BC} \times \overline{AD}$

⑤ $\overline{AC}^2 = \overline{BC} \times \overline{CD}$

03 오른쪽 그림에서 $k /\!/ l /\!/ m /\!/ n$이고 $\overline{AB} = 2$, $\overline{BC} = 3$, $\overline{FG} = 6$, $\overline{GH} = 8$일 때, $\overline{EF} + \overline{CD}$의 값은?

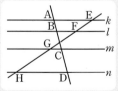

① 4   ② 6   ③ 8

④ 10   ⑤ 12

04 오른쪽 그림에서 $\overline{DE}$의 길이는?

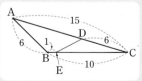

① 3   ② $\dfrac{16}{5}$ ③ $\dfrac{17}{5}$

④ $\dfrac{18}{5}$ ⑤ $\dfrac{19}{5}$

05 오른쪽 그림에서 점 C는 $\overline{BF}$의 중점이고, $\overline{DC} /\!/ \overline{EF}$일 때, $x+y$의 값은?

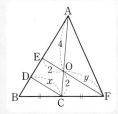

① 6   ② $\dfrac{13}{2}$ ③ 7

④ $\dfrac{15}{2}$ ⑤ 8

06 오른쪽 그림에서 네 점 E, F, G, H는 □ABCD의 각 변의 중점이고, $\overline{AC}=8$일 때, 다음 중 옳지 않은 것은?

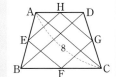

① $\overline{EH}=4$

② $\overline{EF} /\!/ \overline{GH}$

③ □EFGH는 평행사변형이다.

④ $\overline{EF}=\overline{HG}=4$

⑤ $\overline{AC}=\overline{BD}$, $\overline{AC}\perp\overline{BD}$이면 □EFGH는 정사각형이다.

07 오른쪽 그림에서 점 G는 △ABC의 무게중심이고, $\overline{GP}=8\,\mathrm{cm}$일 때, $\overline{AQ}$의 길이는?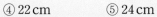

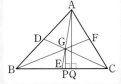

① 16 cm   ② 18 cm   ③ 20 cm

④ 22 cm   ⑤ 24 cm

08 오른쪽 그림에서 $\overline{AD}$, $\overline{BE}$는 △ABC의 중선이고, 점 G는 $\overline{AD}$와 $\overline{BE}$의 교점이다. △GAB의 넓이가 $40\,\mathrm{cm}^2$일 때, △GDE의 넓이는?

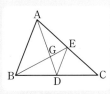

① $5\,\mathrm{cm}^2$ ② $8\,\mathrm{cm}^2$ ③ $10\,\mathrm{cm}^2$

④ $12\,\mathrm{cm}^2$ ⑤ $15\,\mathrm{cm}^2$

09 오른쪽 그림에서 $\overline{BA}=\overline{AD}$, $\overline{AM}=\overline{MC}$, $\overline{AF}\,/\!/\,\overline{BC}$이고, $\overline{BC}=15\,cm$일 때, $\overline{BE}$의 길이는?

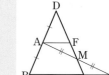

① $9\,cm$ ② $\dfrac{19}{2}\,cm$ ③ $10\,cm$

④ $\dfrac{21}{2}\,cm$ ⑤ $11\,cm$

10 오른쪽 그림의 직사각형 ABCD의 각 변의 중점을 E, F, G, H라 할 때, 사각형 EFGH의 각 변의 중점을 P, Q, R, S라 하자. $\overline{AB}=4\,cm$, $\overline{AD}=8\,cm$일 때, 사각형 PQRS의 둘레의 길이는?

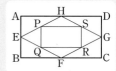

① $6\,cm$ ② $8\,cm$ ③ $10\,cm$

④ $12\,cm$ ⑤ $14\,cm$

11 오른쪽 그림에서 $\overline{AD}=\overline{DG}=\overline{GC}$, $\overline{BE}=\overline{EF}=\overline{FC}$, $\triangle ABC=90\,cm^2$일 때, 사각형 EFGH의 넓이는?

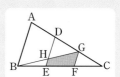

① $10\,cm^2$ ② $12\,cm^2$ ③ $15\,cm^2$

④ $18\,cm^2$ ⑤ $20\,cm^2$

12 오른쪽 그림과 같이 $\overline{BC}=12\,cm$인 이등변삼각형 ABC에서 밑변 BC의 중점을 D라 하고, $\triangle ABD$와 $\triangle ADC$의 무게중심을 각각 G, G′이라고 할 때, $\overline{GG'}$의 길이는?

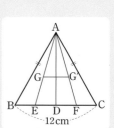

① $3\,cm$ ② $\dfrac{10}{3}\,cm$ ③ $\dfrac{11}{3}\,cm$

④ $4\,cm$ ⑤ $\dfrac{13}{3}\,cm$

13 오른쪽 그림의 △ABC에서 $\overline{\text{AD}}$와 $\overline{\text{BE}}$는 중선이고, $\overline{\text{AD}} \parallel \overline{\text{EF}}$, $\overline{\text{GD}}=4\,$cm일 때, $\overline{\text{EF}}$의 길이를 구하여라.

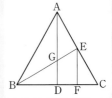

14 오른쪽 그림에서 △ABC : △EDC=4 : 1일 때, $\overline{\text{DE}}$의 길이를 구하여라.

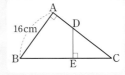

15 오른쪽 그림과 같이 평행사변형 ABCD에서 $\overline{\text{BC}}$, $\overline{\text{CD}}$의 중점을 각각 M, N이라 하고, $\overline{\text{AM}}$, $\overline{\text{AN}}$과 $\overline{\text{BD}}$와의 교점을 각각 P, Q라 한다. $\overline{\text{PQ}}=4\,$cm일 때, $\overline{\text{MN}}$의 길이를 구하여라.

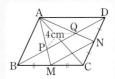

16 오른쪽 그림과 같이 $\overline{\text{AD}} \parallel \overline{\text{BC}}$인 사다리꼴 ABCD에서 점 M, N은 각각 $\overline{\text{AB}}$, $\overline{\text{CD}}$의 중점이고, $\overline{\text{AB}} \parallel \overline{\text{DE}}$, $\overline{\text{AF}} \parallel \overline{\text{DC}}$이다. $\overline{\text{AD}}=8\,$cm, $\overline{\text{BC}}=20\,$cm일 때, $\overline{\text{PQ}}$의 길이를 구하여라.

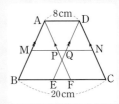

17 오른쪽 그림에서 점 G는 △ABC의 무게중심이고, $\overline{\text{DE}}$는 △CDG의 중선이다. △CDE=4$\,$cm^{2}일 때, △ABC의 넓이를 구하여라. (단, 풀이 과정을 자세히 써라.) [8점]

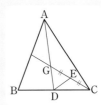

기말고사 대비

내신 만점 테스트

____ 반   이름 _____

01 다음 조건을 만족하는 □ABCD 중 평행사변형이 <u>아닌</u> 것은?
(단, 점 O는 두 대각선의 교점이다.) [3점]

① $\overline{AD} /\!/ \overline{BC}$, $\overline{AB} /\!/ \overline{CD}$
② $\overline{AO} = \overline{CO}$, $\overline{BO} = \overline{DO}$
③ $\overline{AB} = \overline{AD}$, $\overline{BC} = \overline{CD}$
④ $\overline{AB} /\!/ \overline{CD}$, $\angle A = \angle C$
⑤ $\angle A = \angle C$, $\angle B = \angle D$

02 오른쪽 그림과 같은 평행사변형 ABCD에서 $\angle ADB = 26°$, $\angle ACB = 66°$일 때, $\angle x + \angle y$의 크기는? [4점]

① $90°$　　　② $88°$
③ $86°$　　　④ $84°$
⑤ $82°$

03 다음 중 옳지 <u>않은</u> 것은? [3점]

① 두 대각선이 수직인 사각형은 마름모이다.
② 두 대각선이 수직인 직사각형은 정사각형이다.
③ 두 대각선의 길이가 같은 평행사변형은 직사각형이다.
④ 두 대각선의 길이가 같은 마름모는 정사각형이다.
⑤ 두대각선이 수직인 평행사변형은 마름모이다.

04 오른쪽 그림과 같은 정사각형 ABCD에서 점 E가 대각선 BD 위의 점이고, $\angle DAE = 20°$일 때, $\angle BEC$의 크기는? [4점]

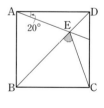

① $55°$　　　② $60°$
③ $65°$　　　④ $70°$
⑤ $75°$

05 오른쪽 그림의 평행사변형 ABCD에서 $\overline{AD}=2\overline{AB}$, $\overline{CE}=\overline{CD}=\overline{DF}$일 때, 다음 중 옳지 않은 것은? [4점]

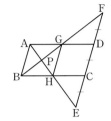

① $\overline{AH}=\overline{HE}$

② $\overline{AG}=\overline{FG}$

③ $\overline{GH}=\overline{CE}$

④ $\angle FPE=90°$

⑤ $\angle BAH=\angle CEH$

06 아래 그림에서 □ABCD∽□EFGH일 때, 다음 중 옳지 않은 것은? [4점]

 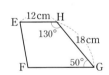

① □ABCD와 □EFGH의 닮음비는 2 : 3이다.

② $\overline{BC} : \overline{FG}=\overline{AB} : \overline{EF}$

③ $\angle C=50°$

④ $\overline{AD}=8\,cm$

⑤ $\angle E=70°$

07 오른쪽 그림에서 $\overline{BC} /\!/ \overline{DE}$일 때, $\overline{DE}$의 길이는? [4점]

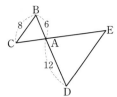

① 12

② 14

③ 16

④ 18

⑤ 20

08 오른쪽 그림의 △ABC에서 $\angle C=76°$, $\angle ADB=115°$, $\overline{AC}=15\,cm$, $\overline{BD}=16\,cm$, $\overline{DC}=9\,cm$일 때, $\angle B$의 크기는? [4점]

① 36°   ② 37°

③ 38°   ④ 39°

⑤ 40°

09 오른쪽 그림에서 점 G가 △ABC의 무게중심일 때, 다음 중 옳지 않은 것은? [4점]

① $\overline{GD}=\overline{GE}$

② $\overline{AG} : \overline{GD}=2 : 1$

③ △ABG=△AGC

④ △ABC=6△AFG

⑤ △GCA=□FBDG

10 다음 그림에서 $l \, / \! / \, m \, / \! / \, n$일 때, x, y의 값은?
[4점]

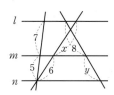

① $x = \dfrac{42}{5}$, $y = \dfrac{36}{7}$

② $x = \dfrac{40}{7}$, $y = \dfrac{30}{7}$

③ $x = \dfrac{30}{7}$, $y = \dfrac{56}{5}$

④ $x = \dfrac{42}{5}$, $y = \dfrac{40}{7}$

⑤ $x = \dfrac{48}{5}$, $y = \dfrac{35}{8}$

11 오른쪽 그림의 사각형 ABCD에서 $\overline{AD} \, / \! / \, \overline{EF} \, / \! / \, \overline{BC}$일 때, $\overline{AE}$의 길이는?
[4점]

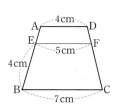

① $1\,cm$ ② $2\,cm$

③ $\dfrac{3}{2}\,cm$ ④ $\dfrac{5}{2}\,cm$

⑤ $3\,cm$

12 오른쪽 그림의 △ABC에서 $\angle BAC = \angle ADC = 90°$일 때, △ABC의 넓이는? [4점]

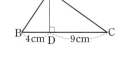

① $36\,cm^2$ ② $37\,cm^2$

③ $38\,cm^2$ ④ $39\,cm^2$

⑤ $40\,cm^2$

13 오른쪽 그림의 □ABCD는 $\overline{AD} \, / \! / \, \overline{BC}$인 사다리꼴이고, 점 O는 두 대각선의 교점이다. △ABC$=50\,cm^2$, △DOC$=15\,cm^2$일 때, △OBC의 넓이는? [4점]

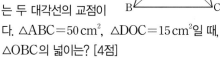

① $30\,cm^2$ ② $35\,cm^2$

③ $40\,cm^2$ ④ $45\,cm^2$

⑤ $50\,cm^2$

14 오른쪽 그림에서 점 G는 △ABC의 무게중심이고 $\overline{DF} \, / \! / \, \overline{BC}$이다. $\overline{DG} = 1\,cm$일 때, $\overline{AE}$의 길이는?
[4점]

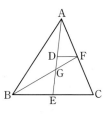

① $6\,cm$ ② $7\,cm$

③ $8\,cm$ ④ $9\,cm$

⑤ $10\,cm$

15 다음 그림의 두 원뿔 A, B는 닮은 도형이다. 두 원뿔 A, B의 겉넓이의 비가 $16:25$일 때, $x+y$의 값은? [4점]

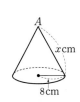 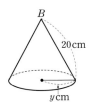

① 22   ② 24

③ 26   ④ 28

⑤ 30

16 오른쪽 그림의 $\triangle ABC$에서 $\angle BAD = \angle CAD = 45°$ 이고, $\overline{AB}=15\,cm$, $\overline{AC}=10\,cm$일 때, $\triangle ABD$의 넓이는? [4점]

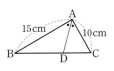

① $30\,cm^2$ ② $35\,cm^2$

③ $40\,cm^2$ ④ $45\,cm^2$

⑤ $50\,cm^2$

주관식

17 오른쪽 그림의 평행사변형 $ABCD$에서 $\overline{BC}$의 중점을 E라 하고, $\overline{AE}$의 연장선이 $\overline{DC}$의 연장선과 만나는 점을 F라고 하자. 이때 $\overline{CF}$의 길이를 구하여라. [6점]

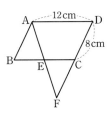

18 오른쪽 그림과 같은 평행사변형 $ABCD$의 내부의 한 점 P에 대하여 $\triangle ABP=8\,cm^2$, $\triangle DCP=17\,cm^2$일 때, $\square ABCD$의 넓이를 구하여라. [6점]

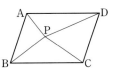

19 오른쪽 그림에서 원 I는 $\triangle ABC$의 내접원이고 $\overline{DE}\,/\!/\,\overline{BC}$이다. 이때 $\overline{BC}$의 길이를 구하여라. [6점]

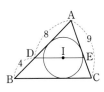

20 다음 그림에서 ∠ABC＝∠DEC일 때, y를 x에 대한 식으로 나타내어라. [6점]

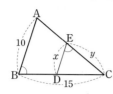

서술형 주관식

22 다음 그림의 사다리꼴에서 점 M, N은 각각 $\overline{AB}$, $\overline{DC}$의 중점이다. 이때 $\overline{MN}$의 길이를 구하여라. (단, 풀이 과정을 자세히 써라.) [8점]

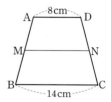

21 축척이 1 : 200000인 지도에서 두 지점 A, B 사이의 거리가 25 cm일 때, 두 지점 A, B 사이의 실제 거리를 시속 60 km의 속력으로 왕복하는 데 걸리는 시간을 구하여라. [6점]

기말고사 대비
내신 만점 테스트

정답 p. 77

_____ 반   이름 _____

01 오른쪽 그림의 △ABC에서
$\overline{AB}=\overline{AC}$이고 $\overline{AB}/\!/\overline{ED}$,
$\overline{AC}/\!/\overline{FD}$일 때, △FBD
와 △EDC의 둘레의 길이
의 합은? [4점]

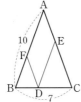

① 17

② 20

③ 21

④ 24

⑤ 27

02 오른쪽 그림의
□ABCD에서 점 O
는 두 대각선의 교점
이다.
$\overline{AD}=\overline{BC}=5\,cm$이고 $\overline{AD}/\!/\overline{BC}$일 때, 다음
중 □ABCD가 직사각형이 되기 위한 조건을
모두 고르면? (정답 2개) [3점]

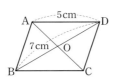

① $\overline{AB}=5\,cm$ ② $\overline{OB}=\dfrac{7}{2}\,cm$

③ $\overline{AC}=7\,cm$ ④ ∠ABC=90°

⑤ ∠BOC=90°

03 오른쪽 그림의 평
행사변형 ABCD
에서 점 O는 ∠C,
∠D의 이등분선
의 교점이고, ∠BFD=155°일 때, ∠AEC
의 크기는? [4점]

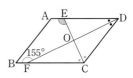

① 100°   ② 110°

③ 115°   ④ 120°

⑤ 125°

04 오른쪽 그림의
평행사변형
ABCD에서
∠DAC의 이등
분선과 $\overline{BC}$의 연장선이 만나는 점을 E라고
하자. ∠B=64°, ∠ACD=56°일 때, ∠E의
크기는? [4점]

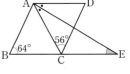

① 29°   ② 30°

③ 31°   ④ 32°

⑤ 33°

05 오른쪽 그림의 평행사변형 ABCD의 내부에 한 점 P를 잡고 $\overline{CP}$의 연장선이 $\overline{AD}$와 만나는 점을 Q라고 하자.

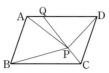

□ABCD＝80 cm², △PAD＝24cm²일 때, $\overline{PQ} : \overline{PC}$는? [3점]

① 3 : 2   ② 4 : 3
③ 5 : 3   ④ 5 : 4
⑤ 7 : 3

06 오른쪽 그림에서 □ABCD는 직사각형이고 □EFGH는 정사각형이다.

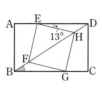

∠DEH＝13°일 때, ∠FBG의 크기는? [4점]

① 30°   ② 31°
③ 32°   ④ 33°
⑤ 34°

07 오른쪽 그림에서 △CEF의 넓이는 20이고,

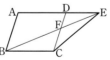

$\overline{DF} : \overline{FC}＝2 : 3$일 때, 평행사변형 ABCD의 넓이는? [4점]

① 30   ② 50
③ 65   ④ 100
⑤ 105

08 오른쪽 그림의 △ABC에서 ∠BAC＝90°이고 점 M은 $\overline{BC}$의 중점이다. $\overline{AD}\perp\overline{BC}$,

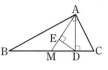

$\overline{AM}\perp\overline{DE}$이고 $\overline{BD}＝8$ cm, $\overline{CD}＝2$ cm일 때, $\overline{DE}$의 길이는? [4점]

① 2 cm   ② $\dfrac{11}{5}$ cm
③ $\dfrac{12}{5}$ cm   ④ $\dfrac{13}{5}$ cm
⑤ $\dfrac{14}{5}$ cm

09 다음 그림에 대한 설명으로 옳지 않은 것은? [4점]

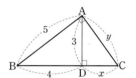

① $x＝\dfrac{15}{4}$
② $x＋y＝6$
③ △ABC∽△DAC
④ $\overline{BC} : \overline{BA}＝\overline{BA} : \overline{BD}$
⑤ △DBA와 △DAC의 닮음비는 4 : 3이다.

10 오른쪽 그림의 △ABC
는 정삼각형이고
$\overline{BD}:\overline{DC}=4:1$이다.
∠ADE=60°일 때,
$\overline{AE}:\overline{EB}$는? [4점]

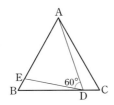

① 21 : 2

② 7 : 1

③ 21 : 4

④ 21 : 5

⑤ 7 : 2

11 오른쪽 그림의 평행사
변형 ABCD에서
$\overline{BE}:\overline{EC}=3:2$이고
$\overline{AE}$와 $\overline{DC}$의 연장선의
교점을 G라고 하면
$\overline{AF}:\overline{FE}:\overline{EG}=x:y:16$이다. 이때 $x+y$
의 값은? [4점]

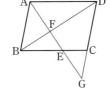

① 18   ② 20

③ 22   ④ 24

⑤ 26

12 오른쪽 그림의 사다리꼴
ABCD에서
$\overline{AD}/\!/\overline{PQ}/\!/\overline{BC}$이고
□APQD와 □PBCQ
의 둘레의 길이가 같을
때, $\overline{PQ}$의 길이는? [4점]

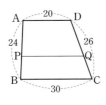

① 24   ② 25

③ 26   ④ 27

⑤ 28

13 오른쪽 그림에서 점 I
는 △ABC의 내심
이고 $\overline{DE}/\!/\overline{BC}$,
$\overline{DB}/\!/\overline{IF}$, $\overline{EC}/\!/\overline{IG}$
이다. $\overline{AB}=15\,cm$, $\overline{AC}=10\,cm$,
$\overline{AD}=9\,cm$일 때, $\overline{FG}$의 길이는? [4점]

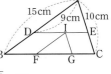

① 5 cm   ② 6 cm

③ $\dfrac{20}{3}$ cm   ④ $\dfrac{22}{3}$ cm

⑤ 7 cm

14 오른쪽 그림의 △ABC
에서 $\overline{AB}=24\,cm$,
$\overline{AC}=18\,cm$이고 두 점
G, I는 각각 △ABC의
무게중심과 내심이다. $\overline{GI}$
의 연장선과 $\overline{AB}$, $\overline{AC}$와의 교점을 각각 D, E
라고 할 때, $\overline{DE}/\!/\overline{BC}$이다. $\overline{AD}$와 $\overline{BC}$의 길이
의 합은? [4점]

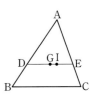

① 35 cm   ② 36 cm

③ 37 cm   ④ 38 cm

⑤ 39 cm

15 오른쪽 그림의 □ABCD에서 네 점 P, Q, R, S는 각 변의 중점이다. △APS=8 cm², △PBQ=10 cm² △DSR=6 cm²일 때, △RQC의 넓이는? [4점]

① 6 cm² ② 7 cm²

③ 8 cm² ④ 9 cm²

⑤ 10 cm²

16 다음 그림과 같이 닮은 원기둥 모양의 그릇 A, B가 있다. A 그릇에 가득 담은 물을 B 그릇에 부어 B 그릇을 가득 채우려면 적어도 몇 번 물을 부어야 하는가? [4점]

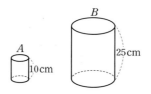

① 15번 ② 16번

③ 17번 ④ 18번

⑤ 19번

주관식

17 오른쪽 그림의 정사각형 ABCD에서 점 O는 두 대각선의 교점이다. $\overline{EB}=9$ cm, $\overline{BF}=6$ cm 이고 ∠EOF=90°일 때, □ABCD의 넓이를 구하여라. [6점]

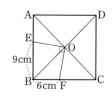

18 오른쪽 그림에서 △ABC에서 $\overline{AD}\perp\overline{BC}$, $\overline{EF}\perp\overline{BC}$ 이고 $\overline{AC}\,/\!/\,\overline{ED}$이다. $\overline{BD}=12$ cm, $\overline{DC}=6$ cm일 때, $\overline{FD}$의 길이를 구하여라. [6점]

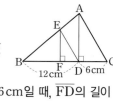

19 다음 그림의 △ABC에서 $\overline{AD}=\overline{BD}$이고 $\overline{AE}=\overline{EF}=\overline{FB}$이다. 점 G는 △ABC의 무게중심이고 $\overline{AC}=6$ cm, $\overline{BC}=12$ cm일 때, △EGC의 넓이를 구하여라. [6점]

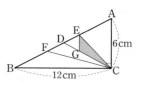

20 오른쪽 그림과 같이 $\overline{AD} /\!/ \overline{BC}$인 사다리꼴 ABCD에서 점 O는 두 대각선의 교점이다. $\overline{EF} /\!/ \overline{GH} /\!/ \overline{AD}$이고 $\overline{AD}=6\,cm$, $\overline{BC}=12\,cm$일 때, $\overline{EO} : \overline{GH}$를 구하여라. [6점]

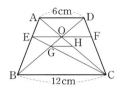

21 어느 날 오후 3시 정각에 길이가 20 cm인 막대의 그림자의 길이가 30 cm였다. 같은 시각에 농구대의 그림자의 길이가 다음 그림과 같을 때, 농구대의 높이를 구하여라. [6점]

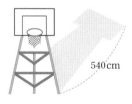

540 cm

22 다음 그림과 같이 $\overline{AB}=2\overline{AC}$인 △ABC가 있다. 점 M, N은 각각 두 변 AB, BC의 중점이고, 점 P는 ∠A의 이등분선이 변 BC와 만나는 점이다. 두 선분 MN, AP의 연장선이 만나는 점을 Q라고 할 때, △ABC : △QNP를 구하여라.
(단, 풀이 과정을 자세히 써라.) [8점]

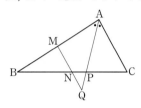

MeMo

기초 탄탄, 성적 쑥쑥
시험에 나올만한 문제는 모두 모았다!

문제은행

3000제
꿀꺽수학

중 2 하

정답 및 해설

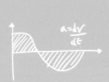

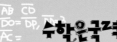

수학은국격

3000제 꿀꺽수학

2하

정답 및 해설 활용법

문제를 모두 풀었습니까? 반드시 문제를 푼 다음에 해설을 확인하도록 합시다.
해설을 미리 보면 모르는 것도 마치 알고 있는 것처럼 생각하고 쉽게 넘어갈 수 있습니다.

정답 및 해설

3000제 꿀꺽수학

01 경우의 수

P. 6~9

Step 1 교과서 이해

01 사건

02 (ㄴ), (ㄷ), (ㄹ)

03 경우의 수

04 2보다 큰 수는 3, 4, 5, 6이므로 경우의 수는 4 ⋯ 답

05 4 이하의 눈은 1, 2, 3, 4이므로 경우의 수는 4 ⋯ 답

06 짝수의 눈은 2, 4, 6이므로 경우의 수는 3 ⋯ 답

07 소수의 눈은 2, 3, 5이므로 경우의 수는 3 ⋯ 답

08 3보다 큰 수는 4, 5, 6, 7, 8이므로 경우의 수는 5 ⋯ 답

09 4의 배수는 4, 8이므로 경우의 수는 2 ⋯ 답

10 6보다 큰 수는 7, 8, 9, 10이므로 경우의 수는 4 ⋯ 답

11 6명 중 선발로 출전하지 않는 선수 한 명을 뽑는 경우의 수는 6이므로 선발로 출전할 선수 5명을 뽑는 경우의 수도 6이다. 답 6

12 $m+n$

13 $1+1=2$ ⋯ 답

14 (1) 1, 2, 3의 3
(2) 5, 6의 2
(3) $3+2=5$ 답 (1) 3 (2) 2 (3) 5

15 주사위 한 개를 던질 때 나올 수 있는 눈의 수 중 3보다 작은 수는 1, 2의 2가지, 5보다 큰 수는 6의 한 가지이므로 구하는 경우의 수는 $2+1=3$ ⋯ 답

16 2 이하의 눈은 1, 2의 2가지, 4 이상의 눈은 4, 5, 6의 3가지이므로 구하는 경우의 수는 $2+3=5$ ⋯ 답

17 지하철 2가지, 버스 3가지이므로 $2+3=5$ ⋯ 답

18 남학생이 뽑히는 경우는 4가지, 여학생이 뽑히는 경우는 3가지이므로 대표 한 명을 뽑는 경우의 수는 $4+3=7$ ⋯ 답

19 $4 \times 3 = 12$ ⋯ 답

20 $3 \times 4 = 12$ ⋯ 답

21 앞면을 H, 뒷면을 T라고 하면 모든 경우의 수는
(H, H), (H, T), (T, H), (T, T)
∴ $2 \times 2 = 4$ ⋯ 답

22 $6 \times 6 = 36$ ⋯ 답

23 $a \to x$, $a \to y$, $b \to x$, $b \to y$, $c \to x$, $c \to y$
∴ $3 \times 2 = 6$ ⋯ 답

24
$$A {<}^{B-C}_{C-B} \qquad B {<}^{A-C}_{C-A} \qquad C {<}^{A-B}_{B-A}$$
∴ $3 \times 2 \times 1 = 6$ ⋯ 답

25 $4 \times 3 \times 2 \times 1 = 24$ ⋯ 답

26 마지막 주자는 A로 정해졌으므로 1번, 2번, 3번 주자만 결정하면 된다.

∴ $3 \times 2 \times 1 = 6$ ··· 답

27 여학생 3명이 한 줄로 서는 방법의 수는
$3 \times 2 \times 1 = 6$
양 끝에 남학생이 서는 방법의 수는 2
∴ $6 \times 2 = 12$ ··· 답

28 네 개의 문자 중에서 세 개의 문자를 택하는 방법의 수가 4이고, 택한 세 개의 문자를 한 줄로 배열하는 방법의 수는 $3 \times 2 \times 1 = 6$이므로
$4 \times 6 = 24$ ··· 답

29 $1 \Big\langle \begin{matrix} 2-3 \cdots 123 \\ 3-2 \cdots 132 \end{matrix}$ $\quad 2 \Big\langle \begin{matrix} 1-3 \cdots 213 \\ 3-1 \cdots 231 \end{matrix}$

$3 \Big\langle \begin{matrix} 1-2 \cdots 312 \\ 2-1 \cdots 321 \end{matrix}$

∴ $3 \times 2 \times 1 = 6$ ··· 답

30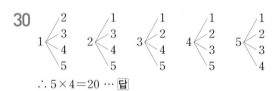

∴ $5 \times 4 = 20$ ··· 답

31 십의 자리에는 0이 올 수 없으므로

$1 \Big\langle \begin{matrix} 0 \\ 2 \\ 3 \end{matrix}$ $\quad 2 \Big\langle \begin{matrix} 0 \\ 1 \\ 3 \end{matrix}$ $\quad 3 \Big\langle \begin{matrix} 0 \\ 1 \\ 2 \end{matrix}$

∴ $3 \times 3 = 9$ ··· 답

32 백의 자리에 올 수 있는 숫자는 1, 2, 3, 4의 4가지, 십의 자리에 올 수 있는 숫자는 백의 자리에 온 숫자를 제외한 4가지, 일의 자리에 올 수 있는 숫자는 백의 자리와 십의 자리에 온 숫자를 제외한 3가지이므로 $4 \times 4 \times 3 = 48$ ··· 답

33 회장을 뽑는 경우의 수는 3이고, 부회장은 회장이 된 사람을 제외한 2명 중에서 뽑아야 하므로 구하는 경우의 수는 $3 \times 2 = 6$ ··· 답

34 대표를 뽑는 경우의 수는 4이고, 총무는 대표가 된 사람을 제외한 3명 중에서 뽑아야 하므로 구하는 경우의 수는 $4 \times 3 = 12$ ··· 답

35 회장을 뽑는 경우의 수는 5이고, 부회장은 회장이 된 사람을 제외한 4명 중에서 뽑아야 하고, 총무는 회장, 부회장이 된 사람을 제외한 3명 중에서 뽑아야 하므로 구하는 경우의 수는
$5 \times 4 \times 3 = 60$ ··· 답

36 (A, B), (A, C), (B, C)

∴ $\dfrac{3 \times 2}{2} = 3$ ··· 답

[참고] A, B, C 3명 중에서 회장 1명, 부회장 1명을 뽑는 경우의 수는 $3 \times 2 = 6$이지만 자격이 같은 대표 2명을 뽑을 때는 (A, B)와 (B, A), (A, C)와 (C, A), (B, C)와 (C, B)는 같은 경우이므로 2로 나누어 준다.

37 (A, B), (A, C), (A, D), (B, C), (B, D), (C, D)

∴ $\dfrac{4 \times 3}{2} = 6$ ··· 답

38 (A, B), (A, C), (A, D), (A, E),
(B, C), (B, D), (B, E), (C, D),
(C, E), (D, E)

∴ $\dfrac{5 \times 4}{2} = 10$ ··· 답

39 4개의 점을 각각 A, B, C, D라고 하면 만들 수 있는 선분은 $\overline{AB}$, $\overline{AC}$, $\overline{AD}$, $\overline{BC}$, $\overline{BD}$, $\overline{CD}$

∴ $\dfrac{4 \times 3}{2} = 6$ ··· 답

40 5개의 점을 각각 A, B, C, D, E라고 하면 만들 수 있는 선분은 $\overline{AB}$, $\overline{AC}$, $\overline{AD}$, $\overline{AE}$, $\overline{BC}$, $\overline{BD}$, $\overline{BE}$, $\overline{CD}$, $\overline{CE}$, $\overline{DE}$

∴ $\dfrac{5 \times 4}{2} = 10$ ··· 답

41 (ㄱ)에 색칠할 수 있는 방법의 수는 3가지, (ㄴ)에는 (ㄱ)에 칠한 색을 제외한 2가지를 칠할 수 있으므로 $3 \times 2 = 6$ ··· 답

42

따라서 최단 거리로 가는 경우의 수는 6이다.

답 6

P. 10~11

Step2 개념탄탄

01 두 눈의 수의 합이 5인 경우는 $(1, 4)$, $(2, 3)$, $(3, 2)$, $(4, 1)$의 4가지

답 ③

02 3의 배수가 적힌 공이 나오는 경우는 3, 6, 9의 3가지, 4의 배수가 적힌 공이 나오는 경우는 4, 8의 2가지

∴ 3+2=5

답 ④

03 한 사람이 가위, 바위, 보 중 한 가지를 낼 수 있고, 그 각각에 대하여 나머지 한 사람이 가위, 바위, 보 중 한 가지를 낼 수 있으므로

3×3=9 ··· 답

04 십의 자리에 올 수 있는 숫자는 1, 2, 3의 3가지, 일의 자리에 올 수 있는 숫자는 6, 7, 8, 9의 4가지이므로 3×4=12 ··· 답

05 동전은 각각 앞면 또는 뒷면의 두 가지 경우가 나오고, 주사위는 6가지 경우가 나오므로 구하는 경우의 수는 2×2×6=24

답 ④

06 2+3=5 ··· 답

07 A, B, C를 일렬로 배열하는 경우의 수와 같으므로 3×2×1=6

답 ③

08 십의 자리에 올 수 있는 숫자는 1, 2, 3의 3가지, 일의 자리에 올 수 있는 숫자는 십의 자리에 온 숫자를 제외한 3가지

∴ 3×3=9 ··· 답

09 일의 자리에 올 수 있는 숫자는 1, 3, 5의 3가지, 십의 자리에 올 수 있는 숫자는 일의 자리에 온 숫자를 제외한 5가지

∴ 3×5=15 ··· 답

10 분모에 올 수 있는 숫자는 2, 3, 5, 7, 11의 5가지이고, 그 각각에 대하여 분자에 올 수 있는 숫자는 분모에 온 숫자를 제외한 나머지 네 숫자 중 하나이므로 4가지이다.

∴ 5×4=20 ··· 답

11 A를 제외한 B, C, D 중에서 대표 2명을 더 뽑으면 되므로 구하는 경우의 수는

$\dfrac{3 \times 2}{2} = 3$ ··· 답

12 악수는 2명이 해야 하므로 악수의 횟수는 5명 중 2명의 대표를 뽑는 경우의 수와 같다.

∴ $\dfrac{5 \times 4}{2} = 10$

답 ②

13 A에 칠할 수 있는 색은 모두 5가지, B에 칠할 수 있는 색은 A에 칠한 색을 제외한 4가지, 같은 방법으로 C에 칠할 수 있는 색은 3가지, D에는 2가지, E에는 나머지 한 가지의 색을 칠할 수 있다.

∴ 5×4×3×2×1=120

답 ⑤

14 5개의 점을 각각 A, B, C, D, E라고 하면 이 중 세 점을 이어 만들 수 있는 삼각형은 △ABC, △ABD, △ABE, △ACD, △ACE, △ADE, △BCD, △BCE, △BDE, △CDE 의 10개이다.

답 10

[참고] 5명 중에서 세 명의 대표를 뽑는 경우의 수와 같으므로 $\dfrac{5 \times 4 \times 3}{3 \times 2} = 10$

Step**3** 실력완성

1 합이 4인 경우 : (1, 3), (2, 2), (3, 1)의 3가지,
합이 8인 경우 : (2, 6), (3, 5), (4, 4), (5, 3),
(6, 2)의 5가지이므로
$3+5=8$ 답 ④

2 $6×6=36$ 답 ⑤

3 두 수의 합이 홀수가 되려면 짝수가 적힌 카드 1
장, 홀수가 적힌 카드 1장을 뽑아야 하므로 구하
는 경우의 수는 $4×5=20$ 답 ④

4 2의 배수 : 10개, 3의 배수 : 6개,
2와 3의 공배수 : 6, 12, 18의 3개이므로
구하는 경우의 수는 $10+6-3=13$ … 답

5 (i) 눈의 수의 차가 0인 경우 : (1, 1), (2, 2),
(3, 3), (4, 4), (5, 5), (6, 6)
(ii) 눈의 수의 차가 1인 경우 : (1, 2), (2, 1),
(2, 3), (3, 2), (3, 4), (4, 3), (4, 5),
(5, 4), (5, 6), (6, 5)
(iii) 눈의 수의 차가 2인 경우 : (1, 3), (3, 1),
(2, 4), (4, 2), (3, 5), (5, 3), (4, 6),
(6, 4)
(iv) 눈의 수의 차가 3인 경우 : (1, 4), (4, 1),
(2, 5), (5, 2), (3, 6), (6, 3)
(v) 눈의 수의 차가 4인 경우 : (1, 5), (5, 1),
(2, 6), (6, 2)
∴ $6+10+8+6+4=34$ 답 34

6 1000원짜리로 지불하는 방법은 0장, 1장, 2장,
…, 5장의 6가지
5000원짜리로 지불하는 방법은 0장, 1장, 2장,
3장의 4가지
10000원짜리로 지불하는 방법은 0장, 1장, 2장
의 3가지

∴ $6×4×3=72$(가지)
이 중에서 0원을 지불하는 경우 1가지를 제외하
면 지불할 수 있는 금액은 71가지이다.
답 ⑤

7 십의 자리에는 1, 2, 3, 4, 5, 6의 6가지가 올
수 있고, 일의 자리에는 2, 4, 6의 3가지가 올
수 있다.
∴ $6×3=18$ 답 ③

8 두 개의 동전을 던져 앞면이 1개만 나오는 경우
는 2가지이고, 주사위 한 개를 던져 3의 배수의
눈이 나오는 경우는 2가지이므로
$2×2=4$ 답 ③

9

100원 짜리	50원 짜리	10원 짜리
5개	2개	5개
4개	4개	5개

따라서 구하는 경우의 수는 2이다. 답 2

10 3의 배수는 3, 6, 9, 12의 4가지
4의 배수는 4, 8, 12의 3가지
∴ $4×3=12$ 답 12

11 A에서 B를 거쳐 C로 가는 방법 : $3×2=6$
A에서 C로 바로 가는 방법 : 1가지
∴ $6+1=7$ 답 ⑤

12 상영관에서 나오는 문이 3개, 매점으로 들어 가
는 문이 2개이므로 $3×2=6$ 답 6

13 동전을 4개 던질 때 모든 경우의 수는
$2×2×2×2=16$
이고 이 중에서 모두 뒷면이 나오는 경우가 한
가지 있으므로 앞면이 적어도 한 개 나오는 경우
의 수는 $16-1=15$ 답 15

채점 기준	
모든 경우의 수 구하기	30%
모두 뒷면이 나오는 경우의 수 구하기	30%
앞면이 적어도 한 개 나오는 경우의 수 구하기	40%

14 B가 맨 앞에 서는 경우 : $3 \times 2 \times 1 = 6$

B가 맨 뒤에 서는 경우 : $3 \times 2 \times 1 = 6$

$\therefore 6 + 6 = 12$ **답** ③

15 $5 \times 4 \times 3 = 60$ **답** ⑤

16 부모님을 제외한 4명이 한 줄로 서는 경우의 수는 $4 \times 3 \times 2 \times 1 = 24$

양 끝에 부모님이 서는 경우는 2가지이므로 구하는 경우의 수는

$24 \times 2 = 48$ **답** 48

채점 기준	
부모님을 제외한 가족이 한 줄로 서는 경우의 수 구하기	40%
양 끝에 부모님이 서는 경우의 수 구하기	40%
답 구하기	20%

17 $a = 3 + 4 + 5 = 12$, $b = 3 \times 4 \times 5 = 60$

$\therefore a + b = 72$ **답** ⑤

18 여학생 3명을 한 명으로 생각하면 5명을 한 줄로 세우는 경우의 수는

$5 \times 4 \times 3 \times 2 \times 1 = 120$

그 각각에 대하여 여학생 3명이 이웃하여 자리를 바꾸는 경우의 수는 $3 \times 2 \times 1 = 6$

따라서 구하는 경우의 수는

$120 \times 6 = 720$ **답** 720

19 $a = 5 \times 4 = 20$

30보다 작은 자연수는 십의 자리의 숫자가 1 또는 2인 경우이므로 $b = 4 + 4 = 8$

$\therefore 20 + 8 = 28$ **답** ③

20 (i) 일의 자리의 숫자가 0인 경우 : 10, 20, 30, 40

(ii) 일의 자리의 숫자가 2인 경우 : 12, 32, 42

(iii) 일의 자리의 숫자가 4인 경우 : 14, 24, 34

따라서 짝수가 되는 경우의 수는 $4 + 3 + 3 = 10$ **답** ②

21 백의 자리의 숫자가 3인 경우 : $3 \times 2 = 6$(가지)

백의 자리의 숫자가 4인 경우 : $3 \times 2 = 6$(가지)

$\therefore 6 + 6 = 12$ **답** 12

채점 기준	
백의 자리의 숫자가 3인 경우의 수 구하기	40%
백의 자리의 숫자가 4인 경우의 수 구하기	40%
답 구하기	20%

22 A가 반드시 회장이 되는 경우의 수는 나머지 B, C, D, E 네 명 중에서 부회장과 총무를 뽑는 경우의 수와 같으므로

$a = 4 \times 3 = 12$

A는 회장, B는 총무가 되도록 하는 경우의 수는 나머지 C, D, E 세 명 중에서 부회장 한 명을 뽑는 경우의 수와 같으므로 $b = 3$

$\therefore a + b = 15$ **답** ④

23 나정이와 재준이는 미리 선출하고 나머지 네 명 중에서 두 명의 대표를 더 선출하면 되므로

$\dfrac{4 \times 3}{2} = 6$ **답** ⑤

24 오른쪽 그림에서 정사각형은 □ADEB, □BEFC, □DGHE, □EHIF, □AGIC, □BDHF이므로

$a = 6$

또, 정사각형이 아닌 직사각형은 □ADFC, □DGIF, □AGHB, □BHIC이므로 $b = 4$

$\therefore a + b = 10$ **답** 10

A•　B•　C•

D•　E•　F•

G•　H•　I•

25 A에 칠할 수 있는 색은 3가지, B에 칠할 수 있는 색은 2가지, C에 칠할 수 있는 색도 2가지이므로 $3 \times 2 \times 2 = 12$ **답** ④

26 6개의 점 중에서 3개의 점을 택하면 삼각형이 하나 만들어지므로 구하는 삼각형의 개수는 6명 중에서 자격이 같은 대표 3명을 뽑는 경우의 수와 같다.

$\therefore \dfrac{6 \times 5 \times 4}{3 \times 2} = 20$ **답** ③

27 3의 배수가 되려면 각 자리의 수의 합이 3의 배수이어야 한다.

따라서 구하는 경우는

12, 15, 18, 21, 24, 27, 36, 39, 42, 45,
48, 51, 54, 57, 63, 69, 72, 75, 78, 81,
84, 87, 93, 96의 24가지이다.　　　　답 24

28 1□□인 경우 : $3 \times 2 = 6$

7번째부터 숫자의 배열은 201, 203, 210이므로 210은 작은 쪽에서 9번째이다.　　답 9

29 $A \rightarrow B \rightarrow C \rightarrow D : 2 \times 2 \times 2 = 8$

$A \rightarrow C \rightarrow B \rightarrow D : 3 \times 2 \times 3 = 18$

$A \rightarrow B \rightarrow D : 2 \times 3 = 6$

$A \rightarrow C \rightarrow D : 3 \times 2 = 6$

$\therefore 8 + 18 + 6 + 6 = 38$　　　　답 38

30 A지점에서 B지점까지 최단 거리로 가는 방법의 수는 3, B지점에서 C지점까지 최단 거리로 가는 방법의 수는 2이므로 구하는 방법의 수는

$3 \times 2 = 6$　　　　답 6

31 한 조에 속한 4개 팀이 리그전을 할 때, 각 조의 경기 수는 $\dfrac{4 \times 3}{2} = 6$

8개 조의 경기 수는 $6 \times 8 = 48$

16강에서 토너먼트로 우승팀이 결정될 때까지의 경기 수는 15

또, 3, 4위전 1경기가 있으므로 구하는 경기 수는

$48 + 15 + 1 = 64$　　　　답 64

채점 기준

각 조별 리그전의 경기 수 구하기	40%
토너먼트 경기 수 구하기	40%
답 구하기	20%

P. 17~18

Step 4 유형클리닉

1 (1) 십의 자리에 올 수 있는 숫자는 4가지, 일의 자리에 올 수 있는 숫자는 십의 자리에 온 숫자를 제외한 3가지이므로 $4 \times 3 = 12$

(2) 십의 자리에는 0이 올 수 없으므로 십의 자리에 올 수 있는 숫자는 2, 4, 6의 3가지이고, 일의 자리에는 십의 자리에 온 숫자를 제외한 3가지가 올 수 있으므로 $3 \times 3 = 9$

답 (1) 12 (2) 9

1-1 $4 \times 4 \times 3 = 48$ … 답

1-2 4의 배수는 뒤의 두 자리의 수가 4의 배수이어야 하므로 □12, □16, □24, □32, □36, □52, □56, □64, □72, □76인 경우이다.

□ 안에는 뒤의 두 자리를 제외한 5개의 숫자가 들어갈 수 있으므로 구하는 경우의 수는

$10 \times 5 = 50$　　　　답 50

2 (1) 총 6명 중에서 3명의 대표를 뽑는 경우의 수는 $\dfrac{6 \times 5 \times 4}{3 \times 2 \times 1} = 20$

(2) 여학생 3명 중 대표 2명을 뽑는 경우의 수는 $\dfrac{3 \times 2}{2} = 3$

남학생 3명 중 대표 1명을 뽑는 경우의 수는 3

따라서 구하는 경우의 수는 $3 \times 3 = 9$

답 (1) 20 (2) 9

2-1 $a = 10 \times 9 = 90$, $b = \dfrac{10 \times 9}{2} = 45$ … 답

2-2 엘린이 회장으로 뽑히는 경우는 나머지 4명 중에서 부회장 1명을 뽑는 경우와 같으므로 4가지이고, 같은 방법으로 소율이가 회장으로 뽑히는 경우도 4가지이다.

$\therefore 4 + 4 = 8$　　　　답 8

3 A에 칠할 수 있는 색은 5가지, B에 칠할 수 있는 색은 A에 칠한 색을 제외한 4가지, C에 칠할 수 있는 색은 A, B에 칠한 색을 제외한 3가지, D에 칠할 수 있는 색은 A, B, C에 칠한 색을 제외한 2가지이므로

$5 \times 4 \times 3 \times 2 = 120$　　　　답 120

3-1 $3 \times 2 \times 1 = 6$　　　　답 6

3-2 A에 칠할 수 있는 색은 4가지, B에 칠할 수 있는 색은 A에 칠한 색을 제외한 3가지, C에 칠할 수 있는 색은 A, B에 칠한 색을 제외한 2가지, D에 칠할 수 있는 색은 A, C에 칠한 색을 제외한 2가지이므로

$4 \times 3 \times 2 \times 2 = 48$　　　　　　**답** 48

4 (i) 1□□인 경우 : $4 \times 3 = 12$

(ii) 20□인 경우 : 3

(iii) 21□인 경우 : 3

(iv) 23□인 경우 : 3

(v) 240, 241, 243

따라서 243은 $12+3+3+3+3=24$이므로 24번째 수이다.　　　　**답** 24

4-1 (i) 1□□인 경우 : $4 \times 3 = 12$

(ii) 2□□인 경우 : $4 \times 3 = 12$

(iii) 3□□인 경우 : $4 \times 3 = 12$

42번째 수는 백의 자리가 4인 수 중에서 6번째이고, 41□인 경우가 3개, 42□인 경우가 3개 있으므로 구하는 수는 425이다.　　**답** 425

4-2 (i) D□□□□인 경우 : $4 \times 3 \times 2 \times 1 = 24$

(ii) SD□□□인 경우 : $3 \times 2 \times 1 = 6$

(iii) STD□□인 경우 : 2

(iv) STUDY

따라서 STUDY는 $24+6+2+1=33$이므로 33번째에 오는 문자열이다.　　**답** 33

P. 19

Step**5** 서술형 만점 대비

1 C, D를 포함한 3개의 문자를 택하는 경우는 다음과 같다.

(i) A, C, D를 택한 경우 : ACD, ADC, CDA, DCA

(ii) B, C, D를 택한 경우 : BCD, BDC, CDB, DCB

(iii) C, D, E를 택한 경우 : CDE, DCE, ECD, EDC

∴ $4+4+4=12$　　　　　**답** 12

채점 기준

C, D를 포함하여 3개의 문자를 택하여 C, D가 이웃하도록 배열하기	90%
답 구하기	10%

2 5의 배수는 일의 자리의 숫자가 0 또는 5이어야 한다.

(i) □0인 경우 : 5가지

(ii) □5인 경우 : 십의 자리에 0이 올 수 없으므로 4가지

∴ $5+4=9$　　　　　　**답** 9

채점 기준

5의 배수의 조건 알기	30%
□0, □5인 경우의 수 각각 구하기	60%
답 구하기	10%

3 원 위의 6개의 점을 A, B, C, D, E, F라 하고, 두 점 A, B를 택하면 $\overrightarrow{AB}$와 $\overrightarrow{BA}$는 서로 다른 반직선이다. 따라서 시작점이 점 A인 반직선은 $\overrightarrow{AB}$, $\overrightarrow{AC}$, $\overrightarrow{AD}$, $\overrightarrow{AE}$, $\overrightarrow{AF}$의 5개이고, 시작점이 점 B, C, D, E, F인 반직선도 각각 5개씩 있으므로 구하는 반직선의 개수는

$6 \times 5 = 30$　　　　　　**답** 30

채점 기준

$\overrightarrow{AB}$와 $\overrightarrow{BA}$가 같지 않음을 알기	40%
반직선의 개수 구하기	60%

4 (i) a□□□□인 경우 : $4 \times 3 \times 2 \times 1 = 24$

(ii) b□□□□인 경우 : $4 \times 3 \times 2 \times 1 = 24$

(iii) ca□□□인 경우 : $3 \times 2 \times 1 = 6$

(iv) cb□□□인 경우 : $3 \times 2 \times 1 = 6$

(v) cd□□□인 경우 : $3 \times 2 \times 1 = 6$

(vi) cea□□인 경우 : 2

(vii) ceb□□인 경우 : 2

따라서 cedab는

$24+24+6+6+6+2+2+1=71$

이므로 71번째에 오는 문자열이다.　　**답** 71

채점 기준

문자를 사전식으로 배열하기	80%
답 구하기	20%

02 확률과 그 계산

P. 20~23

Step 1 교과서 이해

01 확률

02 $\dfrac{a}{n}$

03 정사면체로 만들어진 주사위를 던질 때 나오는 눈의 모든 경우의 수는 1, 2, 3, 4의 4가지이다.

답 $\dfrac{1}{4}$

04 모든 경우의 수는 1, 2, 3, 4, 5, 6의 6가지이고 짝수의 눈은 2, 4, 6의 3가지이므로 확률은
$\dfrac{3}{6} = \dfrac{1}{2}$
또 6의 약수의 눈은 1, 2, 3, 6의 4가지이므로 확률은 $\dfrac{4}{6} = \dfrac{2}{3}$

답 $\dfrac{1}{2}$, $\dfrac{2}{3}$

05 소수의 눈은 2, 3, 5의 3가지이므로 확률은
$\dfrac{3}{6} = \dfrac{1}{2}$
3의 배수의 눈은 3, 6의 2가지이므로 확률은
$\dfrac{2}{6} = \dfrac{1}{3}$

답 $\dfrac{1}{2}$, $\dfrac{1}{3}$

06 3의 배수도 아니고 5의 배수도 아닌 수는 1, 2, 4, 7, 8, 11이므로 구하는 확률은 $\dfrac{6}{12} = \dfrac{1}{2}$

답 $\dfrac{1}{2}$

07 4의 배수는 4, 8, 12의 3개이므로 확률은
$\dfrac{3}{12} = \dfrac{1}{4}$
12의 약수는 1, 2, 3, 4, 6, 12의 6개이므로 확률은 $\dfrac{6}{12} = \dfrac{1}{2}$

답 $\dfrac{1}{4}$, $\dfrac{1}{2}$

08 4의 배수 : 4, 8, 12, 16, 20 ➡ $\dfrac{5}{20} = \dfrac{1}{4}$
18의 약수 : 1, 2, 3, 6, 9, 18 ➡ $\dfrac{6}{20} = \dfrac{3}{10}$

답 $\dfrac{1}{4}$, $\dfrac{3}{10}$

09 모든 경우의 수는 $6 \times 6 = 36$
눈의 수의 합이 7인 경우는 (1, 6), (2, 5), (3, 4), (4, 3), (5, 2), (6, 1)의 6가지
$\therefore \dfrac{6}{36} = \dfrac{1}{6}$ … **답**

10 5명이 한 줄로 서는 경우의 수는
$5 \times 4 \times 3 \times 2 \times 1 = 120$
A가 맨 앞, B가 맨 뒤에 서는 경우의 수는
$3 \times 2 \times 1 = 6$
B가 맨 앞, A가 맨 뒤에 서는 경우의 수는
$3 \times 2 \times 1 = 6$
따라서 A와 B가 양 끝에 서는 경우는
$6 + 6 = 12$(가지)이므로 구하는 확률은
$\dfrac{12}{120} = \dfrac{1}{10}$ … **답**

11 모든 경우의 수 : $4 \times 3 = 12$
만든 정수가 32 이상인 경우 : 32, 34, 41, 42, 43의 5가지
따라서 구하는 확률은 $\dfrac{5}{12}$ … **답**

12 0, n, 0, n, 0, 1

13 0

14 1

15 0

16 1

17 두 주사위의 눈의 수의 합은 (1, 1)일 때 그 합이 2로 가장 작다. 따라서 두 개의 주사위를 던져 나오는 눈의 수의 합이 1이 되는 사건은 절대로 일어나지 않는 사건이므로 확률은 0이다.

답 0

18 $1-p$

19 $1-\dfrac{4}{5}=\dfrac{1}{5}$

20 모든 경우의 수는 30이고, 두 눈이 서로 같은 경우가 $(1,\ 1),\ (2,\ 2),\ (3,\ 3),\ (4,\ 4),\ (5,\ 5),$ $(6,\ 6)$의 6가지이므로 서로 같은 눈이 나올 확률은 $\dfrac{6}{36}=\dfrac{1}{6}$이다.

따라서 서로 다른 눈이 나올 확률은

$1-\dfrac{1}{6}=\dfrac{5}{6}$ ⋯ 탭

21 5의 배수는 $5,\ 10,\ 15,\ \cdots,\ 50$의 10개이므로

5의 배수가 나올 확률은 $\dfrac{10}{50}=\dfrac{1}{5}$

따라서 5의 배수가 아닐 확률은

$1-\dfrac{1}{5}=\dfrac{4}{5}$ ⋯ 탭

22 모든 경우의 수는 $5\times4\times3\times2\times1=120$

A가 맨 앞에 서는 경우의 수는

$4\times3\times2\times1=24$

따라서 A가 맨 앞에 설 확률이 $\dfrac{24}{120}=\dfrac{1}{5}$이므로

A가 맨 앞에 서지 않을 확률은

$1-\dfrac{1}{5}=\dfrac{4}{5}$ ⋯ 탭

23 두 개 모두 뒷면이 나올 확률이 $\dfrac{1}{2}\times\dfrac{1}{2}=\dfrac{1}{4}$

이므로 적어도 한 개는 앞면이 나올 확률은

$1-\dfrac{1}{4}=\dfrac{3}{4}$ ⋯ 탭

24 세 개 모두 앞면이 나올 확률이 $\dfrac{1}{2}\times\dfrac{1}{2}\times\dfrac{1}{2}=\dfrac{1}{8}$

이므로 적어도 한 개는 뒷면이 나올 확률은

$1-\dfrac{1}{8}=\dfrac{7}{8}$ ⋯ 탭

25 $p+q$

26 $\dfrac{6}{20}+\dfrac{2}{20}=\dfrac{8}{20}=\dfrac{2}{5}$

27 모든 경우의 수는 $6\times6=36$

눈의 수의 합이 4인 경우는 $(1,\ 3),\ (2,\ 2),$

$(3,\ 1)$의 3가지이므로 확률은 $\dfrac{3}{36}$

또, 눈의 수의 합이 7인 경우는 $(1,\ 6),\ (2,\ 5),$ $(3,\ 4),\ (4,\ 3),\ (5,\ 2),\ (6,\ 1)$의 6가지이므로 확률은 $\dfrac{6}{36}$

두 사건은 동시에 일어나지 않으므로 구하는 확률은 $\dfrac{3}{36}+\dfrac{6}{36}=\dfrac{9}{36}=\dfrac{1}{4}$ ⋯ 탭

28 모든 경우의 수는 $2\times2=4$

모두 앞면이 나오는 경우는 (앞, 앞)의 1가지이고, 한 개만 뒷면이 나오는 경우는 (앞, 뒤), (뒤, 앞)의 2가지이므로 구하는 확률은

$\dfrac{1}{4}+\dfrac{2}{4}=\dfrac{3}{4}$ ⋯ 탭

29 합이 2인 경우 : $(1,\ 1)$

합이 3인 경우 : $(1,\ 2),\ (2,\ 1)$

합이 4인 경우 : $(1,\ 3),\ (2,\ 2),\ (3,\ 1)$

이들은 동시에 일어나지 않으므로 구하는 확률은 $\dfrac{1}{36}+\dfrac{2}{36}+\dfrac{3}{36}=\dfrac{6}{36}=\dfrac{1}{6}$ ⋯ 탭

30 합이 10인 경우 : $(4,\ 6),\ (5,\ 5),\ (6,\ 4)$

합이 11인 경우 : $(5,\ 6),\ (6,\ 5)$

합이 12인 경우 : $(6,\ 6)$

이들은 동시에 일어나지 않으므로 구하는 확률은 $\dfrac{3}{36}+\dfrac{2}{36}+\dfrac{1}{36}=\dfrac{6}{36}=\dfrac{1}{6}$ ⋯ 탭

31 두 명의 대표를 뽑는 방법은 $AB,\ AC,\ AD,$ $BC,\ BD,\ CD$의 6가지이고, A, B 두 명 중 A만 대표가 될 확률은 $\dfrac{2}{6}=\dfrac{1}{3}$

B만 대표가 될 확률도 $\dfrac{2}{6}=\dfrac{1}{3}$이므로 구하는 확률은 $\dfrac{1}{3}+\dfrac{1}{3}=\dfrac{2}{3}$ ⋯ 탭

32 $p\times q$

33 $\dfrac{1}{2}\times\dfrac{1}{2}=\dfrac{1}{4}$ ⋯ 탭

34 동전의 앞면이 나올 확률은 $\dfrac{1}{2}$이고, 주사위의 눈이 짝수일 확률은 $\dfrac{3}{6}=\dfrac{1}{2}$

따라서 구하는 확률은 $\dfrac{1}{2}\times\dfrac{1}{2}=\dfrac{1}{4}$ ⋯ 탭

35 명중률이 $0.4=\dfrac{4}{10}=\dfrac{2}{5}$이므로 두 발을 연속하여 모두 명중시킬 확률은 $\dfrac{2}{5}\times\dfrac{2}{5}=\dfrac{4}{25}$ ⋯ **답**

36 5 이상의 눈이 나올 확률은 $\dfrac{2}{6}=\dfrac{1}{3}$

3의 배수의 눈이 나올 확률은 $\dfrac{2}{6}=\dfrac{1}{3}$

$\therefore \dfrac{1}{3}\times\dfrac{1}{3}=\dfrac{1}{9}$ ⋯ **답**

37 A 주머니에서 꺼낸 공이 흰 공일 확률은 $\dfrac{4}{7}$

이고, B 주머니에서 꺼낸 공이 흰 공일 확률은 $\dfrac{5}{11}$이므로 두 공이 모두 흰 공일 확률은

$\dfrac{4}{7}\times\dfrac{5}{11}=\dfrac{20}{77}$ ⋯ **답**

38 첫 번째 꺼낸 공이 흰 공일 확률 : $\dfrac{3}{7}$

두 번째 꺼낸 공이 흰 공일 확률 : $\dfrac{2}{6}=\dfrac{1}{3}$

따라서 구하는 확률은 $\dfrac{3}{7}\times\dfrac{1}{3}=\dfrac{1}{7}$ ⋯ **답**

39 첫 번째 꺼낸 공이 흰 공일 확률 : $\dfrac{3}{7}$

두 번째 꺼낸 공이 검은 공일 확률 : $\dfrac{4}{6}=\dfrac{2}{3}$

따라서 구하는 확률은 $\dfrac{3}{7}\times\dfrac{2}{3}=\dfrac{2}{7}$ ⋯ **답**

40 $\dfrac{5}{10}\times\dfrac{2}{10}=\dfrac{1}{10}$

41 $\dfrac{4}{10}\times\dfrac{4}{10}=\dfrac{4}{25}$

42 $\dfrac{2}{8}=\dfrac{1}{4}$

43 $\dfrac{5}{8}$

44 $\dfrac{2}{8}=\dfrac{1}{4}$

P. 24~25

Step2 개념탄탄

01 1부터 12까지의 자연수 중 소수는 2, 3, 5, 7, 11의 5개가 있으므로 구하는 확률은 $\dfrac{5}{12}$ ⋯ **답**

02 (1) 1 (2) 0

03 20의 약수는 1, 2, 4, 5, 10, 20의 6개이므로 구하는 확률은 $\dfrac{6}{24}=\dfrac{1}{4}$ ⋯ **답**

04 모든 경우의 수 : $4\times3=12$

만들 수 있는 3의 배수는 12, 21, 24, 42의 4개이므로 구하는 확률은 $\dfrac{4}{12}=\dfrac{1}{3}$ ⋯ **답**

05 (1) $\dfrac{15}{100}=\dfrac{3}{20}$ (2) $1-\dfrac{3}{20}=\dfrac{17}{20}$

답 (1) $\dfrac{3}{20}$ (2) $\dfrac{17}{20}$

06 눈의 수의 합이 3 이하인 경우는 $(1,\ 1)$, $(1,\ 2)$, $(2,\ 1)$의 3가지이므로 $a=\dfrac{3}{36}=\dfrac{1}{12}$

눈의 수의 합이 4 이상인 경우는 3 이하인 경우를 제외하면 되므로 $b=1-\dfrac{1}{12}=\dfrac{11}{12}$

답 $a=\dfrac{1}{12}$, $b=\dfrac{11}{12}$

07 두 개 모두 1의 눈이 나오지 않을 확률은

$\dfrac{5}{6}\times\dfrac{5}{6}=\dfrac{25}{36}$

따라서 적어도 한 개는 1의 눈이 나올 확률은

$1-\dfrac{25}{36}=\dfrac{11}{36}$ ⋯ **답**

08 두 눈의 수의 합이 3인 경우는 $(1,\ 2)$, $(2,\ 1)$이므로 확률은 $\dfrac{2}{36}$

또, 두 눈의 수의 합이 5인 경우는 $(1,\ 4)$, $(2,\ 3)$, $(3,\ 2)$, $(4,\ 1)$이므로 확률은 $\dfrac{4}{36}$

따라서 구하는 확률은 $\dfrac{2}{36}+\dfrac{4}{36}=\dfrac{1}{6}$ **답** ④

09 $\dfrac{3}{10}\times\dfrac{3}{10}=\dfrac{9}{100}$

10 A 주머니에서 흰 공이 나올 확률은 $\dfrac{4}{7}$

B 주머니에서 빨간 공이 나올 확률은 $\dfrac{3}{8}$이므로 구하는 확률은 $\dfrac{4}{7}\times\dfrac{3}{8}=\dfrac{3}{14}$ **답** ③

11 A가 당첨 제비를 뽑을 확률 : $\dfrac{4}{10}=\dfrac{2}{5}$

남은 9개의 제비 중 당첨 제비가 아닌 것이 6개이므로 B가 당첨 제비를 뽑지 못할 확률은

$\dfrac{6}{9}=\dfrac{2}{3}$

따라서 구하는 확률은 $\dfrac{2}{5}\times\dfrac{2}{3}=\dfrac{4}{15}$ ⋯ 답

12 A, B 두 사람이 모두 불합격할 확률은

$\left(1-\dfrac{2}{5}\right)\times\left(1-\dfrac{3}{4}\right)=\dfrac{3}{5}\times\dfrac{1}{4}=\dfrac{3}{20}$

따라서 구하는 확률은 $1-\dfrac{3}{20}=\dfrac{17}{20}$ 답④

13 두 번 모두 당첨 제비를 뽑지 못할 확률은

$\left(1-\dfrac{2}{8}\right)\times\left(1-\dfrac{2}{8}\right)=\dfrac{3}{4}\times\dfrac{3}{4}=\dfrac{9}{16}$

따라서 구하는 확률은 $1-\dfrac{9}{16}=\dfrac{7}{16}$ ⋯ 답

14 한 발만 명중하는 경우는 (명중, 실패), (실패, 명중)의 2가지이므로

(i) (명중, 실패)일 확률 : $\dfrac{4}{5}\times\left(1-\dfrac{4}{5}\right)=\dfrac{4}{25}$

(ii) (실패, 명중)일 확률 : $\left(1-\dfrac{4}{5}\right)\times\dfrac{4}{5}=\dfrac{4}{25}$

따라서 구하는 확률은 $\dfrac{4}{25}+\dfrac{4}{25}=\dfrac{8}{25}$ ⋯ 답

P. 26~29

Step**3** 실력완성

1 $\dfrac{1}{2}\times\dfrac{1}{2}=\dfrac{1}{4}$ 답⑤

2 뒷면이 1개만 나오는 경우 : (앞, 뒤), (뒤, 앞)

뒷면이 2개 나오는 경우 : (뒤, 뒤)

따라서 뒷면이 1개 이상 나올 확률은

$\dfrac{2}{4}+\dfrac{1}{4}=\dfrac{3}{4}$ ⋯ 답

3 ① $\dfrac{3}{6}=\dfrac{1}{2}$ ② 1   ③ 0

④ 0   ⑤ 1   답③, ④

4 모든 경우의 수는 $4\times4=16$

합이 6인 경우는 (2, 4), (3, 3), (4, 2)의 3가지이므로 구하는 확률은 $\dfrac{3}{16}$ 답③

5 여학생끼리 이웃하여 서는 경우의 수는 여학생 2명을 한 사람으로 보아 모두 4명을 한 줄로 세우고 그 각각에 대하여 여학생 2명이 서로 자리를 바꾸는 경우가 있으므로 구하는 확률은

$\dfrac{4\times3\times2\times1\times2}{5\times4\times3\times2\times1}=\dfrac{2}{5}$ ⋯ 답

6 (i) $x=1$일 때 $y<6$이므로 $(x,\ y)$의 순서쌍은

$(1, 1),\ (1, 2),\ (1, 3),\ (1, 4),\ (1, 5)$

(ii) $x=2$일 때 $y<4$이므로 $(x,\ y)$의 순서쌍은

$(2, 1),\ (2, 2),\ (2, 3)$

(iii) $x=3$일 때 $y<2$이므로 $(x,\ y)$의 순서쌍은

$(3, 1)$

따라서 구하는 확률은 $\dfrac{9}{36}=\dfrac{1}{4}$ 답④

7 모든 경우의 수는 $3\times2\times1=6$

① A가 맨 앞에 서는 경우는 $2\times1=2$(가지)이므로 확률은 $\dfrac{2}{6}=\dfrac{1}{3}$

② B가 가운데 서는 경우는 ABC, CBA의 2가지이므로 확률은 $\dfrac{2}{6}=\dfrac{1}{3}$

③ A가 B보다 앞에 서는 경우는 ABC, ACB, CAB의 3가지이므로 확률은 $\dfrac{3}{6}=\dfrac{1}{2}$

④ A, B가 이웃하여 서는 경우는 ABC, BAC, CAB, CBA의 4가지이므로 확률은 $\dfrac{4}{6}=\dfrac{2}{3}$

⑤ C가 맨 뒤에 서는 경우는 ABC, BAC의 2가지이므로 확률은 $\dfrac{2}{6}=\dfrac{1}{3}$ 답③

8 주머니 속에 들어 있는 흰 공의 개수를 x라 하면 검은 공의 개수는 $8-x$이므로

$\dfrac{8-x}{8}=\dfrac{3}{4}$, $8-x=6$ ∴ $x=2$

따라서 흰 공의 개수는 2이다. 답②

9 7개 중 2개를 꺼내는 모든 경우의 수는

$\dfrac{7\times6}{2}=21$

2개 모두 흰 공을 꺼내는 경우의 수는 흰 공 3개 중 2개를 꺼내는 경우의 수와 같으므로

$$\frac{3 \times 2}{2} = 3$$

따라서 구하는 확률은 $\frac{3}{21} = \frac{1}{7}$ … **답**

10 모든 경우의 수는 $4 \times 4 = 16$이고 이 중에서 $x = \frac{b}{a}$가 정수인 경우는

(ⅰ) $a = 1$일 때, $b = 1, 2, 3, 4$

(ⅱ) $a = 2$일 때, $b = 2, 4$

(ⅲ) $a = 3$일 때, $b = 3$

(ⅳ) $a = 4$일 때, $b = 4$

에서 8가지이므로 구하는 확률은

$$\frac{8}{16} = \frac{1}{2}$$ … **답**

11 두 발 중 한 발만 명중시키는 경우는 (명중, 실패), (실패, 명중)의 2가지이므로 구하는 확률은

$$\frac{8}{10} \times \frac{2}{10} + \frac{2}{10} \times \frac{8}{10} = \frac{8}{25}$$ **답** ④

12 한 문제를 임의로 표시하여 정답을 맞힐 확률은 $\frac{1}{5}$이므로 맞히지 못할 확률은 $1 - \frac{1}{5} = \frac{4}{5}$

두 문제 모두 맞히지 못할 확률은 $\frac{4}{5} \times \frac{4}{5} = \frac{16}{25}$

이므로 두 문제 중 적어도 한 문제는 맞힐 확률은 $1 - \frac{16}{25} = \frac{9}{25}$ … **답**

13 A 주머니에서 흰 공, B 주머니에서 빨간 공이 나올 확률은 $\frac{4}{6} \times \frac{4}{8} = \frac{1}{3}$

A 주머니에서 빨간 공, B 주머니에서 흰 공이 나올 확률은 $\frac{2}{6} \times \frac{4}{8} = \frac{1}{6}$

따라서 구하는 확률은 $\frac{1}{3} + \frac{1}{6} = \frac{1}{2}$ … **답**

14 4번 중 앞면이 2번, 뒷면이 2번 나오면 A지점에 위치하게 되므로 각각의 경우는

(앞, 앞, 뒤, 뒤), (앞, 뒤, 앞, 뒤),

(앞, 뒤, 뒤, 앞), (뒤, 앞, 앞, 뒤),

(뒤, 앞, 뒤, 앞), (뒤, 뒤, 앞, 앞)

의 6가지이다. 각각의 경우의 확률이

$\frac{1}{2} \times \frac{1}{2} \times \frac{1}{2} \times \frac{1}{2} = \frac{1}{16}$이므로 구하는 확률은

$$\frac{1}{16} \times 6 = \frac{3}{8}$$ **답** ②

15 모든 경우의 수는 $6 \times 6 = 36$

눈의 수의 차가 4인 경우는 $(1, 5)$, $(5, 1)$, $(2, 6)$, $(6, 2)$의 4가지이므로 그 확률은 $\frac{4}{36}$

눈의 수의 차가 5인 경우는 $(1, 6)$, $(6, 1)$의 2가지이므로 그 확률은 $\frac{2}{36}$

따라서 구하는 확률은

$$\frac{4}{36} + \frac{2}{36} = \frac{6}{36} = \frac{1}{6}$$ … **답**

16 전구에 불이 들어오려면 A, B 두 스위치가 모두 닫혀야 하므로 전구에 불이 들어올 확률은

$$\frac{3}{4} \times \frac{2}{3} = \frac{1}{2}$$

따라서 전구에 불이 들어오지 않을 확률은

$1 - \frac{1}{2} = \frac{1}{2}$ … **답**

17 A주머니에서 흰 공, B주머니에서 검은 공이 나오거나 A주머니에서 검은 공, B주머니에서 흰 공이 나오면 되므로 구하는 확률은

$$\frac{2}{6} \times \frac{2}{5} + \frac{4}{6} \times \frac{3}{5} = \frac{2}{15} + \frac{6}{15} = \frac{8}{15}$$ **답** ⑤

18 첫 번째에 파란 공을 꺼낼 확률은 $\dfrac{3}{5}$

첫 번째 꺼낸 공을 다시 넣지 않으므로 두 번째 공을 꺼낼 때에는 주머니 속에 파란 공 2개, 빨간 공 2개가 들어 있다. 여기서 파란 공을 꺼낼 확률은 $\dfrac{2}{4}=\dfrac{1}{2}$

따라서 구하는 확률은 $\dfrac{3}{5}\times\dfrac{1}{2}=\dfrac{3}{10}$　답 ④

19 점 P가 꼭짓점 D에 오는 경우는 두 눈의 수의 합이 3, 7, 11일 때이다.

(i) 합이 3인 경우 : (1, 2), (2, 1)

(ii) 합이 7인 경우 : (1, 6), (2, 5), (3, 4), (4, 3), (5, 2), (6, 1)

(iii) 합이 11인 경우 : (5, 6), (6, 5)

따라서 구하는 확률은 $\dfrac{10}{36}=\dfrac{5}{18}$ … 답

20 삼각형을 만들어 보면 다음 그림과 같다.

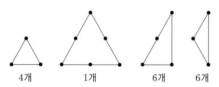

4개　　1개　　6개　　6개

이 중 정삼각형은 $4+1=5$(개)이므로 정삼각형이 될 확률은 $\dfrac{4+1}{4+1+6+6}=\dfrac{5}{17}$ … 답

채점 기준	
만들 수 있는 모든 삼각형의 개수 구하기	40%
정삼각형의 개수 구하기	40%
답 구하기	20%

21 $\dfrac{4}{5}\times\left(1-\dfrac{1}{3}\right)=\dfrac{4}{5}\times\dfrac{2}{3}=\dfrac{8}{15}$　답 ④

22 내일 비가 올 확률은 0.5, 모레 비가 올 확률은 0.6이므로 $a=0.5\times0.6=0.3$

내일 비가 오지 않을 확률은 $1-0.5=0.5$, 모레 비가 오지 않을 확률은 $1-0.6=0.4$이므로 $b=0.5\times0.4=0.2$

$\therefore a=0.3,\ b=0.2$ … 답

채점 기준	
a의 값 구하기	40%
내일과 모레 비가 오지 않을 확률 각각 구하기	40%
b의 값 구하기	20%

23 (i) 주사위를 첫 번째 던진 후 점 P가 점 A에서 출발하여 다시 점 A에 놓이는 경우는 $A \to B \to C \to A$, $A \to B \to C \to A \to B \to C \to A$이므로 주사위의 눈의 수가 3 또는 6이 나와야 한다. 따라서 확률은 $\dfrac{2}{6}=\dfrac{1}{3}$

(ii) 주사위를 두 번째 던진 후 점 P가 점 A를 출발하여 점 B에 놓이는 경우는 $A \to B$, $A \to B \to C \to A \to B$이므로 주사위의 눈이 1 또는 4가 나와야 한다. 따라서 확률은 $\dfrac{2}{6}=\dfrac{1}{3}$

$\therefore \dfrac{1}{3}\times\dfrac{1}{3}=\dfrac{1}{9}$　답 ②

24 가장 작은 원의 반지름의 길이를 1이라 하면 두 번째 원의 반지름의 길이는 2, 가장 큰 원의 반지름의 길이는 3이 된다.

$\therefore \dfrac{4\pi-\pi}{9\pi}=\dfrac{3}{9}=\dfrac{1}{3}$ … 답

P. 30~31

Step4 유형클리닉

1 (i) 해가 1인 경우

$x=1$을 $ax-b=0$에 대입하면

$a-b=0$, 즉 $a=b$

이므로 (1, 1), (2, 2), (3, 3), (4, 4), (5, 5), (6, 6)의 6가지

따라서 확률은 $\dfrac{6}{36}=\dfrac{1}{6}$

(ii) 해가 6인 경우

$x=6$을 $ax-b=0$에 대입하면

$6a-b=0$, 즉 $6a=b$

이므로 (1, 6)의 1가지

따라서 확률은 $\dfrac{1}{36}$

$\therefore \dfrac{1}{6}+\dfrac{1}{36}=\dfrac{7}{36}$ … 답

1-1 (i) $x=1$일 때 $y=6$

(ii) $x=2$일 때 $y=4$

(iii) $x=3$일 때 $y=2$

따라서 구하는 확률은 $\dfrac{3}{36}=\dfrac{1}{12}$ … **답**

1-2 $x<2y-3$에서 $x+3<2y$이므로

(i) $x=1$일 때 $y=3,\ 4,\ 5,\ 6:4$가지

(ii) $x=2$일 때 $y=3,\ 4,\ 5,\ 6:4$가지

(iii) $x=3$일 때 $y=4,\ 5,\ 6:3$가지

(iv) $x=4$일 때 $y=4,\ 5,\ 6:3$가지

(v) $x=5$일 때 $y=5,\ 6:2$가지

(vi) $x=6$일 때 $y=5,\ 6:2$가지

$\therefore\ \dfrac{18}{36}=\dfrac{1}{2}$ … **답**

2 갑이 시험에 불합격할 확률은 $1-\dfrac{2}{3}=\dfrac{1}{3}$

을이 시험에 불합격할 확률은 $1-\dfrac{3}{4}=\dfrac{1}{4}$

따라서 두 사람 중 적어도 한 사람이 합격할 확률은 두 사람이 모두 불합격하지 않을 확률과 같으므로 $1-\dfrac{1}{3}\times\dfrac{1}{4}=\dfrac{11}{12}$ … **답**

2-1 성준이와 재혁이가 목표물을 맞히지 못할 확률은 각각 $1-\dfrac{3}{5}=\dfrac{2}{5}$, $1-\dfrac{2}{3}=\dfrac{1}{3}$이므로 두 사람 중 적어도 한 사람이 목표물을 맞힐 확률은

$1-\dfrac{2}{5}\times\dfrac{1}{3}=\dfrac{13}{15}$ … **답**

2-2 정답을 맞히지 못할 확률은 $1-\dfrac{1}{3}=\dfrac{2}{3}$이므로

3개를 풀어 모두 맞히지 못할 확률은

$\dfrac{2}{3}\times\dfrac{2}{3}\times\dfrac{2}{3}=\dfrac{8}{27}$

따라서 적어도 한 문제의 정답을 맞힐 확률은

$1-\dfrac{8}{27}=\dfrac{19}{27}$ … **답**

3 꺼낸 공을 다시 넣지 않으므로 구하는 확률은

$\dfrac{5}{8}\times\dfrac{4}{7}=\dfrac{5}{14}$ … **답**

3-1 꺼낸 공을 다시 넣으므로 구하는 확률은

$\dfrac{2}{10}\times\dfrac{3}{10}=\dfrac{3}{50}$ … **답**

3-2 뽑은 제비는 다시 넣지 않으므로 두 사람이 모두 당첨되지 않을 확률은 $\dfrac{8}{10}\times\dfrac{7}{9}=\dfrac{28}{45}$

따라서 적어도 한 사람이 당첨될 확률은

$1-\dfrac{28}{45}=\dfrac{17}{45}$ … **답**

4 비가 온 것을 ○, 비가 오지 않은 것을 ×로 표시하면 화요일에 비가 오고 이틀 후인 목요일에 비가 오지 않는 경우는 다음 두 가지가 있다.

(i) (화, 수, 목) : (○, ○, ×)인 경우

$0.25\times(1-0.25)=\dfrac{1}{4}\times\dfrac{3}{4}=\dfrac{3}{16}$

(ii) (화, 수, 목) : (○, ×, ×)인 경우

$(1-0.25)\times(1-0.2)=\dfrac{3}{4}\times\dfrac{4}{5}=\dfrac{3}{5}$

따라서 구하는 확률은

$\dfrac{3}{16}+\dfrac{3}{5}=\dfrac{63}{80}$ … **답**

4-1 눈이 온 것을 ○, 눈이 오지 않은 것을 ×로 표시하면 수요일에 눈이 오고 이틀 후인 금요일에 눈이 오지 않는 경우는 다음 두 가지가 있다.

(i) (수, 목, 금) : (○, ○, ×)인 경우

$\dfrac{2}{5}\times\left(1-\dfrac{2}{5}\right)=\dfrac{6}{25}$

(ii) (수, 목, 금) : (○, ×, ×)인 경우

$\left(1-\dfrac{2}{5}\right)\times\left(1-\dfrac{1}{5}\right)=\dfrac{12}{25}$

따라서 구하는 확률은

$\dfrac{6}{25}+\dfrac{12}{25}=\dfrac{18}{25}$ … **답**

4-2 경기에 이기는 것을 ○, 경기에 지는 것을 ×로 표시하면 3일 동안의 경기 중 첫째 날은 이기고 3일째에는 지는 경우는 다음 두 가지가 있다.

(i) ○, ○, ×인 경우

$\dfrac{3}{4}\times\left(1-\dfrac{3}{4}\right)=\dfrac{3}{16}$

(ii) ○, ×, ×인 경우

$\left(1-\dfrac{3}{4}\right)\times\left(1-\dfrac{1}{3}\right)=\dfrac{1}{6}$

따라서 구하는 확률은

$\dfrac{3}{16}+\dfrac{1}{6}=\dfrac{11}{48}$ … **답**

P. 32

Step 5 서술형 만점 대비

1 모든 경우의 수는 $6 \times 6 = 36$

$a=1$일 때 $b<-2$이므로 이러한 경우는 없다.

$a=2$일 때 $b<0$이므로 이러한 경우는 없다.

$a=3$일 때 $b<2$이므로 $b=1$

$a=4$일 때 $b<4$이므로 $b=1,\ 2,\ 3$

$a=5$일 때 $b<6$이므로 $b=1,\ 2,\ 3,\ 4,\ 5$

$a=6$일 때 $b<8$이므로 $b=1,\ 2,\ 3,\ 4,\ 5,\ 6$

따라서 $2a>b+4$인 경우는

$1+3+5+6=15$(가지)이므로 구하는 확률은

$\dfrac{15}{36} = \dfrac{5}{12}$ … 답

채점 기준	
모든 경우의 수 구하기	20%
$2a>b+4$인 경우의 수 구하기	60%
답 구하기	20%

2 사각형 PQOR의 넓이는 ab의 값과 같으므로 $ab=12$인 경우는 $(a,\ b)$가 $(2,\ 6)$, $(3,\ 4)$, $(4,\ 3)$, $(6,\ 2)$의 4가지이다.

따라서 구하는 확률은 $\dfrac{4}{36} = \dfrac{1}{9}$ … 답

채점 기준	
사각형 PQOR의 넓이를 a, b로 나타내기	40%
넓이가 12인 경우의 수 구하기	40%
답 구하기	20%

3 모든 경우의 수는 $\dfrac{7 \times 6}{2} = 21$

2개 모두 빨간 색 구슬이 나오는 경우의 수는 빨간 색 구슬 4개 중 2개를 꺼내는 경우의 수와 같으므로 $\dfrac{4 \times 3}{2} = 6$

즉, 2개 모두 빨간 색 구슬일 확률은

$\dfrac{6}{21} = \dfrac{2}{7}$

2개 모두 흰 색 구슬이 나오는 경우의 수는 흰 색 구슬 3개 중 2개를 꺼내는 경우의 수와 같으므로 $\dfrac{3 \times 2}{2} = 3$

즉, 2개 모두 흰 색 구슬일 확률은 $\dfrac{3}{21} = \dfrac{1}{7}$

따라서 구하는 확률은 $\dfrac{2}{7} + \dfrac{1}{7} = \dfrac{3}{7}$ … 답

채점 기준	
모든 경우의 수 구하기	30%
2개 모두 빨간 색 구슬인 경우의 수 구하기	30%
2개 모두 흰 색 구슬인 경우의 수 구하기	30%
답 구하기	10%

4 B가 정답을 맞힐 확률을 x라고 하면 B가 정답을 맞히지 못할 확률은 $1-x$이므로 A, B 두 사람이 모두 정답을 맞히지 못할 확률은

$\left(1-\dfrac{2}{3}\right) \times (1-x) = \dfrac{1}{6}$ $\therefore x = \dfrac{1}{2}$ … 답

채점 기준	
B가 정답을 맞힐 확률을 x로 놓기	30%
식 세우기	50%
답 구하기	20%

P. 33~35

Step 6 도전 1등급

1 (i) $x=1$일 때 $y>1$이므로

$(1,\ 2)$, $(1,\ 3)$, $(1,\ 4)$, $(1,\ 5)$, $(1,\ 6)$의 5가지

(ii) $x=2$일 때 $y>3$이므로

$(2,\ 4)$, $(2,\ 5)$, $(2,\ 6)$의 3가지

(iii) $x=3$일 때 $y>5$이므로 $(3,\ 6)$의 1가지

$\therefore 5+3+1=9$ 답 9

2 (i) $a\square\square\square\square$인 경우 : $4 \times 3 \times 2 \times 1 = 24$(개)

(ii) $b\square\square\square\square$인 경우 : $4 \times 3 \times 2 \times 1 = 24$(개)

(iii) $ca\square\square\square$인 경우 : $3 \times 2 \times 1 = 6$(개)

(iv) $abcde$: 1개

(v) $cbaed$: 1개

$\therefore 24+24+6+1+1=56$(번째)   답 ③

3 자신의 수험 번호가 적힌 의자에 앉게 되는 2명을 선택하는 경우의 수는 다른 사람의 수험 번호가 적힌 의자에 앉게 되는 3명을 선택하는 경우의 수와 같다.

$$\therefore \frac{5 \times 4}{2} = 10$$

또, 3명이 다른 사람의 수험 번호가 적힌 의자에 앉는 경우의 수는 2이므로 구하는 경우의 수는

$$10 \times 2 = 20$$ 답 ③

4 (i) 일의 자리의 숫자가 0인 경우 :

$$5 \times 4 \times 3 = 60$$

(ii) 일의 자리의 숫자가 2인 경우 :

$$4 \times 4 \times 3 = 48$$

(iii) 일의 자리의 숫자가 4인 경우 :

$$4 \times 4 \times 3 = 48$$

$$\therefore 60 + 48 + 48 = 156$$ 답 156

5 오른쪽 그림에서 A지점에서 P지점까지 최단 거리로 가는 경우의 수는 6
또, P지점에서 B지점까지 최단 거리로 가는 경우의 수는 2
따라서 구하는 경우의 수는 6×2=12 답 12

6 각 자리의 숫자의 합이 3의 배수이어야 하므로

(i) 0, 1, 2로 세 자리의 정수를 만드는 경우:

$$2 \times 2 \times 1 = 4$$

(ii) 0, 2, 4로 세 자리의 정수를 만드는 경우:

$$2 \times 2 \times 1 = 4$$

(iii) 1, 2, 3으로 세 자리의 정수를 만드는 경우 :

$$3 \times 2 \times 1 = 6$$

(iv) 2, 3, 4로 세 자리의 정수를 만드는 경우 :

$$3 \times 2 \times 1 = 6$$

$$\therefore 4 + 4 + 6 + 6 = 20$$ 답 ②

7 2의 배수가 적힌 구슬을 꺼내는 경우의 수는 2, 4, 6, …, 50의 25가지
3의 배수가 적힌 구슬을 꺼내는 경우의 수는 3, 6, 9, …, 48의 16가지

2와 3의 공배수가 적힌 구슬을 꺼내는 경우의 수는 6, 12, 18, …, 48의 8가지
따라서 2의 배수 또는 3의 배수가 적힌 구슬을 꺼내는 경우의 수는 25+16−8=33이므로 구하는 확률은 $\dfrac{33}{50}$ 답 ③

8 (i) 주머니 A에서 흰 공, 주머니 B에서도 흰 공을 꺼낼 확률 : $\dfrac{3}{5} \times \dfrac{1}{4} = \dfrac{3}{20}$

(ii) 주머니 A에서 검은 공, 주머니 B에서도 검은 공을 꺼낼 확률 : $\dfrac{2}{5} \times \dfrac{3}{4} = \dfrac{3}{10}$

따라서 구하는 확률은 $\dfrac{3}{20} + \dfrac{3}{10} = \dfrac{9}{20}$

답 $\dfrac{9}{20}$

9 동전을 3번 던져서 바둑돌이 2에 대응하는 점에 놓이려면 3번 중 앞면이 1번, 뒷면이 2번 나와야 한다.
동전을 3번 던지면 모든 경우의 수는 2×2×2=8이고, 이 중 앞면이 1번, 뒷면이 2번인 경우는 (앞, 뒤, 뒤), (뒤, 앞, 뒤), (뒤, 뒤, 앞)의 3가지이므로 구하는 확률은 $\dfrac{3}{8}$ … 답

10 만들 수 있는 직사각형은 모두
□ADEB, □BEFC, □ADFC, □DGHE, □EHIF, □DGIF, □AGHB, □BHIC, □AGIC, □DHFB의 10개이다. 이 중 정사각형인 것은 □ADEB, □BEFC, □DGHE, □EHIF, □AGIC, □DHFB의 6개이므로 구하는 확률은

$$\frac{6}{10} = \frac{3}{5}$$ … 답

11 원판 A의 바늘이 ㉮영역을 가리킬 확률은 $\dfrac{1}{4}$이고, 원판 B의 바늘이 ㉮영역을 가리킬 확률은 $\dfrac{1}{3}$이므로 구하는 확률은 $\dfrac{1}{4} \times \dfrac{1}{3} = \dfrac{1}{12}$ … 답

12 구슬이 D로 나오는 경우는 다음 그림의 4가지가 있다.

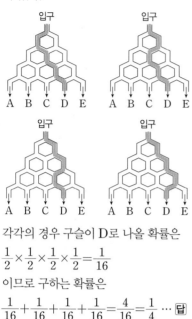

각각의 경우 구슬이 D로 나올 확률은

$$\frac{1}{2} \times \frac{1}{2} \times \frac{1}{2} \times \frac{1}{2} = \frac{1}{16}$$

이므로 구하는 확률은

$$\frac{1}{16} + \frac{1}{16} + \frac{1}{16} + \frac{1}{16} = \frac{4}{16} = \frac{1}{4}$$ … **답**

P. 36~38

Step**7** 대단원 성취도 평가

1 □0인 경우 : 4가지, □2인 경우 : 3가지,
□4인 경우 : 4가지
따라서 짝수인 경우의 수는 $4+3+3=10$

답③

2 $4 \times 5 = 20$ **답**⑤

3 $(3 \times 2 \times 1) \times (2 \times 1) \times 2 = 24$ **답**④

4 □□4인 경우이므로 $4 \times 3 = 12$ **답**③

5 ③ 사건 A가 일어날 확률이 p이면 사건 A가 일어나지 않을 확률은 $1-p$이다. **답**③

6 $\dfrac{a}{b} < 1$, 즉 $a < b$인 경우는

$(1,\ 2),\ (1,\ 3),\ (1,\ 4),\ (1,\ 5),\ (1,\ 6),$
$(2,\ 3),\ (2,\ 4),\ (2,\ 5),\ (2,\ 6),\ (3,\ 4),$
$(3,\ 5),\ (3,\ 6),\ (4,\ 5),\ (4,\ 6),\ (5,\ 6)$의

15가지이므로 구하는 확률은 $\dfrac{15}{36} = \dfrac{5}{12}$

답②

7 5개 중 2개의 공을 꺼내는 모든 경우의 수는

$$\frac{5 \times 4}{2} = 10$$

2개 모두 흰 공을 꺼내는 경우의 수는 $\dfrac{3 \times 2}{2} = 3$

2개 모두 빨간 공을 꺼내는 경우의 수는

$$\frac{2 \times 1}{2} = 1$$

따라서 꺼낸 공의 색이 같을 확률이

$$\frac{3}{10} + \frac{1}{10} = \frac{2}{5}$$

이므로 꺼낸 공의 색이 다를 확률은

$1 - \dfrac{2}{5} = \dfrac{3}{5}$ **답**⑤

8 4발을 쏘아 4발을 모두 맞힐 확률은

$$\frac{3}{5} \times \frac{3}{5} \times \frac{3}{5} \times \frac{3}{5} = \frac{81}{625}$$

이므로 3발 이하를 맞힐 확률은

$1 - \dfrac{81}{625} = \dfrac{544}{625}$ **답**④

9 두 주머니 A, B에서 모두 흰 공이 나올 확률은

$$\frac{2}{5} \times \frac{3}{7} = \frac{6}{35}$$

두 주머니 A, B에서 모두 검은 공이 나올 확률은

$$\frac{3}{5} \times \frac{4}{7} = \frac{12}{35}$$

따라서 구하는 확률은 $\dfrac{6}{35} + \dfrac{12}{35} = \dfrac{18}{35}$ **답**①

10 월요일에 지하철로 등교하고, 수요일에는 버스로 등교하는 경우는 다음 두 가지가 있다.

(i) 지하철 → 버스 → 버스 : $\dfrac{1}{2} \times \dfrac{2}{3} = \dfrac{1}{3}$

(ii) 지하철 → 지하철 → 버스 :

$$\left(1 - \frac{1}{2}\right) \times \frac{1}{2} = \frac{1}{4}$$

따라서 구하는 확률은 $\dfrac{1}{3} + \dfrac{1}{4} = \dfrac{7}{12}$ **답**③

11 두 사람이 모두 약속 장소에 나와야 하므로 구하는 확률은

$$\left(1-\frac{1}{5}\right)\times\left(1-\frac{1}{3}\right)=\frac{4}{5}\times\frac{2}{3}=\frac{8}{15}$$ 답 ②

12 영규가 당첨되는 경우는 다음 두 가지이다.

(ⅰ) 경민이와 영규가 모두 당첨되는 경우

$$\frac{5}{30}\times\frac{4}{29}=\frac{2}{87}$$

(ⅱ) 경민이는 당첨되지 않고 영규만 당첨되는 경우

$$\frac{25}{30}\times\frac{5}{29}=\frac{25}{174}$$

따라서 구하는 확률은 $\dfrac{2}{87}+\dfrac{25}{174}=\dfrac{29}{174}=\dfrac{1}{6}$

답 ②

13 A에 칠할 수 있는 색은 4가지, B에 칠할 수 있는 색은 A에 칠한 색을 제외한 3가지, C에 칠할 수 있는 색은 A, B에 칠한 색을 제외한 2가지, D에 칠할 수 있는 색은 A, C에 칠한 색을 제외한 2가지이므로 $4\times3\times2\times2=48$

답 48

14 6개의 점 중에서 3개의 점을 택하는 방법의 수는

$$\frac{6\times5\times4}{3\times2}=20$$

그런데 세 점 A, B, C는 한 직선 위에 있으므로 삼각형을 만들 수 없다.

∴ $20-1=19$ 답 19

15 A회사 제품의 상자를 선택한 상태에서 불량품이 나오거나 B회사 제품의 상자를 선택한 상태에서 불량품이 나올 확률을 구하는 것과 같으므로 구하는 확률은

$$\frac{1}{2}\times\frac{6}{1000}+\frac{1}{2}\times\frac{3}{1000}=\frac{9}{2000}$$ ··· 답

16 흰 구슬을 x개 더 넣는다고 하면 주머니 속에는 흰 구슬 $(5+x)$개, 파란 구슬 3개가 들어 있으므로 파란 구슬이 나올 확률은

$$\frac{3}{8+x}=\frac{1}{4},\ 8+x=12 \qquad \therefore x=4$$

따라서 흰 구슬을 4개 더 넣으면 된다. 답 4

17 유한소수가 되려면 기약분수로 나타내었을 때 분모의 소인수가 2나 5뿐이어야 한다.

$30=2\times3\times5$이므로 카드에서 3의 배수를 뽑아야 한다. 따라서 구하는 확률은

$$\frac{6}{20}=\frac{3}{10}$$ ··· 답

18 (ⅰ) B가 2회에 이길 확률

1회는 실패, 2회는 성공해야 하므로

$$\frac{1}{2}\times\frac{1}{2}=\frac{1}{4}$$

(ⅱ) B가 4회에 이길 확률

1, 2, 3회는 실패하고 4회에 성공해야 하므로

$$\frac{1}{2}\times\frac{1}{2}\times\frac{1}{2}\times\frac{1}{2}=\frac{1}{16}$$

따라서 구하는 확률은 $\dfrac{1}{4}+\dfrac{1}{16}=\dfrac{5}{16}$ ··· 답

채점 기준	
B가 2회에 이길 확률 구하기	4점
B가 4회에 이길 확률 구하기	4점
답 구하기	2점

정답 및 해설

3000제 꿀꺽수학

01 이등변삼각형과 직각삼각형

P. 40~43

Step 1 교과서 이해

01 이등변

02 꼭지각, 밑변, 밑각

03 같다

04 이등변삼각형

05 수직이등분

06 55° 07 80°

08 $\angle ABC=180^\circ-135^\circ=45^\circ$

$\therefore \angle x=\frac{1}{2}(180^\circ-45^\circ)=67.5^\circ$ 답 67.5°

09 $\angle x=65^\circ$, $\angle y=50^\circ$

10 $\angle x=\frac{1}{2}(180^\circ-72^\circ)=54^\circ$

$\angle y=180^\circ-54^\circ=126^\circ$

답 $\angle x=54^\circ$, $\angle y=126^\circ$

11 꼭지각 : $\angle A$, 밑변 : $\overline{BC}$, 밑각 : $\angle B$, $\angle C$

12 이등변삼각형

13 (가) : $\angle ADC$, (나) : $\overline{AD}$, (다) : ASA

14 (가) : $\overline{AC}$, (나) : $\overline{AM}$, (다) : SSS

15 (가) : $\overline{BC}$, (나) : $\angle CMA$, (다) : SAS, (라) : $\angle CAM$

16 (가) : $\overline{AD}$, (나) : $\angle CAD$, (다) : $\overline{CD}$, (라) : $\angle ADC$, (마) : 180, (바) : 90

17 (가) : $\overline{AM}$, (나) : $\triangle ACM$, (다) : $\angle CAM$, (라) : $\overline{BC}$

18 (가) : 90, (나) : $\angle CAM$, (다) : $\triangle ACM$, (라) : $\angle CAM$, (마) : $\overline{CM}$

19 예각

20 변

21 (ㄱ)과 (ㅂ) (SAS합동), (ㄴ)과 (ㄹ) (RHS합동), (ㄷ)과 (ㅁ) (RHA합동)

22 (가) : $\angle D$, (나) : 양 끝각

23 (가) : 한 직선, (나) : $\overline{DE}$, (다) : $\angle E$, (라) : 빗변, (ㅁ) : 한 예각

24 (가) : 90, (나) : $\overline{BD}$, (다) : $\angle CBD$, (라) : RHA

25 (가) : 90, (나) : $\angle POR$, (다) : $\overline{OP}$, (라) : RHA

26 (가) : $\angle PRO$, (나) : $\overline{PR}$, (다) : $\overline{OP}$, (라) : RHS

P. 44~45

Step2 개념탄탄

01 (가) : (ㄷ), (나) : (ㄱ), (다) : (ㄹ), (라) : (ㄴ)

02 $\angle C = \angle B = 65°$이므로
$\angle x + 65° + 65° = 180°$
$\therefore \angle x = 50°$　　　　　　답 ①

03 $\angle B = \angle C = \angle x$이므로
$54° + \angle x + \angle x = 180°$, $2\angle x = 126°$
$\therefore \angle x = 63°$　　　　　　답 63°

04 $\angle C = \frac{1}{2}(180° - 52°) = 64°$
$\therefore \angle x = 180° - 64° = 116°$　　　답 116°

05 $\angle BCA = \frac{1}{2}(180° - 34°) = 73°$
$\angle x = 180° - 73° = 107°$　　　답 107°

06 $\angle ACD = \frac{1}{2}(180° - 50°) = 65°$ … 답

07 $\overline{AD}$가 $\angle A$의 이등분선이므로
$\overline{AD} \perp \overline{BC}$　　$\therefore \angle ADC = 90°$ … 답

08 $\overline{CD} = \overline{BD} = 4(cm)$　　　　답 4 cm

09 $\overline{BC} = \overline{BD} + \overline{DC} = 4 + 4 = 8(cm)$　답 8 cm

10 $\overline{AC} = \overline{AB} = 5(cm)$　　$\therefore x = 5$ … 답

11 $\angle A = 180° - (36° + 72°) = 72°$
따라서 $\triangle ABC$는 $\overline{BA} = \overline{BC}$인 이등변삼각형이
므로 $x = 7$ … 답

12 $\angle A + \angle B = 50°$에서 $\angle B = 25°$이므로
$\angle A = 25°$
따라서 $\triangle ABC$는 $\overline{AC} = \overline{BC}$인 이등변삼각형이
므로 $x = 10$ … 답

13 $\triangle ABC \equiv \triangle DEF$(RHS 합동)이므로
$\angle E = \angle B = 180° - (90° + 30°) = 60°$ … 답

14 $\overline{EF} = \overline{BC} = 2(cm)$　　　　답 2 cm

15 $\triangle ABC \equiv \triangle DEF$(RHS 합동)이므로
$x = 4$ … 답

16 $\angle x = 180° - (90° + 35°) = 55°$ … 답

17 $\overline{BE} = 12 - 7 = 5(cm)$
$\triangle ABE \equiv \triangle ADE$(RHS 합동)이므로
$\overline{DE} = \overline{BE} = 5(cm)$　　　　답 ②

P. 46~50

Step3 실력완성

1 $\angle x = 180° - 2 \times 54° = 72°$ … 답

2 $\angle x = \angle ABC = 180° - 116° = 64°$　답 ③

3 ⑤

4 ⑤

5 ⑤

6 $\angle B = 58°$이므로
$\angle BAD = 180° - (90° + 58°) = 32°$
$\therefore x = 32$
$\overline{BD} = \overline{CD}$이므로 $y = 2$
$\therefore x + y = 34$　　　　　　답 34

7 $\angle ABC = \angle C = 75°$　　$\therefore \angle A = 30°$
$\therefore \angle ABD = \angle A = 30°$　　　답 ③

8 $\angle ABC = \angle C = 70°$

$\angle BDC = \angle C = 70°$ $\therefore \angle CBD = 40°$

$\therefore \angle ABD = 70° - 40° = 30°$ ··· 답

9 $\angle B = \angle C = \dfrac{1}{2}(180° - 36°) = 72°$

$\angle ABD = 36°$이므로 $\overline{AD} = \overline{BD}$

$\angle BDC = 180° - (36° + 72°) = 72°$이므로

$\overline{BD} = \overline{BC}$

$\angle DBC = 36°$, $\angle BDC = 72°$이므로

$\angle DBC \neq \angle BDC$ 답 ④

10 $\triangle APB \equiv \triangle APC$(SAS 합동)이므로

$\overline{PB} = \overline{PC}$, $\angle ABP = \angle ACP$

또, $\triangle ABD \equiv \triangle ACD$(SAS 합동)이므로

$\angle ADB = \angle ADC = 90°$ 답 ④

11 $\overline{AD} \perp \overline{BC}$이고, $\triangle BDP$에서 $\overline{BD} = \overline{PD}$이므로

$\angle DPC = \angle DCP = 45°$

$\therefore \angle BPC = \angle BPD + \angle DPC = 45° + 45°$

$= 90°$ ··· 답

채점 기준	
이등변삼각형의 꼭지각의 이등분선이 밑변을 수직이등분함을 알기	30%
$\triangle BDP$가 직각이등변삼각형 임을 알기	30%
$\angle BPD$, $\angle DPC$의 크기 구하기	20%
답 구하기	20%

12 $\angle B = \dfrac{1}{2}(180° - 70°) = 55°$

$\therefore \angle x = \angle B = 55°$ 답 ⑤

13 $\angle ABC = \angle C = \dfrac{1}{2}(180° - 40°) = 70°$

$\angle CBD = \angle CDB = \dfrac{1}{2}(180° - 70°) = 55°$

$\therefore \angle ABD = \angle ABC - \angle CBD$

$= 70° - 55° = 15°$ ··· 답

14 $\angle A = \angle x$라 하면 $\angle A = \angle BCA = \angle x$

$\angle CBD = \angle A + \angle BCA = 2\angle x$

$\overline{CB} = \overline{CD}$이므로 $\angle CDB = 2\angle x$

$\angle DCE = \angle A + \angle CDB = 3\angle x$

$\overline{DC} = \overline{DE}$이므로 $\angle E = 3\angle x$

$\triangle AED$에서 $\angle A + \angle E + \angle ADE = 180°$

$\angle x + 3\angle x + 120° = 180°$ $\therefore \angle x = 15°$ 답 15°

채점 기준	
$\angle A = \angle x$로 놓고 $\angle BCA$, $\angle CBD$를 $\angle x$로 나타내기	40%
$\angle CDB$, $\angle DCE$를 $\angle x$로 나타내기	40%
답 구하기	20%

15 $\angle ACB = \dfrac{1}{2}(180° - 48°) = 66°$이므로

$\angle DCE = \dfrac{1}{2}(180° - 66°) = 57°$이므로

$\triangle BCD$에서 $\angle DBC = \angle x$이므로

$\angle x + \angle x = 57°$ $\therefore \angle x = 28.5°$ 답 ②

16 $\triangle ABN \equiv \triangle ACM$(SAS 합동)

$\therefore \overline{BN} = \overline{CM}$

$\triangle MBP \equiv \triangle NCP$(ASA 합동)이므로

$\overline{MP} = \overline{NP}$, $\overline{BP} = \overline{CP}$, $\angle PBC = \angle PCB$

답 ⑤

17 $\triangle DBC$와 $\triangle ECB$에서

$\overline{BC}$는 공통, $\angle B = \angle C = 60°$, $\overline{BD} = \overline{CE}$

따라서 $\triangle DBC \equiv \triangle ECB$(SAS 합동)이므로

$\overline{BE} = \overline{CD} = 12$(cm) 답 12 cm

채점 기준	
$\triangle DBC \equiv \triangle ECB$ 임을 알기	60%
답 구하기	40%

18 $\angle CAB = \angle DAB = 80°$(접은 각),

$\angle ABC = 80°$(엇각)

$\therefore \angle ACB = 180° - (80° + 80°) = 20°$ 답 ①

19 ② 세 내각의 크기가 각각 같은 삼각형이 반드시 합동인 것은 아니다. 답 ②

20 ① $\triangle ABM \equiv \triangle ACM$(SSS 합동)

② $\triangle ADM \equiv \triangle AEM$(RHA 합동)

④ $\triangle DBM \equiv \triangle ECM$(RHA 합동)

⑤ $\triangle ABM \equiv \triangle ACM$이므로

$\angle AMB = 90°$ 답 ③

21 $\triangle BAD$와 $\triangle ACE$에서 $\overline{AB} = \overline{AC}$

$\angle BDA = \angle AEC = 90°$

$\angle BAD + \angle CAE = 90°$, $\angle ACE + \angle CAE = 90°$

이므로 $\angle BAD = \angle ACE$

따라서 △BAD≡△ACE(RHA 합동)이므로
$$\overline{DE}=\overline{DA}+\overline{AE}=\overline{EC}+\overline{BD}=4+3=7$$
답 7

22 △ABC는 직각이등변삼각형이고, $\overline{AE}$를 그으면
△ADE≡△ACE(RHS 합동)이므로
$$\overline{DE}=\overline{EC}=\overline{BD}$$
∠DEB=45°이므로 ∠DEC=135°
답 ③, ⑤

23 ∠B=∠x라고 하면 ∠BAE=∠x,
∠A=2∠x이므로
$$∠x+2∠x+90°=180°$$
$$∴ ∠x=30°$$
답 30°

24 △ADE≡△ACE(RHS 합동)이므로
$$\overline{CE}=\overline{DE}=4(cm)$$
$$∴ \overline{BE}=9-4=5(cm)$$
답 5 cm

25 △EBD와 △FCD에서
∠BED=∠CFD=90°
$$\overline{DB}=\overline{DC}, \ \overline{DE}=\overline{DF}$$이므로
△EBD≡△FCD(RHS 합동)
따라서 ∠B=∠C=65°이므로
$$∠A=180°-(∠B+∠C)=50°$$
답 50°

채점 기준	
△EBD≡△FCD 임을 알기	40%
△ABC가 이등변삼각형임을 알기	40%
답 구하기	20%

26 △OPQ≡△OPR(RHS 합동)이므로
$$∠POQ=\frac{1}{2}×58°=29°$$
$$∴ ∠x=180°-(90°+29°)=61°$$
답 ④

27 $∠ACB=\frac{1}{2}(180°-75°)=52.5°$
$∠ECD=\frac{1}{2}(180°-35°)=72.5°$
$$∴ ∠x=180°-(52.5°+72.5°)=55°$$
답 55°

28 ∠DAC=45°, $∠DCF=\frac{1}{2}×135°=67.5°$
$$∴ ∠x=67.5°-45°=22.5°$$
답 22.5°

29 ∠y+∠y=∠x ∴ ∠x=2∠y
∠ADC=2∠y, 3∠y=100°,
$$∴ ∠y=\frac{100°}{3}, \ ∠x=\frac{200°}{3}$$
$$∴ ∠x-∠y=\frac{100°}{3} \cdots$$ **답**

채점 기준	
∠x, ∠y 사이의 관계식 구하기	20%
∠ADC를 ∠y로 나타내기	20%
∠x, ∠y의 크기 각각 구하기	40%
답 구하기	20%

30 $\overline{AC}=\overline{AB}=4+8=12(cm)$
△APN에서
∠APN=∠BPM=90°-∠B
∠ANP=90°-∠C
∠B=∠C이므로 ∠APN=∠ANP
$$\overline{AN}=\overline{AP}=4cm$$
$$∴ \overline{NC}=4+12=16(cm)$$
답 16 cm

채점 기준	
$\overline{AC}$의 길이 구하기	20%
∠APN=∠ANP 임을 알기	40%
$\overline{AN}$, $\overline{AP}$의 길이 구하기	20%
답 구하기	20%

P. 51

Step4 유형클리닉

1 ∠DBE=∠x이므로
∠ABC=∠x+27°
∠ABC=∠ACB이므로 △ABC에서
$$∠x+2(∠x+27°)=180°$$
3∠x=126° ∴ ∠x=42°
답 42°

1-1 $\angle CAB=50°$이고

△ABC는 $\overline{AB}=\overline{AC}$인 이등변삼각형이므로

$\angle x=\dfrac{1}{2}(180°-50°)=65°$ **답** $65°$

1-2 $\angle C=\angle B=\angle x$이므로

$\angle DCE=\angle x-30°$

또, $\angle A=\angle DCE=\angle x-30°$이므로

△ABC에서

$(\angle x-30°)+2\angle x=180°$

$3\angle x=210°$ ∴ $\angle x=70°$ **답** $70°$

2 $\overline{AC}=\overline{DC}$, $\overline{CE}=\overline{CB}$, $\angle ACE=\angle DCB$이므로

△ACE≡△DCB(SAS 합동)

따라서 $\angle AEC=\angle DBC$이므로

$\angle APD=\angle DBC+\angle CAE$

$\qquad=\angle AEC+\angle CAE$

$\qquad=\angle BCE=60°$ **답** $60°$

2-1 △BAE≡△ACD(SAS 합동)이므로

$\angle BAE=\angle ACD$

$\angle OAC+\angle OCA=\angle OAC+\angle OAD=60°$이므로

$\angle EOC=\angle OAC+\angle OCA=60°$ **답** $60°$

2-2 △ACE와 △DCB에서

$\overline{AC}=\overline{DC}$, $\overline{CE}=\overline{CB}$,

$\angle ACE=\angle DCB=60°+\angle DCE$이므로

△ACE≡△DCB(SAS 합동)

따라서 $\angle CDB=\angle CAE$이므로

$\angle PDA+\angle DAP=\angle CDA+\angle CDB+\angle DAP$

$\qquad\qquad=60°+\angle CAE+\angle DAP$

$\qquad\qquad=60°+\angle DAC=120°$

답 $120°$

P. 52

Step 5 서술형 만점 대비

1 $\overline{AB}=\overline{AC}$이므로 $\angle B=\angle C=70°$

△BFD≡△CDE(SAS 합동)이므로

$\angle BFD=\angle CDE$

△BFD에서 $\angle CDF=\angle FBD+\angle BFD$

한편, $\angle CDF=\angle FDE+\angle EDC$이므로

$\angle FDE+\angle EDC=\angle FBD+\angle BFD$

여기서 $\angle BFD=\angle EDC$이므로

$\angle FDE=\angle FBD=70°$ **답** $70°$

채점 기준	
$\angle BFD=\angle CDE$임을 알기	20%
$\angle CDF=\angle FBD+\angle BFD$임을 알기	20%
$\angle FDE+\angle EDC=\angle FBD+\angle BFD$임을 알기	20%
$\angle BFD=\angle EDC$임을 알기	20%
답 구하기	20%

2 △ABE와 △BCD에서

$\overline{AB}=\overline{BC}$, $\angle A=\angle DBC=60°$, $\overline{AE}=\overline{BD}$이므로

△ABE≡△BCD(SAS 합동)

∴ $\angle ABE=\angle BCD$

$\angle PBC+\angle PCB=\angle PBC+\angle ABE$

$\qquad\qquad\qquad=\angle ABC=60°$

∴ $\angle BPC=180°-60°=120°$ **답** $120°$

채점 기준	
△ABE≡△BCD임을 알기	40%
$\angle ABC$의 크기 구하기	40%
답 구하기	20%

3 △DAB와 △CAE에서

$\overline{DA}=\overline{CA}$, $\angle DAB=\angle CAE=60°+\angle BAC$,

$\overline{AB}=\overline{AE}$이므로

△DAB≡△CAE(SAS 합동)

△OCD에서

$\angle OCD+\angle ODC$

$=\angle OCA+\angle ACD+\angle ODC$

$=\angle ADB+60°+\angle ODC(∵\angle OCA=\angle ADB)$

$=\angle ADC+60°=120°$

∴ $\angle BOE=180°-120°=60°$ **답** $60°$

채점 기준	
△DAB≡△CAE 임을 알기	30%
∠OCD+∠ODC의 크기 구하기	40%
답 구하기	30%

4 △ABC$=\frac{1}{2}\times\overline{AB}\times\overline{CE}=\frac{1}{2}\times\overline{AC}\times\overline{BD}$이므로

$\overline{AB}\times\overline{CE}=\overline{AC}\times\overline{BD}$

$9\times\overline{CE}=8\times6$ $\therefore\overline{CE}=\frac{16}{3}$cm **답** $\frac{16}{3}$cm

채점 기준	
△ABC의 넓이가 일정함을 알기	30%
식 세우기	40%
CE의 길이 구하기	30%

02 삼각형의 외심과 내심

P. 53~56

Step **1** 교과서 이해

01 외접, 외접원, 외심

02 외접, 외접원, 외심

03 외심

04 세 꼭짓점

05 (가) : ∠PMB, (나) : $\overline{PB}$, (다) : $\overline{PM}$,
(라) : RHS, (마) : $\overline{BM}$

06 ① 원 위에 서로 다른 세 점 A, B, C를 잡는다.
② $\overline{AB}$의 수직이등분선을 작도한다.
③ $\overline{BC}$의 수직이등분선을 작도한다.
④ $\overline{AB}$, $\overline{BC}$의 수직이등분선의 교점이 이 원의 중심이다.

07 (가) : $\overline{OB}$, (나) : $\overline{OC}$, (다) : $\overline{OE}$,
(라) : RHS, (마) : $\overline{CE}$, (바) : 수직이등분선

08 삼각형의 내부

09 삼각형의 변 위(빗변의 중점)

10 삼각형의 외부

11 (가) : RHA, (나) : $\overline{OP}$, (다) : $\overline{OQ}$,
(라) : 수직이등분선

12 (가) : 180, (나) : 90, (다) : 90

13 ∠AOC$=180°-(33°+33°)=114°$
$\therefore\angle B=\frac{1}{2}\angle AOC=\frac{1}{2}\times114°=57°$

답 57°

14 $\angle BOC = 2\angle A = 2 \times 65° = 130°$

$\therefore \angle OBC + \angle OCB = 180° - 130° = 50°$

답 50°

15 $\angle OBC = \angle OCB = 30°$,

$\angle OCA = \angle OAC = 45°$

$\angle OBA = \angle OAB = \angle x$라 하면

$2\angle x = 180° - (30° + 30° + 45° + 45°) = 30°$

$\therefore \angle x = 15°$

답 15°

16 $\angle OAC = \angle OCA = \frac{1}{2}(180° - 86°) = 47°$

$\angle OBC = \angle OCB = 20°$

$\angle OAB = \angle OBA = \angle x$라 하면

$2\angle x = 180° - (47° + 47° + 20° + 20°) = 46°$

$\therefore \angle x = 23°$

답 23°

17 접한다, 접선, 접점

18 할선

19 내접, 내접원, 내심

20 세 변

21 내부

22 이등분선

23 꼭지각

24 일치

25 (개) : $\overline{IF}$, (내) : $\overline{IE}$, (대) : $\overline{IF}$, (래) : $\angle ICF$

26 3 cm

27 15°

28 (개) : 이등분선, (내) : $\angle B + \angle C$, (대) : $\angle A$

29 $\angle BIC = 90° + \frac{1}{2} \times 52° = 90° + 26° = 116°$

답 116°

30 $\angle x + \angle x + 20° + 20° + 25° + 25° = 180°$

$2\angle x + 90° = 180°$, $2\angle x = 90°$

$\therefore \angle x = 45°$

답 45°

P. 57~58

Step 2 개념탄탄

01 $\angle OAB = \angle OBA = \angle x$,

$\angle OBC = \angle OCB = \angle y$,

$\angle OAC = \angle OCA = \angle z$

$2(\angle x + \angle y + \angle x) = 180°$

$\therefore \angle x + \angle y + \angle z = 90°$

답 90°

02 $\overline{OA} = \overline{OB} = 5\,\text{cm}$이므로 $x = 5$

$\angle OCB = \angle OBC = 20°$이므로 $y = 20$

$\therefore x + y = 25$

답 ①

03 $\angle OBC + \angle OCB = 180° - 130° = 50°$

$2\angle OBA + 2\angle OCA + 50° = 180°$

$2(\angle OBA + \angle OCA) = 130°$

$\therefore \angle OBA + \angle OCA = 65°$

답 65°

04 $\overline{AM} = \overline{BM} = \overline{CM} = \frac{1}{2}\overline{AC} = 5\,\text{cm}$

답 ④

05 $\overline{AB}$가 $\triangle ABC$의 외접원의 지름이므로 외접원의 둘레의 길이는 $5\pi\,\text{cm}$

답 ③

06 점 O는 $\triangle ABC$의 외심이므로 $\overline{OA} = \overline{OB} = \overline{OC}$이고 $\triangle AOC$에서 $\overline{OA} + \overline{OC} + 8 = 18$이므로

$\overline{OA} = 5\,(\text{cm})$

따라서 외접원의 반지름의 길이는 외심 O에서 세 점 A, B, C에 이르는 거리이므로 $5\,\text{cm}$이다.

답 5 cm

07 $\angle IAB = \angle IAC = \angle x$, $\angle IBA = \angle IBC = \angle y$,

$\angle ICA = \angle ICB = \angle z$

$2(\angle x + \angle y + \angle z) = 180°$

$\therefore \angle x + \angle y + \angle z = 90°$

답 90°

08 $\angle BIC = 90° + \frac{1}{2} \times 80° = 90° + 40° = 130°$

답 ⑤

09 $\angle ADB = 80° + \angle CAD = 80° + \dfrac{1}{2}\angle A$

$\angle AEB = 80° + \angle CBE = 80° + \dfrac{1}{2}\angle B$

$\therefore \angle ADB + \angle AEB = 160° + \dfrac{1}{2}(\angle A + \angle B)$

$\qquad\qquad\qquad = 160° + \dfrac{1}{2} \times 100°$

$\qquad\qquad\qquad = 210°$

답 $210°$

10 $\overline{CF} = \overline{CE} = 3\,\text{cm}$이므로

$\overline{AF} = \overline{AD} = 5 - 3 = 2\,\text{cm}$

답 ③

11 $\overline{AD} = \overline{AF} = 1\,\text{cm}$이므로

$\overline{BD} = \overline{BE} = 2\,\text{cm}$ $\qquad \therefore x = 2$

답 2

12 $\triangle ABC = \triangle IAB + \triangle IBC + \triangle IAC$

$\qquad\quad = \dfrac{1}{2} \times 2 \times \overline{AB} + \dfrac{1}{2} \times 2 \times \overline{BC}$

$\qquad\qquad + \dfrac{1}{2} \times 2 \times \overline{AC}$

$\qquad\quad = 24(\text{cm}^2)$

$\therefore \overline{AB} + \overline{BC} + \overline{AC} = 24(\text{cm})$

답 $24\,\text{cm}$

P. 59~63

S tep **3** 실력완성

1 삼각형의 외심은 세 변의 수직이등분선의 교점
이다.

답 ④

2 $\angle OBC = \angle OCB = \dfrac{1}{2}(180° - 140°) = 20°$

$\angle AOC = 2\angle B = 2 \times 45° = 90°$

$\angle OCA = \angle OAC = \dfrac{1}{2}(180° - 90°) = 45°$

$\therefore \angle ACB = \angle OCB + \angle OCA$

$\qquad\qquad = 20° + 45° = 65°$

답 ④

3 $\angle C = 180° \times \dfrac{4}{2+3+4} = 80°$

$\therefore \angle AOB = 2\angle C = 160°$

답 $160°$

4 ⑤

5 $\angle OBA = \angle OAB = 20°$,

$\angle OBC = \angle OCB = 35°$,

$\angle OCA = \angle OAC = \angle x$이므로

$2\angle x + 40° + 70° = 180°,\ 2\angle x = 70°$

$\therefore \angle x = 35°$

답 $35°$

채점 기준	
$\angle OAB$, $\angle OCB$의 크기 구하기	40%
삼각형의 내각의 크기의 합이 $180°$임을 이용하여 식 세우기	40%
답 구하기	20%

6 $\angle OAC = 28°$이므로 $\angle BAC = 58°$

$\therefore \angle BOC = 2 \times 58° = 116°$

답 ④

7 $\overline{OA}$, $\overline{OC}$를 그으면

$\angle OAB = \angle OBA = 26°$,

$\angle OCB = \angle OBC = 30°$

$\angle OAC = \angle OCA = \angle x$라 하면

$52° + 60° + 2\angle x = 180°$

$2\angle x = 68°,\ \angle x = 34°$

$\therefore \angle A = \angle OAB + \angle OAC = 26° + 34° = 60°$,

$\quad \angle C = \angle OCB + \angle OCA = 30° + 34° = 64°$

답 $\angle A = 60°$, $\angle C = 64°$

채점 기준	
$\angle OAB$, $\angle OCB$의 크기 구하기	40%
$\angle OAC$의 크기 구하기	20%
$\angle A$, $\angle C$의 크기 구하기	40%

8 점 O는 $\triangle ABC$의 외심이므로 $\overline{OB} = \overline{OC}$

$\angle OBC = \angle OCB = 30°$ $\qquad \therefore \angle BOC = 120°$

$\angle A = \dfrac{1}{2}\angle BOC = 60°$

$\overline{AB} = \overline{AC}$이므로 $\angle ACB = 60°$

$\therefore \angle ACO = 60° - 30° = 30°$

답 $30°$

채점 기준	
$\angle OCB$의 크기 구하기	20%
$\angle BOC$의 크기 구하기	20%
$\angle A$의 크기 구하기	20%
$\angle ACB$의 크기 구하기	20%
답 구하기	20%

9 $\overline{OA} = \overline{OB} = \overline{OC}$, $\angle OCA = \angle OAC$이므로

$\angle OAB + \angle OBC + \angle OCA = 90°$

$\angle OBC + (\angle OAB + \angle OAC)$
$= \angle OBC + 48° = 90°$
$\therefore \angle OBC = 90° - 48° = 42°$ **답** ②

10 직각삼각형의 외심은 빗변의 중점과 일치하므로
점 M은 △ABC의 외심이다.
따라서 $\overline{AM} = \overline{BM} = \overline{CM}$이므로
$\angle AMC = \angle ABM + \angle BAM = 40°$ **답** 40°

11 점 M은 △ABC의 외심이므로
$\overline{AM} = \overline{BM} = \overline{CM} = 5\,cm$
$\overline{AM} = \overline{BM}$이므로 $\angle BAM = \angle ABM = 30°$
따라서 $\angle AMC = 60°$이므로 △AMC는 정삼
각형이다.
$\therefore$ (△AMC의 둘레의 길이) $= 3 \times 5 = 15(cm)$
답 15 cm

채점 기준	
$\overline{AM} = \overline{BM} = \overline{CM}$임을 알기	20%
$\angle AMC$의 크기 구하기	20%
△AMC가 정삼각형임을 알기	30%
답 구하기	30%

12 삼각형의 내심은 세 내각의 이등분선의 교점이
다. **답** ④

13 △AOP ≡ △BOP (RHS합동) **답** ⑤

14 ④

15 $\angle BIC = 90° + \dfrac{1}{2} \times 50° = 115°$ **답** 115°

16 △AFI ≡ △AEI (RHA합동),
△BFI ≡ △BDI (RHA합동),
△CDI ≡ △CEI (RHA합동) **답** ⑤

17 $\overline{AI}$는 ∠A의 이등분선이므로
$\angle BAI = 20°$ **답** ⑤

18 ① $\angle CAH = 90° - 70° = 20°$
② $\angle DAH = 30° - 20° = 10°$
③ $\angle ADC = \angle B + \angle BAD = 50° + 30° = 80°$
④ $\angle AIC = 90° + 25° = 115°$
⑤ $\angle BIC = 90° + 30° = 120°$ **답** ④

19 $\angle BIC = 90° + \dfrac{1}{2}\angle A$이므로
$144° = 90° + \dfrac{1}{2}\angle A$, $\dfrac{1}{2}\angle A = 54°$
$\therefore \angle A = 108°$ **답** 108°

20 $\overline{AI}$, $\overline{CI}$는 각각 ∠A, ∠C의 이등분선이므로
$\angle BAI = \angle CAI$, $\angle BCI = \angle ACI$
즉, $\angle A + \angle C = 140°$이므로
$\angle B = 180° - 140° = 40°$ **답** 40°

채점 기준	
$\angle BAI = \angle CAI$, $\angle BCI = \angle ACI$임을 알기	40%
$\angle A + \angle C$의 크기 구하기	40%
답 구하기	20%

21 $\overline{BD} = \overline{BE} = x\,cm$라 하면
$\overline{AD} = \overline{AF} = 12 - x(cm)$,
$\overline{CE} = \overline{CF} = 13 - x(cm)$
$\overline{AC} = \overline{AF} + \overline{CF}$이므로 $10 = 12 - x + 13 - x$
$10 = 25 - 2x$ $\therefore x = \dfrac{15}{2}$
$\therefore \overline{BD} = \dfrac{15}{2}\,cm$ **답** ④

22 $\overline{BD} = \overline{BE} = x\,cm$라 하면
$\overline{AD} = \overline{AF} = 9 - x(cm)$,
$\overline{CE} = \overline{CF} = 12 - x(cm)$
$\overline{AC} = \overline{AF} + \overline{CF}$이므로 $7 = 9 - x + 12 - x$
$7 = 21 - 2x$ $\therefore x = 7$ **답** 7 cm

23 $\overline{AD} = 9 - 5 = 4$이고 $\overline{AD} = \overline{AF}$이므로
$\overline{FC} = 8 - 4 = 4$ **답** ②

24 △ABC의 내접원의 반지름의 길이를 $r\,cm$라
하면
$\triangle IAB = \dfrac{1}{2} \times 5 \times r = \dfrac{5}{2}r(cm^2)$,
$\triangle IBC = \dfrac{1}{2} \times 6 \times r = 3r(cm^2)$,
$\triangle IAC = \dfrac{1}{2} \times 4 \times r = 2r(cm^2)$
$\therefore \triangle IAB : \triangle IBC : \triangle IAC = \dfrac{5}{2}r : 3r : 2r$
$= 5 : 6 : 4$
답 5 : 6 : 4

25 $\angle DBI = \angle CBI$, $\angle DIB = \angle CBI$(엇각)이므로
$\angle DBI = \angle DIB$
즉, $\triangle DBI$는 이등변삼각형이다.
$\therefore \overline{DB} = \overline{DI}$
같은 방법으로 $\overline{EI} = \overline{EC}$이므로
$\overline{DE} = \overline{DI} + \overline{EI} = \overline{DB} + \overline{EC}$ 　　답 ②

26 $\triangle ABC = \dfrac{1}{2} \times 12 \times 5 = 30(cm^2)$
원 I의 반지름의 길이를 r cm라고 하면
$\triangle ABC = \dfrac{1}{2} \times 13 \times r + \dfrac{1}{2} \times 5 \times r + \dfrac{1}{2} \times 12 \times r$
　　　　 $= 15r = 30$
$\therefore r = 2$
$\triangle IAB = \dfrac{1}{2} \times 13 \times 2 = 13(cm^2)$ 　　답 $13\,cm^2$

27 ⑤ 직각삼각형의 외심은 빗변의 중점과 일치한다. 　　답 ⑤

28 $\angle ACB = 30°$이므로
$\angle PCB = \dfrac{1}{2} \times 30° = 15°$
$\angle PBC = \angle OBC = \angle OCB = 30°$
$\therefore \angle BPC = 180° - (30° + 15°) = 135°$
　　답 $135°$

채점 기준	
$\angle ACB$, $\angle PCB$의 크기 구하기	40%
$\angle PBC$의 크기 구하기	30%
답 구하기	30%

P. 64~65

Step4 유형클리닉

1 $\triangle BOC$에서 $\overline{OB} = \overline{OC}$이므로
$\angle OBC = \angle OCB = \angle x$라 하면
$\angle OAB = \angle OBA = \angle x + 30°$,
$\angle OAC = \angle OCA = \angle x + 25°$
$\triangle ABC$에서
$30° + (\angle x + 30° + \angle x + 25°) + 25° = 180°$

$\therefore \angle x = 35°$
따라서 $\triangle BOC$에서
$\angle BOC = 180° - 2 \times 35° = 110°$ 　　답 $110°$

1-1 $\angle OBC = \angle OCB = 25°$이므로
$\angle BOC = 180° - 2 \times 25° = 130°$ 　　답 $130°$

1-2 $\angle OCB = \angle OBC = 23°$이므로
$\angle BOC = 180° - 2 \times 23° = 134°$
$\angle OAB = \angle OBA = 23° + 32° = 55°$이므로
$\angle AOB = 180° - 2 \times 55° = 70°$
$\therefore \angle AOC = 134° - 70° = 64°$
$\triangle OCA$에서 $\angle OCA = \dfrac{1}{2}(180° - 64°) = 58°$
$\therefore \angle ACB = 58° - 23° = 35°$ 　　답 $35°$

2 $\angle BIC = 90° + \dfrac{1}{2} \angle A$이므로
$115° = 90° + \dfrac{1}{2} \angle A$ 　　$\therefore \angle A = 50°$
$\therefore \angle BOC = 2 \angle A = 100°$ 　　답 $100°$

2-1 $\angle BOC = 2 \angle A = 140°$이고 $\overline{OB} = \overline{OC}$이므로
$\angle OBC = \dfrac{1}{2}(180° - 140°) = 20°$ 　　답 $20°$

2-2 $\overline{OC}$를 그으면
$\angle OCA = \angle OAC = 20°$이므로
$\angle AOC = 180° - 2 \times 20° = 140°$
$\therefore \angle B = \dfrac{1}{2} \times 140° = 70°$
$\angle BAI = \angle CAI$이므로
$\angle DAE = 40° - 20° = 20°$
$\triangle ABE$에서
$\angle AEB = 180° - (70° + 40° + 20°) = 50°$
　　답 $50°$

3 $R = \dfrac{1}{2}\overline{AB} = \dfrac{1}{2} \times 10 = 5(cm)$
$\triangle ABC = \dfrac{1}{2} \times 6 \times 8 = 24(cm^2)$이고
$\triangle ABC = \triangle IAB + \triangle IBC + \triangle ICA$이므로
$24 = \dfrac{1}{2} \times 10 \times r + \dfrac{1}{2} \times 6 \times r + \dfrac{1}{2} \times 8 \times r$
$24 = 12r$ 　　$\therefore r = 2(cm)$
$\therefore R + r = 5 + 2 = 7$ 　　답 7

3-1 △ABC의 내접원의 반지름의 길이를 r cm라 하면

$$\triangle ABC = \triangle IAB + \triangle IBC + \triangle ICA$$
$$= \frac{1}{2} \times \overline{AB} \times r + \frac{1}{2} \times \overline{BC} \times r$$
$$+ \frac{1}{2} \times \overline{CA} \times r$$
$$= \frac{1}{2} r (\overline{AB} + \overline{BC} + \overline{CA})$$

즉, $15 = \frac{1}{2} r \times 18$에서 $r = \frac{5}{3}$ (cm)

답 $\frac{5}{3}$ cm

3-2 내접원의 반지름의 길이를 r라 하면

$$\frac{1}{2} \times 5 \times r + \frac{1}{2} \times 12 \times r + \frac{1}{2} \times 13 \times r$$
$$= \frac{1}{2} \times 5 \times 12$$

$30r = 60$ ∴ $r = 2$

외접원의 반지름의 길이는 빗변의 길이의 $\frac{1}{2}$과 같으므로 $\frac{13}{2}$이다.

따라서 구하는 넓이는

(외접원의 넓이) − (내접원의 넓이)

$$= \frac{169}{4} \pi - 4\pi = \frac{153}{4} \pi$$

답 $\frac{153}{4} \pi$

4 △ADC에서 $\angle ADB = 76° + \frac{1}{2} \angle A$

△EBC에서 $\angle AEB = 76° + \frac{1}{2} \angle B$

∴ $\angle ADB + \angle AEB = 152° + \frac{1}{2}(\angle A + \angle B)$
$$= 152° + \frac{1}{2}(180° - \angle C)$$
$$= 152° + \frac{1}{2}(180° - 76°)$$
$$= 152° + \frac{1}{2} \times 104° = 204°$$

답 $204°$

4-1 $\angle BIC = 90° + \frac{1}{2} \times 60° = 120°$

∴ $\angle BI'C = 90° + \frac{1}{2} \times 120° = 150°$

답 $150°$

4-2 $\angle DBI = \angle CBI = \angle x$, $\angle ECI = \angle BCI = \angle y$라 하면

△DBC에서 $2\angle x + \angle y + 93° = 180°$ …… ㉠

△EBC에서 $\angle x + 2\angle y + 81° = 180°$ …… ㉡

㉠, ㉡에서 $\angle x = 25°$, $\angle y = 37°$

∴ $\angle A = 180° - 2(\angle x + \angle y)$
$$= 180° - 2 \times (25° + 37°) = 56°$$

답 $56°$

P. 66

Step5 서술형 만점 대비

1 $\overline{OC}$를 그으면 $\angle OAC = \angle OCA = 33°$

$\angle OBC = \angle OCB = 65° - 33° = 32°$

△ADC에서

$\angle ADB = \angle DAC + \angle C = 33° + 65° = 98°$

∴ $\angle BOD = 180° - (32° + 98°) = 50°$

답 $50°$

채점 기준	
∠OCA, ∠OBC, ∠OCB의 크기 구하기	60%
∠ADB의 크기 구하기	20%
답 구하기	20%

2 $\overline{CE} = x$로 놓으면 $\overline{CE} = \overline{CD} = x$,

$\overline{AE} = \overline{AF} = 5 - x$, $\overline{BD} = \overline{BF} = 6 - x$

$\overline{AB} = \overline{AF} + \overline{BF}$이므로

$7 = 5 - x + 6 - x$, $x = 2$

∴ $\overline{CE} = 2$

답 2

채점 기준	
$\overline{CE} = x$로 놓고, $\overline{AE}$, $\overline{AF}$, $\overline{BD}$, $\overline{BF}$를 x에 관한 식으로 나타내기	40%
식 세우기	40%
답 구하기	20%

3 $\overline{DI}=r$라 하면

$\triangle IAB + \triangle IBC + \triangle ICA$

$= \dfrac{1}{2}r(\overline{AB}+\overline{BC}+\overline{AC})=S$

$\dfrac{1}{2}r\times 18=S$, $9r=S$, $r=\dfrac{1}{9}S$

$\overline{AD}=\overline{BD}=\overline{AE}=\overline{CE}=3$이므로

$\triangle IAD=\dfrac{1}{2}\times 3\times r=\dfrac{1}{2}\times 3\times\dfrac{1}{9}S=\dfrac{1}{6}S$

$\therefore \square ADIE=\dfrac{1}{6}S\times 2=\dfrac{1}{3}S$ 　　**답** $\dfrac{1}{3}S$

채점 기준

$\overline{DI}$의 길이를 S에 관한 식으로 나타내기	40%
$\overline{AD}=\overline{BD}=\overline{AE}=\overline{CE}=3$임을 알기	20%
$\triangle IAD$의 넓이를 S에 관한 식으로 나타내기	20%
$\square ADIE$의 넓이를 S에 관한 식으로 나타내기	20%

4 점 O는 $\triangle ABC$의 외심이므로

$\angle BOC=2\angle A=80°$

$\overline{OB}=\overline{OC}$이므로

$\angle OBC=\angle OCB=\dfrac{1}{2}(180°-80°)=50°$

점 I는 $\triangle ABC$의 내심이므로

$\angle BIC=90°+\dfrac{1}{2}\angle A=90°+20°=110°$

$\overline{AB}=\overline{AC}$이므로 $\overline{IB}=\overline{IC}$

$\angle IBC=\dfrac{1}{2}(180°-110°)=35°$

$\therefore \angle OBI=\angle OBC-\angle IBC$

$\qquad\qquad =50°-35°=15°$ 　　**답** $15°$

채점 기준

$\angle BOC$, $\angle OBC$의 크기 구하기	40%
$\angle BIC$, $\angle IBC$의 크기 구하기	40%
답 구하기	20%

내신 만점 테스트 1회

1 $2\times 2\times 2\times 2=16$ 　　**답** ③

2 확률 p의 범위는 $0\le p\le 1$ 　　**답** ②

3 모든 경우의 수는 $6\times 6=36$

(ⅰ) 해가 $x=1$일 때 : $a=b+1$이므로

$(a,\ b):(2,\ 1),\ (3,\ 2),\ (4,\ 3),\ (5,\ 4),$

$\qquad\qquad (6,\ 5)$

$\therefore$ 확률은 $\dfrac{5}{36}$

(ⅱ) 해가 $x=4$일 때 : $4a=b+1$이므로

$(a,\ b):(1,\ 3)$

$\therefore$ 확률은 $\dfrac{1}{36}$

(ⅰ), (ⅱ)에서 $\dfrac{5}{36}+\dfrac{1}{36}=\dfrac{1}{6}$ 　　**답** ③

4 $m=\dfrac{5}{5+4}\times\dfrac{4}{4+4}=\dfrac{5}{9}\times\dfrac{1}{2}=\dfrac{5}{18}$

첫 번째에 초록색 공, 두 번째에 파란색 공이 나

올 확률 : $\dfrac{5}{9}\times\dfrac{4}{8}=\dfrac{5}{18}$

첫 번째에 파란색 공, 두 번째에 초록색 공이 나

올 확률 : $\dfrac{4}{9}\times\dfrac{5}{8}=\dfrac{5}{18}$

$n=\dfrac{5}{18}+\dfrac{5}{18}=\dfrac{10}{18}$

$\therefore m+n=\dfrac{15}{18}=\dfrac{5}{6}$ 　　**답** ①

5 모든 경우의 수는 $3\times 3\times 3=27$

(ⅰ) 3명이 모두 같은 것을 내는 경우 : 3가지

(ⅱ) 3명이 모두 다른 것을 내는 경우 :

한 명이 가위, 바위, 보 중 한 가지를 내면 두

번째 사람은 남은 두 가지 중 하나를 내고,

마지막 사람은 남은 한 가지를 내면 되므로

$3\times 2\times 1=6$(가지)

(ⅰ), (ⅱ)에서 $\dfrac{3}{27}+\dfrac{6}{27}=\dfrac{1}{3}$ 　　**답** ③

6 (i) 1□□의 꼴 : $3 \times 2 = 6$(개)

(ii) 2□□의 꼴 : $3 \times 2 = 6$(개)

(iii) 31□의 꼴 : 2개, 32□의 꼴 : 2개

(i), (ii), (iii)에서 모두 $6+6+2+2=12$(개)이므로

17번째에 오는 수는 341이다. **답** ③

7 $\left(1-\dfrac{2}{3}\right) \times \left(1-\dfrac{3}{5}\right) = \dfrac{1}{3} \times \dfrac{2}{5} = \dfrac{2}{15}$ **답** ③

8 ⑤ 직각삼각형의 빗변의 중점은 외심이므로 각 꼭짓점에 이르는 거리가 같다. **답** ⑤

9 $\overline{AD}$는 이등변삼각형 ABC의 꼭지각의 이등분선이다. **답** ④

10 ① $\angle ABC = \dfrac{1}{2}(180° - 40°) = 70°$

② $\angle ABD = \dfrac{1}{2} \times 70° = 35°$

③ $\angle BDC = 180° - (70° + 35°) = 75°$

④ △DAB에서 $\angle A \neq \angle DBA$이므로

$\overline{AD} \neq \overline{BD}$ **답** ③

11 $\angle x = \angle OAB = 35°$

$\angle OCB = \angle OBC = 30°$

$\angle OAC + \angle y = 180° - (70° + 60°) = 50°$

$\therefore \angle y = 25°$

$\therefore \angle x + \angle y = 60°$ **답** ④

12 5문제 모두 맞히지 못할 확률은

$\dfrac{1}{2} \times \dfrac{1}{2} \times \dfrac{1}{2} \times \dfrac{1}{2} \times \dfrac{1}{2} = \dfrac{1}{32}$

5문제 중 한 문제만 맞힐 확률은

$\dfrac{1}{32} \times 5 = \dfrac{5}{32}$

따라서 맞힌 문제가 한 문제 이하일 확률은

$\dfrac{1}{32} + \dfrac{5}{32} = \dfrac{6}{32} = \dfrac{3}{16}$

이므로 구하는 확률은 $1 - \dfrac{3}{16} = \dfrac{13}{16}$ **답** ④

13 ①, ② $\angle DBI = \angle IBC = \angle DIB = 25°$

③ $\overline{DB} = \overline{DI}$

$\angle ECI = \angle ICB = \angle EIC = 35°$, $\overline{EI} = \overline{EC}$

④ $\overline{DE} = \overline{DI} + \overline{EI} = \overline{DB} + \overline{EC}$

⑤ $\overline{AD} + \overline{DI} = \overline{AD} + \overline{DB} = \overline{AB} = 13$

따라서 옳지 않은 것은 ①, ③이다. **답** ①, ③

14 $\angle A = 180° - (40° + 60°) = 80°$

$\therefore \angle BAI = \angle CAI = 40°$

$\angle AOB = 2\angle C = 120°$

$\angle OAB = \angle OBA = \dfrac{1}{2}(180° - 120°) = 30°$

$\therefore \angle OAI = 40° - 30° = 10°$ **답** ③

15 모든 경우의 수는 $8 \times 8 = 64$

$2 \leq a+b \leq 16$이므로 $\dfrac{1}{a+b}$이 유한소수가 되려면

$a+b = 2,\ 4,\ 5,\ 8,\ 10,\ 16$

이어야 한다.

다음의 각 경우에 $(a,\ b)$를 구하면

(i) $a+b=2$인 경우 : $(1,\ 1)$

(ii) $a+b=4$인 경우 : $(1,\ 3),\ (2,\ 2),\ (3,\ 1)$

(iii) $a+b=5$인 경우 :

$(1,\ 4),\ (2,\ 3),\ (3,\ 2),\ (4,\ 1)$

(iv) $a+b=8$인 경우 :

$(1,\ 7),\ (2,\ 6),\ (3,\ 5),\ (4,\ 4),\ (5,\ 3),$

$(6,\ 2),\ (7,\ 1)$

(v) $a+b=10$인 경우 :

$(2,\ 8),\ (3,\ 7),\ (4,\ 6),\ (5,\ 5),\ (6,\ 4),$

$(7,\ 3),\ (8,\ 2)$

(vi) $a+b=16$인 경우 : $(8,\ 8)$

따라서 구하는 확률은

$\dfrac{1+3+4+7+7+1}{64} = \dfrac{23}{64}$ **답** ②

16 △OAD ≡ △OBD이므로

$\triangle OAB = \dfrac{1}{2} \times 8 \times 3 = 12\,(\text{cm}^2)$

$\triangle AOC + \triangle BOC = 40 - 12 = 28\,(\text{cm}^2)$

△AOF ≡ △COF, △BOE ≡ △COE이므로

$\square OECF = 28 \times \dfrac{1}{2} = 14\,(\text{cm}^2)$ **답** ④

17 A, B, C, D, E 다섯 명이 한 줄로 서는 모든 경우의 수는

$5 \times 4 \times 3 \times 2 \times 1 = 120$

A, B가 이웃하여 서는 경우의 수는

$(4 \times 3 \times 2 \times 1) \times 2 = 48$

따라서 A, B가 이웃하지 않도록 서는 경우의 수는 $120-48=72$

답 72

18 만들 수 있는 세 자리의 정수의 개수 :

백의 자리 숫자 ➡ 1, 2, 3, 4, 5, 6의 6가지

십의 자리 숫자 ➡ 백의 자리에 온 숫자를 제외한 6가지

일의 자리 숫자 ➡ 백의 자리, 십의 자리에 온 숫자를 제외한 5가지

$\therefore 6 \times 6 \times 5 = 180$

5의 배수는 일의 자리 숫자가 0 또는 5이어야 한다.

(i) □□0의 꼴 :

백의 자리 숫자 ➡ 1, 2, 3, 4, 5, 6의 6가지

십의 자리 숫자 ➡ 백의 자리에 온 숫자를 제외한 5가지

$\therefore 6 \times 5 = 30$

(ii) □□5의 꼴 :

백의 자리 숫자 ➡ 1, 2, 3, 4, 6의 5가지

십의 자리 숫자 ➡ 백의 자리에 온 숫자를 제외한 5가지

$\therefore 5 \times 5 = 25$

따라서 구하는 확률은

$\dfrac{30}{180} + \dfrac{25}{180} = \dfrac{55}{180} = \dfrac{11}{36}$ ⋯ **답**

19 처음에 노란 구슬이 x개, 파란 구슬이 y개 들어 있다고 하자.

(i) 노란 구슬을 5개 넣을 때 :

$\dfrac{x+5}{x+y+5} = \dfrac{1}{2}$ $\therefore x-y=-5$ ⋯⋯ ㉠

(ii) 파란 구슬을 1개 넣을 때 :

$\dfrac{y+1}{x+y+1} = \dfrac{4}{5}$ $\therefore 4x-y=1$ ⋯⋯ ㉡

㉠, ㉡을 연립하여 풀면

$x=2,\ y=7$

답 2개

20 (i) 첫 번째 빨간색, 두 번째 노란색 공이 나올

확률 : $\dfrac{5}{7} \times \dfrac{2}{6} = \dfrac{5}{21}$

(ii) 첫 번째 노란색, 두 번째 빨간색 공이 나올

확률 : $\dfrac{2}{7} \times \dfrac{5}{6} = \dfrac{5}{21}$

따라서 구하는 확률은 $\dfrac{5}{21} + \dfrac{5}{21} = \dfrac{10}{21}$

답 $\dfrac{10}{21}$

21 $\angle ABC = \angle ACB = \dfrac{1}{2}(180° - 44°) = 68°$

$\angle DBC = \dfrac{1}{2} \times 68° = 34°$

$\angle ACE = 180° - 68° = 112°$

$\angle ACD = \dfrac{1}{2} \times 112° = 56°$

$\therefore \angle BDC = 180° - (34° + 68° + 56°) = 22°$

답 $22°$

22 $\left(\triangle ABC의\ 외접원의\ 넓이의\ \dfrac{1}{2} \right)$

$= \pi \times 5^2 \times \dfrac{1}{2} = \dfrac{25}{2}\pi$

$\triangle ABC = \dfrac{1}{2} \times 8 \times 6 = 24$

$\triangle ABC$의 내접원의 반지름의 길이를 r라고 하면

$\triangle ABC = \dfrac{10r}{2} + \dfrac{8r}{2} + \dfrac{6r}{2} = 12r$

$12r = 24,\ r = 2$

$\therefore$ (내접원의 넓이) $= \pi \times 2^2 = 4\pi$

따라서 어두운 부분의 넓이는

$\dfrac{25}{2}\pi + 24 - 4\pi = \dfrac{17}{2}\pi$ ⋯ **답**

23 $\triangle FBD$와 $\triangle DCE$에서

$\overline{FB} = \overline{DC},\ \angle B = \angle C,\ \overline{BD} = \overline{CE}$

이므로 $\triangle FBD \equiv \triangle DCE$ (SAS 합동)

$\therefore \angle FDB = \angle DEC,\ \angle BFD = \angle CDE,$

$\overline{DF} = \overline{ED}$

$\angle C = \dfrac{1}{2}(180° - 48°) = 66°$

$\angle FDE = 180° - (\angle FDB + \angle CDE)$

$\angle C = 180° - (\angle DEC + \angle CDE)$

$\therefore \angle FDE = \angle C = 60°$

$\therefore \angle EFD = \dfrac{1}{2}(180° - 66°) = 57°$ ⋯ **답**

채점 기준	
합동인 두 삼각형 찾기	2점
$\angle FDB = \angle DEC$, $\angle BFD = \angle CDE$임을 알기	2점
$\angle FDE$의 크기 구하기	2점
답 구하기	1점

중간고사 대비　　　　　　　　　　P. 72~76

내신 만점 테스트 2회

1 소수인 경우 : 2, 3, 5, 7, 11의 5가지
4의 배수인 경우 : 4, 8, 12의 3가지
∴ 5+3=8　　　　　　　　　　　답 ④

2 자신의 가방을 드는 2명을 뽑는 경우의 수는 5명 중 2명을 뽑는 경우와 같으므로
$\dfrac{5 \times 4}{2} = 10$　　　　　　　…… ㉠

학생 A, B, C의 가방을 각각 a, b, c라고 할 때, A, B, C가 다른 사람의 가방을 드는 경우의 수는 오른쪽 표에서 2이다.　　…… ㉡

가방	a	b	c
학생	B	C	A
	C	A	B

㉠, ㉡은 동시에 일어나므로 10×2=20
답 ⑤

3 (ⅰ) A만 이기는 경우 : (가위, 보, 보)
　　(바위, 가위, 가위), (보, 바위, 바위)
(ⅱ) A, B가 이기는 경우 : (가위, 가위, 보)
　　(바위, 바위, 가위), (보, 보, 바위)
(ⅲ) A, C가 이기는 경우 : (가위, 보, 가위)
　　(바위, 가위, 바위), (보, 바위, 보)
(ⅰ), (ⅱ), (ⅲ)에서 구하는 확률은
$\dfrac{3}{27} + \dfrac{3}{27} + \dfrac{3}{27} = \dfrac{9}{27} = \dfrac{1}{3}$　　답 ①

4 a, b는 주사위의 눈이므로
$a+2b=10$인 경우는 순서쌍 (a, b)가
$(6, 2)$, $(4, 3)$, $(2, 4)$일 때뿐이다.
따라서 구하는 확률은
$\dfrac{3}{36} = \dfrac{1}{12}$　　　　　　　　답 ②

5 (ⅰ) 0이 나올 확률 : $\dfrac{1}{4} \times \dfrac{1}{4} = \dfrac{1}{16}$
(ⅱ) -2, 2가 나올 확률 : $\dfrac{1}{4} \times \dfrac{2}{4} = \dfrac{2}{16}$
(ⅲ) 2, -2가 나올 확률 : $\dfrac{2}{4} \times \dfrac{1}{4} = \dfrac{2}{16}$
(ⅰ), (ⅱ), (ⅲ)에서 구하는 확률은
$\dfrac{1}{16} + \dfrac{2}{16} + \dfrac{2}{16} = \dfrac{5}{16}$　　답 ②

6 (ⅰ) A주머니를 택하고 검은 공일 확률 :
$\dfrac{1}{2} \times 1 = \dfrac{1}{2}$
(ⅱ) B주머니를 택하고 검은 공일 확률 :
$\dfrac{1}{2} \times \dfrac{4}{10} = \dfrac{1}{5}$
(ⅰ), (ⅱ)에서 구하는 확률은
$\dfrac{1}{2} + \dfrac{1}{5} = \dfrac{7}{10}$　　　　답 ②

7 (ⅰ) A, B, C 세 명 모두 명중시킬 확률은
$\dfrac{3}{5} \times \dfrac{2}{3} \times \dfrac{3}{4} = \dfrac{3}{10}$
(ⅱ) A, B는 명중시키고 C는 명중시키지 못할 확률은 $\dfrac{3}{5} \times \dfrac{2}{3} \times \dfrac{1}{4} = \dfrac{1}{10}$
(ⅲ) A, C는 명중시키고 B는 명중시키지 못할 확률은 $\dfrac{3}{5} \times \dfrac{1}{3} \times \dfrac{3}{4} = \dfrac{3}{20}$
(ⅳ) B, C는 명중시키고 A는 명중시키지 못할 확률은 $\dfrac{2}{5} \times \dfrac{2}{3} \times \dfrac{3}{4} = \dfrac{1}{5}$
따라서 구하는 확률은
$\dfrac{3}{10} + \dfrac{1}{10} + \dfrac{3}{20} + \dfrac{1}{5} = \dfrac{3}{4}$　　답 ⑤

8 △ABC에서 ∠B=∠C
∠BEF=∠AED(맞꼭지각)
△DCF에서 ∠D+∠C=90°　　…… ㉠
△EBF에서
∠BEF+∠B=∠BEF+∠C=90°　…… ㉡
㉠, ㉡에서
∠D=∠BEF, ∠D=∠AED
△ADE에서 $\overline{\text{AD}} = \overline{\text{AE}} = x$ cm라고 하면
$\overline{\text{AB}} = x+6$, $\overline{\text{AC}} = 20-x$
$x+6 = 20-x$, $2x = 14$　　∴ $x=7$　답 ③

9 ∠DAF=90°−∠FAH,
∠CAH=90°−∠FAH
∴ ∠DAF=∠CAH=x°
△AFG에서 ∠AFG=∠AGF=45°+x°
△AGH에서 ∠AHG=∠AGH=45°+x°
∴ ∠FAG=∠GAH=y°
∠DAE=x°+2y°=90°　　　　…… ㉠

△AFG에서

$2x°+y°+90°=180°$, $2x°+y°=90°$ …… ㉡

㉠, ㉡을 연립하여 풀면 $y=30$

$\therefore \angle AGH=\dfrac{1}{2}(180°-30°)=75°$ 답 ④

10 (i) 첫 번째에 0, 두 번째에 2일 확률 :

$\dfrac{1}{6}\times\dfrac{2}{6}=\dfrac{2}{36}$

(ii) 두 번째에 모두 1일 확률 : $\dfrac{3}{6}\times\dfrac{3}{6}=\dfrac{9}{36}$

(iii) 첫 번째에 2, 두 번째에 0일 확률 :

$\dfrac{2}{6}\times\dfrac{1}{6}=\dfrac{2}{36}$

(i), (ii), (iii)에서 구하는 확률은

$\dfrac{2}{36}+\dfrac{9}{36}+\dfrac{2}{36}=\dfrac{13}{36}$ 답 ④

11 $\overline{AB}=\overline{AC}$이므로 $\angle ABC=\angle C$

$90°+\dfrac{1}{2}\angle C=125°$, $\angle C=70°$ $\therefore \angle B=70°$

$\angle BAC=180°-140°=40°$

$\angle BAI=\dfrac{1}{2}\times40°=20°$ 답 ①

12 △ABC에서 $\angle C=\dfrac{1}{2}(180°-54°)=63°$

$\angle BOC=2\angle A=108°$

△OBC에서

$\angle OBC=\dfrac{1}{2}(180°-108°)=36°$

△DBC에서

$\angle BDC=180°-(63°+36°)=81°$ 답 ④

13 $\angle AOC=2\times72°=144°$

△OAC에서

$\angle OAC=\angle OCA$

$=\dfrac{1}{2}(180°-144°)$

$=18°$

$\angle DAC=\angle x$, $\angle DCA=\angle y$라 하면

$\overline{OA}=\overline{OD}=\overline{OC}$이므로

$\angle ODA=\angle x+18°$, $\angle ODC=\angle y+18°$

△DAC에서

$\angle x+(\angle x+18°+\angle y+18°)+\angle y=180°$

$\therefore \angle x+\angle y=72°$

$\therefore \angle D=\angle ODA+\angle ODC$

$=\angle x+18°+\angle y+18°=108°$ 답 ④

14 △ABC에서 $\angle ABP=\dfrac{1}{2}\times50°=25°$

△ACD에서 $\angle CAD=180°-72°=108°$

$\angle ADC=\dfrac{1}{2}\times(180°-108°)=36°$

$\angle ADP=\dfrac{1}{2}\times36°=18°$

△PDB에서 $\angle IPI'=180°-(25°+18°)=137°$

답 ②

15 $\overline{AB}=6k$, $\overline{BC}=4k$, $\overline{AC}=3k$로 놓고

△ABC의 내접원의 반지름의 길이를 r라고 하면

$\triangle ABC=\dfrac{6kr}{2}+\dfrac{4kr}{2}+\dfrac{3kr}{2}+\dfrac{13kr}{2}$

$\triangle AIC=\dfrac{3kr}{2}$

$\therefore \triangle ABC : \triangle AIC=\dfrac{13kr}{2} : \dfrac{3kr}{2}=13 : 3$

답 ⑤

16 $a+b$가 짝수이려면

(i) a, b가 모두 홀수

$\dfrac{2}{3}\times\dfrac{3}{5}=\dfrac{2}{5}$

(ii) a, b가 모두 짝수

$\left(1-\dfrac{2}{3}\right)\times\left(1-\dfrac{3}{5}\right)=\dfrac{2}{15}$

따라서 구하는 확률은

$\dfrac{2}{5}+\dfrac{2}{15}=\dfrac{8}{15}$ 답 ④

17 영어, 수학을 묶어 한 과목으로 생각하면 만들 수 있는 시간표의 경우의 수는

$4\times3\times2\times1=24$ 답 24

18 검은 공이 3개이므로 A가 이기려면 3회 이내에 흰 공을 꺼내야 한다.

(i) 1회에 A가 흰 공을 꺼낼 확률 : $\dfrac{4}{3+4}=\dfrac{4}{7}$

(ii) 1, 2회에 A, B 모두 검은 공을 꺼내고 3회에 A가 흰 공을 꺼낼 확률 :

$$\frac{3}{3+4}\times\frac{2}{2+4}\times\frac{4}{1+4}=\frac{3}{7}\times\frac{2}{6}\times\frac{4}{5}=\frac{4}{35}$$

(i), (ii)에서 구하는 확률은

$$\frac{4}{7}+\frac{4}{35}=\frac{24}{35}\cdots\boxed{답}$$

19 주머니 A에서는 흰 공, 주머니 B에서는 빨간
공을 꺼낼 확률은

$$\frac{5}{5+3}\times\frac{2}{3+2+5}=\frac{5}{8}\times\frac{2}{10}=\frac{1}{8}$$

주머니 A에서는 빨간 공, 주머니 B에서는 흰
공을 꺼낼 확률은

$$\frac{3}{5+3}\times\frac{3}{3+2+5}=\frac{3}{8}\times\frac{3}{10}=\frac{9}{80}$$

따라서 구하는 확률은

$$\frac{1}{8}+\frac{9}{80}=\frac{19}{80}\cdots\boxed{답}$$

20 점 O에서 변 BC, AC에
내린 수선의 발을 각각 D,
E라고 하면 $\overline{OD}=\overline{EC}$

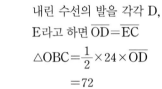

$$\triangle OBC=\frac{1}{2}\times24\times\overline{OD}$$
$$=72$$

에서 $\overline{OD}=6\,\text{cm}$이므로 $\overline{EC}=6\,\text{cm}$

$\triangle OAE\equiv\triangle OCE$ (RHS 합동)이므로

$$\overline{AE}=\overline{EC}=6\,\text{cm}$$

$$\therefore\ \overline{AC}=6+6=12(\text{cm})\qquad\boxed{답}\ 12\,\text{cm}$$

21 점 D에서 변 AB에 내린 수
선의 발을 E라고 하면

$$\triangle ADE\equiv\triangle ADC$$
$$\text{(RHA 합동)}$$

따라서 $\overline{ED}=\overline{DC}=3\,\text{cm}$이므로

$$\triangle ABD=\frac{1}{2}\times10\times3=15(\text{cm}^2)\cdots\boxed{답}$$

22 $\overline{BD}=\overline{BE}=x\,\text{cm}$라고 하면

$$\overline{AD}=\overline{AF}=(8-x)\text{cm},$$
$$\overline{CE}=\overline{CF}=(11-x)\text{cm}$$
$$\overline{AC}=8-x+11-x=7$$
$$19-2x=7\qquad\therefore\ x=6$$

$\triangle GBF$의 둘레의 길이는

$$\overline{GB}+\overline{GH}+\overline{BH}=\overline{GB}+\overline{GJ}+\overline{JH}+\overline{BH}$$
$$=\overline{GB}+\overline{GD}+\overline{HE}+\overline{BH}$$
$$=\overline{BD}+\overline{BE}=6+6$$
$$=12(\text{cm})\cdots\boxed{답}$$

23 모든 경우의 수는 $6\times6=36$

직선 $ax+by=3$의

$(x절편)=\dfrac{3}{a}$, $(y절편)=\dfrac{3}{b}$

이므로 오른쪽 그림에서 어
두운 부분의 넓이는

$$\frac{1}{2}\times\frac{3}{a}\times\frac{3}{b}=\frac{3}{4}$$

$$\therefore\ ab=6$$

$ab=6$인 순서쌍 $(a,\ b)$는 $(1,\ 6)$, $(6,\ 1)$,
$(2,\ 3)$, $(3,\ 2)$의 4가지

따라서 구하는 확률은 $\dfrac{4}{36}=\dfrac{1}{9}\cdots\boxed{답}$

채점 기준	
직선 $ax+by=3$의 x절편, y절편 구하기	2점
조건을 만족하는 순서쌍 $(a,\ b)$ 구하기	3점
답 구하기	2점

03 평행사변형

P. 77~80

Step**1** 교과서 이해

01 □ABCD

02 대변, 대각

03 평행사변형

04 (가) : ∠DCA, (나) : ∠CAD, (다) : $\overline{AC}$,
(라) : ASA, (마) : $\overline{CD}$, (바) : $\overline{DA}$

05 $x+1=2x-3$ ∴ $x=4$ 답 4

06 $3x-1=x+5$ ∴ $x=3$
$2x+1=4y-5$에서 $7=4y-5$이므로
$y=3$ 답 $x=3$, $y=3$

07 (가) : $\overline{DC}$, (나) : $\overline{DA}$, (다) : SSS,
(라) : ∠BCA, (마) : ∠DCB

08 ∠A=∠C ∴ ∠x=110° … 답

09 ∠x=180°−(40°+35°)=105°,
∠y=35°(엇각) 답 ∠x=105°, ∠y=35°

10 ∠A+∠B=180°이므로
∠A=180°×$\frac{3}{3+2}$=108°
∴ ∠C=∠A=108° … 답

11 (가) : ∠OCD, (나) : ∠ODC, (다) : $\overline{DC}$,
(라) : ASA

12 $x=3$, $y=2$

13 12 cm **14** 8 cm

15 60° **16** 120°

17 (가) : 360, (나) : ∠C, (다) : ∠D

18 ∠BAC=∠DCA=70°
△ABO에서 ∠AOD=40°+70°=110° … 답

19 (1) 평행하다.
(2) 길이가 각각 같다.
(3) 크기가 각각 같다.
(4) 서로 다른 것을 이등분한다.
(5) 대변이 평행하고, 그 길이가 같다.

20 (가) : $\overline{CD}$, (나) : $\overline{DA}$, (다) : $\overline{AC}$,
(라) : SSS, (마) : ∠DCA, (바) : ∠CAD,
(사) : $\overline{DA}$

21 두 쌍의 대변의 길이가 각각 같다.

22 두 쌍의 대각의 크기가 각각 같다.

23 두 대각선이 서로 다른 것을 이등분한다.

24 한 쌍의 대변이 평행하고, 그 길이가 같다.

25 두 쌍의 대변이 각각 평행하다.

26 (가) : ∠DCA, (나) : $\overline{AC}$, (다) : SAS,
(라) : $\overline{AD}/\!/\overline{BC}$

27 (가) : ∠COB, (나) : SAS, (다) : $\overline{BC}$,
(라) : $\overline{DC}$

28 (ㄱ) 두 쌍의 대각의 크기가 각각 같다.
(ㄷ) 두 쌍의 대각의 크기가 각각 같다.
(ㄹ) 한 쌍의 대변이 평행하고, 그 길이가 같다.
(ㅁ) 두 쌍의 대변의 길이가 각각 같다.
답 (ㄱ), (ㄷ), (ㄹ), (ㅁ)

Step**2** 개념탄탄

01 $x=55$, $y=5$이므로

$x+y=60$ 　　　　　　　**답** ④

02 △ABO≡△ADO(SAS 합동)　∴ ∠$y=25°$

△CBO≡△CDO(SAS 합동)　∴ ∠$x=65°$

∴ ∠$x+$∠$y=90°$ 　　　　　　　**답** ④

03 ∠DAC=∠ACB=∠z

∴ ∠$y+$∠$z=$∠x

△DOC에서 ∠$x=55°$

∴ ∠$x+$∠$y+$∠$z=110°$ … **답**

04 ㈎ : $\overline{OC}$, ㈏ : ∠OCQ, ㈐ : ∠COQ,

㈑ : ASA

05 ∠DAB=110°이므로 ∠ADC=70°

∠ADP=35°이므로 ∠DAP=55°

∴ ∠BAP=110°−55°=55° … **답**

06 □EBHP가 평행사변형이므로

$\overline{EP}=\overline{BH}$　∴ $x=4$

$\overline{EB}=\overline{PH}$　∴ $y=8-3=5$

　　　　　　　　　　답 $x=4$, $y=5$

07 ∠$a=70°$, ∠$b=110°$

08 ∠BAD=180°−60°=120°이므로

∠BAE=120°×$\dfrac{3}{4}$=90°

∴ ∠AED=∠BAE=90° 　　　**답** ①

09 ∠BAC=∠ACD=50°(엇각)

∠DAB+∠ABC=180°

∴ ∠DAB=110°

△ACD에서

∠DAC=180°−(70°+50°)=60°

∴ ∠BEA=∠DAE(엇각)

　　　　=$\dfrac{1}{2}$×60°=30° 　　**답** 30°

10 ㈎ : $\overline{CD}$, ㈏ : ∠C, ㈐ : ∠CDF,

㈑ : ASA

11 $\overline{AB}=\overline{CD}=3$cm이므로 $\overline{AD}=\overline{BC}=x$ cm라고 하면

$3+x+3+x=16$　∴ $x=5$ 　　**답** 5 cm

Step**3** 실력완성

1 ④

2 ⑤

3 ∠B=∠D=70°이므로 △ABC에서

∠$x=180°-(70°+50°)=60°$ 　　**답** 60°

4 ∠OBC=∠y, ∠ODC=35°,

∠COD=80°

△OBC에서 ∠$x+$∠$y=80°$ 　　**답** 80°

5 평행사변형의 두 대각선은 서로 다른 것을 이등분하므로 $\overline{DO}=6$ cm, $\overline{OC}=5$ cm

또, 평행사변형의 대변의 길이는 같으므로

$\overline{CD}=6$ cm

따라서 △DOC의 둘레의 길이는

$\overline{DO}+\overline{OC}+\overline{CD}=6+5+6=17$(cm)

　　　　　　　　　　답 17 cm

채점 기준	
$\overline{DO}$, $\overline{OC}$의 길이 구하기	60%
$\overline{CD}$의 길이 구하기	30%
답 구하기	10%

6 ∠ADC=∠B=75°, ∠ADH=50°

∴ ∠$x=75°-50°=25°$ 　　　**답** ②

7 ∠BAE=∠DAE=∠AEB=58°

∴ ∠D=∠B=180°−58°×2=64° 　**답** ④

8 180, 90, 90, 90

9 ③ (ㄷ) : 동위각 　　　　　　　　　　　　　　답 ③

10 $\angle OBC=25°$(엇각)이므로 $\triangle ABC$에서
$$\angle ABD=180°-(75°+30°+25°)$$
$$=50°$$ 　　　　　　　　　답 ③

11 $\angle A=180°-50°=130°$이므로
$\angle x+60°=130°$ 　　∴ $\angle x=70°$
$\angle y=\angle B=50°$ 　　　　　　　　답 ③

12 $\overline{AB}=\overline{AM}$이므로
$\angle ABM=\angle AMB=\angle x$라 하면
$\angle AMB=\angle MBC=\angle x$
∴ $\angle B=2\angle x$
$\overline{DM}=\overline{DC}$이므로
$\angle DMC=\angle DCM=\angle y$라 하면
$\angle DMC=\angle MCB=\angle y$
∴ $\angle C=2\angle y$
$\angle A+2\angle x+2\angle y+\angle D=360°$
$2\angle x+2\angle y+180°=360°$
$2(\angle x+\angle y)=180°$
∴ $\angle x+\angle y=90°$
∴ $\angle BMC=180°-(\angle x+\angle y)$
$$=180°-90°=90°$$ 　　답 90°

채점 기준	
$\angle B=2\angle ABM$, $\angle C=2\angle DCM$임을 알기	60%
사각형의 내각의 크기의 합이 360°임을 이용하여 식 세우기	20%
답 구하기	20%

13 $\overline{DM}=\overline{CM}$, $\angle ADM=\angle PCM$(엇각),
$\angle AMD=\angle PMC$(맞꼭지각)이므로
$\triangle AMD\equiv\triangle PMC$(ASA합동)
따라서 $\overline{CP}=\overline{AD}=5\,cm$이므로
$\overline{BP}=10\,cm$ 　　　　　　　답 10 cm

14 $\angle A+\angle B=180°$이므로
$$\frac{1}{2}\angle A+\frac{1}{2}\angle B=90°$$
따라서 $\angle AOB=180°-90°=90°$이므로
오각형 OECDF에서
$\angle AEC=540°-(160°+90°+\angle C+\angle D)$
$$=540°-(250°+180°)=110°$$
　　　　　　　　　　　　　답 ②

15 $\overline{AB}=\overline{CD}$, $\angle ABE=\angle CDF$(엇각)이므로
$\triangle ABE\equiv\triangle CDF$(RHA합동)
∴ $\overline{AE}=\overline{CF}$
$\overline{AD}=\overline{CB}$, $\overline{BE}=\overline{DF}$, $\angle ADF=\angle CBE$(엇각)
이므로
$\triangle ADF\equiv\triangle CBE$(SAS합동)
∴ $\overline{AF}\,/\!/\,\overline{CE}$, $\overline{AF}=\overline{CE}$ 　　답 ⑤

16 $\angle D=180°-(65°+55°)=60°$이므로
$\angle B=60°$
∴ $\angle ABE=60°-15°=45°$ 　　답 45°

17 ② 한 쌍의 대변이 평행하고, 그 길이가 같은 사각형은 평행사변형이다.
⑤ 두 쌍의 대변의 길이가 각각 같은 사각형은 평행사변형이다. 　　답 ②, ⑤

18 (마) : $\overline{PC}$ 　　　　　　　　답 ⑤

19 $\angle ADC=80°$이므로
$\angle ADF=\angle DFC=40°$
$\triangle GFE$에서 $\angle AEB=90°-40°=50°$ 　답 ④

20 ① 두 쌍의 대각의 크기가 각각 같으므로 평행사변형이다.
②, ⑤ 한 쌍의 대변이 평행하고, 그 길이가 같으므로 평행사변형이다.
③ 두 대각선이 서로 다른 것을 이등분하므로 평행사변형이다. 　　　　답 ④

21 $\triangle ABC = \dfrac{1}{2} \times 3 \times 4 = 6 (\text{cm}^2)$

$\square ABCD = 2\triangle ABC = 12(\text{cm}^2)$

점 A에서 $\overline{BC}$에 내린 수선의 길이를 h cm라 하

면 $5h = 12$ $\therefore h = \dfrac{12}{5}(\text{cm})$

$\angle AFB = \angle FBC$(엇각)이므로

$\overline{AF} = \overline{AB} = 3(\text{cm})$

$\therefore \triangle ABF = \dfrac{1}{2} \times 3 \times \dfrac{12}{5} = \dfrac{18}{5}(\text{cm}^2)$

답 $\dfrac{18}{5}\,\text{cm}^2$

채점 기준	
$\square ABCD$의 넓이 구하기	20%
점 A에서 $\overline{BC}$에 내린 수선의 길이 구하기	40%
$\overline{AF}$의 길이 구하기	20%
답 구하기	20%

22 $\triangle DBE$와 $\triangle ABC$에서

$\overline{DB} = \overline{AB}$, $\overline{BE} = \overline{BC}$,

$\angle DBE = 60° - \angle EBA = \angle ABC$

이므로 $\triangle DBE \equiv \triangle ABC$(SAS 합동)

$\triangle ABC$와 $\triangle FEC$에서

$\overline{BC} = \overline{EC}$, $\overline{AC} = \overline{FC}$,

$\angle BCA = 60° - \angle ACE = \angle ECF$

이므로 $\triangle ABC \equiv \triangle FEC$(SAS 합동)

즉 $\triangle DBE \equiv \triangle ABC \equiv \triangle FEC$이므로

$\overline{DE} = \overline{FC} = \overline{AF}$, $\overline{EF} = \overline{BD} = \overline{DA}$

따라서 두 쌍의 대변의 길이가 각각 같으므로

$\square DAFE$는 평행사변형이다.

답 (ㄱ), (ㄴ), (ㄹ), (ㅁ)

23 $\triangle OBC = \dfrac{1}{2}\triangle DBC = \dfrac{1}{2} \times \dfrac{1}{2}\square ABCD$

$= \dfrac{1}{4} \times 72 = 18(\text{cm}^2)$ **답** $18\,\text{cm}^2$

24 $\overline{OA} = \overline{OC}$, $\angle OAE = \angle OCF$(엇각),

$\angle AOE = \angle COF$(맞꼭지각)이므로

$\triangle AOE \equiv \triangle COF$(ASA합동)

$\therefore \triangle AOE + \triangle BOF = \triangle COF + \triangle BOF$

$= \triangle OBC$

$= \dfrac{1}{4}\square ABCD$

$= \dfrac{1}{4} \times 80$

$= 20(\text{cm}^2)$ **답** ②

25 $\overline{MN}$을 그으면

$\square ABNM$, $\square MNCD$는

모두 평행사변형이므로

$\triangle MPN = \dfrac{1}{4}\square ABNM$

$\triangle MNQ = \dfrac{1}{4}\square MNCD$

$\therefore \square MPNQ = \triangle MPN + \triangle MNQ$

$= \dfrac{1}{4}\square ABNM + \dfrac{1}{4}\square MNCD$

$= \dfrac{1}{4}\square ABCD$

$= \dfrac{1}{4} \times 32 = 8(\text{cm}^2)$ **답** ②

26 두 대각선이 서로 다른 것을 이등분하므로

$\square BFED$는 평행사변형이고

$\triangle BCD = \dfrac{1}{2}\square ABCD = \dfrac{1}{2} \times 20 = 10(\text{cm}^2)$

$\therefore \square BFED = 4\triangle BCD$

$= 4 \times 10 = 40(\text{cm}^2)$ **답** $40\,\text{cm}^2$

27 $\triangle ABP + \triangle PCD = \dfrac{1}{2}\square ABCD$

$\triangle APD + \triangle PBC = \dfrac{1}{2}\square ABCD$

$\therefore \triangle APD = \dfrac{1}{2}\square ABCD - \triangle PBC$

$= \triangle ABP + \triangle PCD - \triangle PBC$

$= 18 + 30 - 16$

$= 32(\text{cm}^2)$ **답** $32\,\text{cm}^2$

채점 기준	
$\triangle ABP + \triangle PCD = \dfrac{1}{2}\square ABCD$임을 알기	30%
$\triangle APD + \triangle PBC = \dfrac{1}{2}\square ABCD$임을 알기	30%
답 구하기	40%

P. 88

Step4 유형클리닉

1 ∠DAF=∠AFB(엇각)이므로

∠BAF=∠AFB

즉 △ABF가 이등변삼각형이므로

$\overline{BF}=\overline{AB}=8(cm)$

∴ $\overline{FC}=\overline{BC}-\overline{BF}=10-8=2(cm)$

같은 방법으로 $\overline{CE}=\overline{CD}=8(cm)$

∴ $\overline{EF}=\overline{CE}-\overline{FC}=8-2=6(cm)$

답 6 cm

1-1 ∠AEB=∠EBC=35°(엇각)이고

$\overline{AB}=\overline{AE}$이므로

∠AEB=∠ABE=35°

따라서 ∠A=180°-2×35°=110°이므로

∠x=∠A=110°

답 110°

1-2 ∠DAE=∠AEC=40°(엇각)이므로

∠DAC=2×40°=80°

또 ∠D=∠B=70°이므로 △ACD에서

∠x=180°-(80°+70°)=30°

답 30°

2 △PAB+△PCD=△PBC+△PDA

$\qquad\qquad=\dfrac{1}{2}\square ABCD$

이므로

△PAB+△PCD=$\dfrac{1}{2}\times40$

$\qquad\qquad\qquad=20(cm^2)$

답 20 cm²

2-1 (1) △PAB+△PCD=△PBC+△PDA이므로

15+10=△PBC+9

∴ △PBC=16(cm²)

답 16 cm²

(2) △PAB+△PCD=$\dfrac{1}{2}\square ABCD$이므로

△PCD=$\dfrac{1}{2}\times60-18$

$\qquad\quad=12(cm^2)$

답 12 cm²

P. 89

Step5 서술형 만점 대비

1 $\overline{AD}=\overline{BC}=9(cm)$

$\overline{OA}=\overline{OC}=\dfrac{1}{2}\times10=5(cm)$

$\overline{OD}=\overline{OB}=\dfrac{1}{2}\times12=6(cm)$

따라서 △ODA의 둘레의 길이는

9+5+6=20(cm)

답 20 cm

채점 기준

$\overline{AD}$의 길이 구하기	30%
$\overline{OA}$의 길이 구하기	30%
$\overline{OD}$의 길이 구하기	30%
답 구하기	10%

2 ∠D=∠B=60°이고 $\overline{DA}=\overline{DF}=12cm$이므로

∠DAF=∠DFA=$\dfrac{1}{2}(180°-60°)=60°$

따라서 ∠BAE=∠BEA=60°이므로

$\overline{AE}=\overline{BE}=9(cm)$, $\overline{EC}=12-9=3(cm)$

∴ $\overline{AE}+\overline{EC}=9+3=12(cm)$

답 12 cm

채점 기준

∠DAF, ∠DFA의 크기 구하기	30%
∠BAE, ∠BEA의 크기 구하기	30%
답 구하기	40%

3 △ABD=$\dfrac{1}{2}\square ABCD$, △BCD=$\dfrac{1}{2}\square ABCD$,

△AMN=$\dfrac{1}{3}$△ABD, △CMN=$\dfrac{1}{3}$△BCD

즉 △AMN=$\dfrac{1}{6}\square ABCD$,

△CMN=$\dfrac{1}{6}\square ABCD$이므로

$\square AMCN$=△AMN+△CMN

$\qquad\qquad=\dfrac{1}{6}\square ABCD+\dfrac{1}{6}\square ABCD$

$\qquad\qquad=\dfrac{1}{3}\square ABCD$

$\qquad\qquad=10(cm^2)$

답 10 cm²

3000제 꿀꺽수학

채점 기준

$\triangle AMN = \frac{1}{3}\triangle ABD,\ \triangle CMN = \frac{1}{3}\triangle BCD$ 임을 알기	40%
$\triangle AMN = \triangle CMN = \frac{1}{6}\square ABCD$임을 알기	40%
답 구하기	20%

4 점 P에서 $\overline{BD}$에 내린 수선의 발을 S라 하고 $\overline{PQ}$, $\overline{BD}$의 교점을 T라 하면

$\square SPRD$에서

$\overline{PR} = \overline{SD} = 5\,(cm)$

$\angle DBC + \angle C = 90°,\ \angle QPB + \angle B = 90°$

$\angle B = \angle C$이므로 $\angle DBC = \angle QPB$

$\therefore\ \overline{TB} = \overline{TP}$

$\triangle TBQ$와 $\triangle TPS$에서

$\overline{TB} = \overline{TP},\ \angle TQB = \angle TSP = 90°,$

$\angle BTQ = \angle PTS$(맞꼭지각)

이므로 $\triangle TBQ \equiv \triangle TPS$(RHA 합동)

$\therefore\ \overline{TQ} = \overline{TS}$

$\overline{SB} = \overline{ST} + \overline{TB} = \overline{TQ} + \overline{PT} = \overline{PQ} = 3\,cm$

$\therefore\ \overline{BD} = \overline{BS} + \overline{SD} = 3 + 5 = 8\,(cm)$

답 8 cm

채점 기준

$\overline{TB} = \overline{TP}$임을 알기	20%
$\triangle TBQ \equiv \triangle TPS$임을 알기	20%
$\overline{SB} = 3\,cm$임을 알기	40%
답 구하기	20%

04 여러 가지 사각형

P. 90~94

Step **1** 교과서 이해

01 직사각형

02 90

03 평행사변형

04 길이, 이등분한다.

05 ㈎ : $\overline{DC}$, ㈏ : 90, ㈐ : $\overline{BC}$, ㈑ : SAS

06 $x = 10,\ y = 40$

07 $x = 4,\ y = 60$

08 ㈎ : $\overline{DC}$, ㈏ : $\overline{BC}$, ㈐ : SSS,
㈑ : $\angle C$, ㈒ : 90

09 마름모

10 수직이등분

11 ㈎ : $\overline{AD}$, ㈏ : $\overline{OD}$, ㈐ : SSS,
㈑ : $\angle AOD$, ㈒ : 90

12 3 cm

13 90°

14 $\square ABCD = 4\triangle AOD$
$= 4 \times \frac{1}{2} \times 4 \times 3$
$= 24\,(cm^2)$

답 24 cm²

15 ㈎ : $\overline{DC}$, ㈏ : $\overline{BC}$, ㈐ : $\overline{DO}$,
㈑ : $\overline{AO}$, ㈒ : SAS, ㈓ : $\overline{AD}$

16 (가) : 평행사변형, (나) : $\overline{DC}$, (다) : $\overline{BC}$

17 $\angle ADC = 60°$

$\therefore \angle BAD = 120°$ ⋯ 답

18 정사각형

19 길이, 수직이등분

20 $\angle A = 90°$인 평행사변형 ABCD는 직사각형이다. ⋯⋯ ㉠

$\overline{AB} = \overline{BC}$인 평행사변형 ABCD는 마름모이다. ⋯⋯ ㉡

㉠, ㉡에서 □ABCD는 정사각형이다.

답 정사각형

21 $\overline{BD} = 2 \times 5 = 10(cm)$ 답 10 cm

22 $90°$

23 $\triangle AOD = \dfrac{1}{2} \times 5 \times 5 = \dfrac{25}{2}(cm^2)$

$\therefore \square ABCD = 4 \times \dfrac{25}{2} = 50(cm^2)$ 답 50 cm²

24 마름모

25 정사각형

26 정사각형

27 (가) : 직사각형, (나) : 변의 길이, (다) : 각의 크기

28 사다리꼴

29 등변사다리꼴

30 (가) : $\overline{DE}$, (나) : 동위각, (다) : $\angle C$,

(라) : 이등변삼각형, (마) : $\overline{DC}$

31 (가) : $\overline{BC}$, (나) : $\angle DCB$, (다) : $\overline{DC}$,

(라) : SAS

32 ○, ○, ○

33 ○, ×, ○

34 ×, ○, ○

35 ×, ×, ○

36 ×, ×, ×

37 ① $\overline{AB} = \overline{DC}$, $\angle B = \angle C$, $\overline{BC}$는 공통

$\therefore \triangle ABC \equiv \triangle DCB$

② $\overline{AB} = \overline{DC}$, $\angle A = \angle D$, $\overline{AD}$는 공통

$\therefore \triangle ABD \equiv \triangle DCA$

③ $\overline{AB} = \overline{DC}$, $\angle OAB = \angle ODC$,

$\angle OBA = \angle OCD$

$\therefore \triangle OAB \equiv \triangle ODC$

④ $\triangle ABC \equiv \triangle DCB$이므로 $\angle OBC = \angle OCB$

답 ⑤

38 (가) : $\overline{DC}$, (나) : $\angle DCB$, (다) : $\overline{BC}$,

(라) : SAS, (마) : $\angle DBC$, (바) : 밑각

39 (가) : 공통, (나) : $\overline{BC}$, (다) : $\triangle DBC$,

(라) : $\triangle OBC$, (마) : $\triangle OBC$

P. 95~96

Step 2 개념탄탄

01 $x = 90 - 25 = 65$, $y = \dfrac{1}{2} \times 12 = 6$

$\therefore x + y = 71$ 답 ③

02 (가) : $\overline{DC}$, (나) : $\overline{CM}$, (다) : $\overline{DM}$, (라) : SSS,

(마) : $\angle C$, (바) : 90, (사) : 직사각형

03 $\overline{PH} = 4\,cm$, $\overline{HC} = 4\,cm$

04 마름모

05 ∠PHC=58°이고 □PHCF가 마름모이므로

$$\angle CHF = \frac{1}{2} \times 58° = 29°$$

답 29°

06 $\overline{AB}=\overline{DC}$이므로

$2x+1=3x-11$ ∴ $x=12$

이때 $\overline{AB}=25$, $\overline{CD}=25$, $\overline{AD}=25$이므로

□ABCD는 마름모이다.

답 마름모

07 $\overline{OB}=\overline{OD}$이므로

$5x-1=3x+1$ ∴ $x=1$

따라서 $\overline{OB}=\overline{OD}=4$이므로

$\overline{AC}=\overline{BD}=8$

답 8

08 $8=3x-1$ ∴ $x=3$

△DAC에서 $\overline{DA}=\overline{DC}$이므로 $y=70$

∴ $x+y=73$

답 ②

09 ∠ABC=55°이므로 ∠DBC=55°−25°=30°

∴ ∠ADB=∠DBC(엇각)

$=30°$

답 ②

10 점 D에서 $\overline{BC}$에 내린 수선
의 발을 E′이라 하면

$\overline{EE'}=\overline{AD}=6\,cm$

△ABE≡△DCE′

(RHA합동)이므로

$\overline{BE}=\overline{CE'}=\frac{1}{2}(14-6)=4(cm)$

답 ③

11 (가) : 180, (나) : 90, (다) : 90, (라) : 180,

(마) : ∠C, (바) : 90 (사) : 90, (아) : 90,

(자) : 직사각형

P. 97~102

Step 3 실력완성

1 $\triangle DBC = \frac{1}{2} \times 8 \times 6 = \frac{1}{2} \times 10 \times \overline{CH}$

∴ $\overline{CH} = \frac{24}{5}$ (cm)

답 ⑤

2 △ABM과 △DCM에서

$\overline{AM}=\overline{DM}$, ∠A=∠D=90°, $\overline{AB}=\overline{DC}$

이므로 △ABM≡△DCM(SAS합동)

따라서 $\overline{MB}=\overline{MC}$이므로 △MBC는 이등변삼
각형이다.

∠MBC=90°−50°=40°, ∠MCB=40°

∴ ∠x=180°−(40°+40°)=100°

답 100°

3 ① ∠A+∠B=180°이므로 ∠A=∠B이면
∠A=90°

② $\overline{AO}=\overline{CO}$, $\overline{BO}=\overline{DO}$이므로 $\overline{AO}=\overline{DO}$이면
$\overline{AO}=\overline{BO}=\overline{CO}=\overline{DO}$, 즉 $\overline{AC}=\overline{BD}$

④ $\overline{AC}\perp\overline{BD}$이면 평행사변형 ABCD는 마름모
가 된다.

⑤ ∠DAO=∠ADO이면 $\overline{AO}=\overline{DO}$

∴ $\overline{AC}=\overline{BD}$

답 ④

4 $\overline{AB}=\overline{AD}$이므로 ∠ABO=∠ADO=42°

∠AOD=90°이므로 ∠x=90°−42°=48°

$\overline{AB}//\overline{DC}$이므로 ∠y=42°

답 ∠x=48°, ∠y=42°

5 ④ 두 대각선이 수직인 평행사변형은 마름모이
다.

답 ④

6 ①

7 이웃하는 두 변의 길이가 같은 평행사변형은 마
름모이다.

∠BAO=∠BCO이면 △ABC가 이등변삼각
형이므로 $\overline{AB}=\overline{BC}$이다.

답 ③

8 평행사변형 ABCD에서 ∠A=90°이면
□ABCD는 직사각형이다.　……㉠
평행사변형 ABCD에서 $\overline{AC}\perp\overline{BD}$이면
□ABCD는 마름모이다.　……㉡
㉠, ㉡에서 □ABCD는 정사각형이다.　**답**⑤

9 ②, ⑤

10 ② 두 대각선의 길이가 같은 마름모는 정사각형
이다.　**답**②

11 $\overline{AB}=\overline{DC}$, $\overline{AB}/\!/\overline{DC}$이므로 □ABCD는 평행
사변형이다.
평행사변형 ABCD에서 $\overline{AC}=\overline{BD}$이므로
□ABCD는 직사각형이다.　……㉠
평행사변형 ABCD에서 $\overline{AC}\perp\overline{BD}$이므로
□ABCD는 마름모이다.　……㉡
㉠, ㉡에서 □ABCD는 정사각형이다.
답 정사각형

12 오른쪽 그림과 같이 $\overline{CD}$의 연
장선 위에 $\overline{BP}=\overline{DB'}$이 되도
록 점 B′을 잡으면
△ABP≡△ADB′(SAS 합동)
∠AQD=∠x라 하면
∠QAD=90°−∠x,
∠BAQ=∠AQD=∠x
∠BAP=∠x−45°　∴ ∠B′AD=∠x−45°
∠QAB′=∠x−45°+90°−∠x=45°
△APQ와 △AB′Q에서
$\overline{AQ}$는 공통, $\overline{AP}=\overline{AB'}$,
∠QAP=∠QAB′=45°
이므로 △APQ≡△AB′Q(SAS 합동)
∴ ∠x=∠AQP=180°−(45°+60°)=75°
답75°

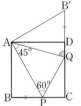

채점 기준	
$\overline{CD}$의 연장선 위에 $\overline{BP}=\overline{DB'}$이 되도록 점 B′잡기	20%
∠QAB′의 크기 구하기	40%
△APQ≡△AB′Q임을 알기	20%
답 구하기	20%

13 ② 마름모의 두 대각선의 길이는 같지 않다.
답②

14 ㉡, ㉣, ㉻

15 ⑤ $\overline{OA}=\overline{OB}=\overline{OC}=\overline{OD}$이면 $\overline{AC}=\overline{BD}$이므로
□ABCD는 직사각형이다.　**답**⑤

16 $\overline{BC}$의 중점을 F라 하면
$\overline{AD}=\overline{BF}$, $\overline{AD}/\!/\overline{BF}$이
고 $\overline{AB}=\overline{AD}$이므로
□ABFD는 마름모이다.

∴ $\overline{AB}=\overline{DF}$
$\overline{DF}=\overline{DC}=\overline{FC}$이므로 △DFC는 정삼각형이다.
∴ ∠DFC=60°
또 $\overline{BF}=\overline{DF}$이므로 ∠DBC=∠BDF
∴ ∠DBC+∠BDF=2∠DBC
　　　　　　　　 =∠DFC=60°
∴ ∠DBC=30°　**답**30°

채점 기준	
□ABFD가 마름모임을 알기	30%
△DFC가 정삼각형임을 알기	30%
∠DBC=∠BDF임을 알기	20%
답 구하기	20%

17 점 D를 지나고 $\overline{AB}$에 평
행한 직선이 $\overline{BC}$와 만나는
점을 E라 하면 □ABED
는 평행사변형이므로

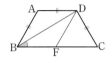

$\overline{BE}=\overline{AD}=5$(cm)
∠B=∠C=60°, ∠B=∠DEC(동위각)이므로
△DEC는 정삼각형이다.
즉, $\overline{EC}=\overline{DC}=7$(cm)이므로
$\overline{BC}=5+7=12$(cm)　**답**④

18 △ABG와 △DFG에서
$\overline{AB}=\overline{DF}$, ∠ABG=∠DFG(엇각),
　∠BAG=∠FDG(엇각)
∴ △ABG≡△DFG(ASA 합동)
∴ $\overline{AG}=\overline{DG}$

그런데 $\overline{AD}=2\overline{AB}$이므로

$\overline{AB}=\overline{AG}$

같은 방법으로 $\overline{AB}=\overline{BH}$

또, □ABHG는 평행사변형이므로 $\overline{AB}=\overline{GH}$

따라서 □ABHG는 마름모이다.

① $\overline{AB}=\overline{AG}$ ② $\overline{AH}\perp\overline{BG}$

③ $\overline{BH}=\overline{CH}=\overline{CD}=\overline{CE}$

④ $\overline{AB}=\overline{GH}=\overline{CD}$ **답** ⑤

19 △ABE≡△BCF(SAS 합동)이므로

$\angle BAE=\angle CBF$

$\therefore \angle AGF=\angle BAE+\angle ABG$

$\qquad =\angle CBF+\angle ABG=90°$

답 $90°$

20 △BEG$=a\,\text{cm}^2$라고 하면

△ABE$=30+a(\text{cm}^2)$

△BCF$=a+$□GECF

$\therefore$ □GECF$=30(\text{cm}^2)$ **답** $30\,\text{cm}^2$

21 $\angle PDS=\angle RBQ$, $\angle RQS=45°$

$\therefore \angle RBQ=45°-20°=25°$ **답** ③

22 $\angle ABD=\angle DBC=\angle ADB=\angle a$라고 하면

$\angle B=\angle C=2\angle a$, $\angle A=\angle D=90°+\angle a$

$\angle A+\angle B=180°$이므로

$90°+\angle a+2\angle a=180°$, $3\angle a=90°$, $\angle a=30°$

$\therefore \angle C=2\angle a=60°$ **답** ③

23 $\angle ABE=\angle a$라 하면 △ABE에서 $\overline{AB}=\overline{AE}$

이므로

$\angle AEB=\angle ABE=\angle a$,

$\angle BAE=180°-2\angle a$

$\therefore \angle BAC=(180°-2\angle a)-\angle CAE$

$\qquad =(180°-2\angle a)-90°$

$\qquad =90°-2\angle a$

△ABC에서 $\overline{AB}=\overline{AC}$이므로

$\angle ABC=\dfrac{1}{2}\{180°-(90°-2\angle a)\}=45°+\angle a$

$\therefore \angle EBC=(45°+\angle a)-\angle a=45°$

답 $45°$

24 □ABCD는 $\angle BAD=90°$인 마름모이므로 정사각형이다.

따라서 $\angle DBC=45°$, $\angle OBE=20°$이므로

$\angle EBC=45°-20°=25°$ **답** $25°$

25 ④, ⑤

26 (가) : △ACE, (나) : △ACE, (다) : △ABE

27 (ㄱ), (ㄷ), (ㄹ)

28 □ABCD$=40\text{cm}^2$, △ECD$=$△BCD$=20\text{cm}^2$

점 F를 지나고 $\overline{AB}$에 평행한 직선이 $\overline{AD}$와 만나는 점을 G라 하면

△ABF$=$△AFG$=$△GFD$=$△DFC$=10\text{cm}^2$

$\therefore$ △EFC$=$△ECD$-$△DFC

$\qquad =20-10=10(\text{cm}^2)$ **답** $10\,\text{cm}^2$

29 (i) B의 말이 옳은 경우 : 정사각형은 사다리꼴, 마름모, 평행사변형이므로 B, C, D, E의 말이 모두 옳다. 그런데 한 명의 말이 옳지 않으므로 B의 말은 옳지 않다.

(ii) D의 말이 옳은 경우 : 마름모는 사다리꼴, 평행사변형이고 정사각형은 아니다. 이때 B의 말만 옳지 않으므로 A가 칠판에 그린 도형은 마름모이다.   **답** 마름모

30 $\angle ABP=90°-\angle PBC=90°-60°=30°$

$\angle BPA=\dfrac{1}{2}(180°-30°)=75°$

$\therefore \angle APD=360°-(75°+60°+75°)$

$\qquad =150°$ **답** ④

31 $\triangle DOC = \triangle AOB = \triangle ABC - \triangle OBC$

$\qquad = 50 - 30 = 20(\text{cm}^2)$ 　답 $20\,\text{cm}^2$

32 $\triangle ABQ : \triangle AQC = 1 : 2$이므로

$\triangle AQC = 36 \times \dfrac{2}{1+2} = 24(\text{cm}^2)$

$\triangle PAQ : \triangle PQC = 2 : 1$이므로

$\triangle PQC = \dfrac{1}{3}\triangle AQC = \dfrac{1}{3} \times 24$

$\qquad = 8(\text{cm}^2)$ 　답 $8\,\text{cm}^2$

채점 기준	
$\triangle AQC$의 넓이 구하기	30%
$\triangle PAQ : \triangle PQC = 2 : 1$임을 알기	30%
답 구하기	40%

33 $\triangle ABF = \triangle DBF$, $\triangle BDC = \triangle EDC$

$\triangle BDC - \triangle FDC = \triangle EDC - \triangle FDC$

따라서 $\triangle DBF = \triangle EFC$이므로

$\triangle ABF = \triangle DBF = \triangle EFC$ 　답 ③

34 $\square AQPC = \triangle AQP + \triangle APC$

$\qquad = \triangle AMP + \triangle APC$

$\qquad = \triangle AMC = \dfrac{1}{2} \times 40 = 20(\text{cm}^2)$

　답 $20\,\text{cm}^2$

35 $\triangle AED$와 $\triangle BED$는 밑변의 길이와 높이가 같

으므로 $\triangle AED = \triangle BED$

$\therefore \triangle AFD = \triangle BEF$

$\triangle ABD = \triangle BCD = \dfrac{1}{2}\square ABCD$에서

$\triangle ABD = \triangle ABF + \triangle AFD = 16 + \triangle AFD$

$\triangle BCD = \triangle BCE + \triangle BEF + \triangle DFE$

$\qquad = 13 + \triangle BEF + \triangle DFE$

$16 = 13 + \triangle DFE$

$\therefore \triangle DFE = 3(\text{cm}^2)$ 　답 $3\,\text{cm}^2$

채점 기준	
$\triangle AFD = \triangle BEF$임을 알기	30%
$\triangle ABD = \triangle BCD = \dfrac{1}{2}\square ABCD$임을 이용하여 식 세우기	50%
답 구하기	20%

P. 103~104

Step4 유형클리닉

1 $\angle C'BE = 180° - (90° + 62°) = 28°$

$\angle C'BE = \angle EBC$(접은 각)이므로

$\angle C'BC = 2 \times 28° = 56°$

$\therefore \angle x = \angle C'BC = 56°$(엇각) 　답 $56°$

1-1 $\angle ADB = 180° - (90° + 65°) = 25°$

$\angle ADB = \angle BDA'$(접은 각)이므로

$\angle ADA' = 2 \times 25° = 50°$

$\therefore \angle x = \angle ADA' = 50°$(엇각) 　답 $50°$

1-2 $\angle AEB = 70°$(엇각)이므로

$\angle AEC = 110°$

$\therefore \angle AEF = \angle FEC = \dfrac{1}{2} \times 110° = 55°$

$\therefore \angle AFE = \angle FEC = 55°$(엇각) 　답 $55°$

2 $\triangle OCI$와 $\triangle OBH$에서

$\overline{OC} = \overline{OB}$, $\angle OCI = \angle OBH = 45°$,

$\angle COI = 90° - \angle HOC = \angle BOH$

이므로 $\triangle OCI \equiv \triangle OBH$(ASA 합동)

$\therefore \square OHCI = \triangle OBC$

$\qquad = \dfrac{1}{4}\square ABCD$

$\qquad = \dfrac{1}{4} \times 4 \times 4 = 4(\text{cm}^2)$ 　답 $4\,\text{cm}^2$

2-1 $\triangle OBH \equiv \triangle OCI$(ASA 합동)이므로

$\square OHCI = \dfrac{1}{4}\square ABCD$

따라서 구하는 넓이는

$\square ABCD - \square OHCI$

$= \square ABCD - \dfrac{1}{4}\square ABCD$

$= \dfrac{3}{4}\square ABCD$

$= \dfrac{3}{4} \times 8 \times 8 = 48(\text{cm}^2)$ 　답 $48\,\text{cm}^2$

3 □EFGH도 평행사변형이므로

∠HEF + ∠EHG = 180°에서

$x + 75 = 180$ ∴ $x = 105$

$\overline{EF} = \overline{HG}$에서 $y = 6$

∴ $x + y = 111$ **답** 111

3-1 사각형의 각 변의 중점을 연결하여 만든 사각형은 평행사변형이다.   **답** 평행사변형

3-2 □EFGH도 정사각형이므로

□EFGH = $6 \times 6 = 36(\text{cm}^2)$

∴ □ABCD = 2□EFGH

= $72(\text{cm}^2)$ **답** $72\,\text{cm}^2$

4 $\overline{BD} = 3\text{cm}$이므로

△ABD = 9cm^2, △ADC = 18cm^2

$\overline{AD} \, / \! / \, \overline{EC}$이므로

△EAD = △ADC = $18(\text{cm}^2)$ **답** $18\,\text{cm}^2$

4-1 $\overline{AC} \, / \! / \, \overline{FE}$이므로 △ACF = △ACE

$\overline{AB} \, / \! / \, \overline{EC}$이므로 △ACE = △EBC = 30cm^2

∴ △ACF = $30(\text{cm}^2)$ **답** $30\,\text{cm}^2$

4-2 $\overline{AB} \, / \! / \, \overline{CD}$이므로

△DAB = △OAB

따라서 구하는 넓이는 부채꼴 OAB의 넓이와 같으므로

$\frac{1}{2} \times 2 \times 2\pi \times 2 \times \frac{1}{6} = \frac{2}{3}\pi (\text{cm}^2)$ **답** $\frac{2}{3}\pi\ \text{cm}^2$

P. 105

Step5 서술형 만점 대비

1 $\overline{AB} \, / \! / \, \overline{FC}$이므로 ∠ABF = ∠F

∠ABF = ∠FBC이므로 ∠FBC = ∠F

∴ $\overline{BC} = \overline{CF} = 10\,\text{cm}$

∠DAE = ∠EAB = ∠AEF

∴ $\overline{AD} = \overline{ED} = 10\,\text{cm}$

$\overline{FD} = \overline{CF} - \overline{AB} = 2\,\text{cm}$

$\overline{CE} = \overline{ED} - \overline{AB} = 2\,\text{cm}$

∴ $\overline{EF} = 2 + 8 + 2 = 12(\text{cm})$ **답** $12\,\text{cm}$

채점 기준

$\overline{CF}$, $\overline{DE}$의 길이 구하기	40%
$\overline{FD}$, $\overline{CE}$의 길이 구하기	40%
답 구하기	20%

2 $\overline{AB} = 2a$, $\overline{BC} = 3a$라 하면

$\overline{AM} = \overline{BM} = a$, $\overline{BQ} = 2a$, $\overline{QC} = a$이므로

△MBQ와 △QCD에서

$\overline{MB} = \overline{QC}$, $\overline{BQ} = \overline{CD}$, ∠B = ∠C = 90°

이므로 △MBQ ≡ △QCD(SAS 합동)

따라서 $\overline{MQ} = \overline{QD}$, ∠BQM = ∠CDQ = ∠$y$이므로

∠DQM = 90°, ∠MDQ = 45°

∴ ∠x + ∠y = 90° - 45° = 45°   **답** 45°

채점 기준

△MBQ ≡ △QCD임을 알기	40%
∠DQM = 90°, ∠MDQ = 45°임을 알기	40%
답 구하기	20%

3 △AOE와 △COF에서

$\overline{AO} = \overline{CO}$, ∠AOE = ∠COF, ∠EAO = ∠FCO

이므로 △AOE ≡ △COF(ASA 합동)

따라서 $\overline{EO} = \overline{FO}$이므로 □AFCE는 마름모이다.

∴ $\overline{AF} = \overline{AE} = 6$ **답** 6

채점 기준

△AOE ≡ △COF임을 알기	40%
□AFCE가 마름모임을 알기	40%
답 구하기	20%

4 $\overline{CM}$을 그으면

$\triangle CDM = \triangle PDM$

$\triangle DMB + \triangle CDM$

$= \triangle DMB + \triangle PDM$

$\therefore \triangle BCM = \triangle BDP$

$\triangle BCM = \dfrac{1}{2}\triangle ABC = \dfrac{1}{2} \times \dfrac{1}{2} \times 5 \times 8 = 10$

$\therefore \triangle BDP = 10$ **답** 10

채점 기준	
$\triangle CDM = \triangle PDM$, $\triangle BCM = \triangle BDP$임을 알기	60%
$\triangle BCM$의 넓이 구하기	30%
답 구하기	10%

P. 106~108

Step 6 도전 1등급

1 $\overline{AB} = \overline{AC}$, $\overline{BE} = \overline{CD}$, $\angle ABE = \angle ACD$

이므로 $\triangle ABE \equiv \triangle ACD$(SAS 합동)

즉 $\overline{AE} = \overline{AD}$이므로 $\triangle ADE$는 이등변삼각형

이다.

$\therefore \angle ADE = \angle AED = \dfrac{1}{2}(180° - 46°) = 67°$

그런데 $\overline{CA} = \overline{CD}$이므로

$\angle CAD = \angle CDA = 67°$

$\therefore \angle CAE = \angle CAD - \angle EAD$

$= 67° - 46° = 21°$ **답** ④

2 $\angle ABC = \dfrac{1}{2}(180° - 50°) = 65°$이므로

$\angle EBC = 65° - 32° = 33°$

$\triangle DBC \equiv \triangle ECB$(SAS 합동)이므로

$\angle DCB = \angle EBC = 33°$

따라서 $\triangle PBC$에서

$\angle EPC = 33° + 33° = 66°$ **답** 66°

3 점 O가 $\triangle ABC$의 외심이므로 $\overline{OD}$, $\overline{OE}$, $\overline{OF}$

는 각각 $\overline{AB}$, $\overline{BC}$, $\overline{CA}$의 수직이등분선이다.

$\triangle OAD \equiv \triangle OBD$, $\triangle OBE \equiv \triangle OCE$,

$\triangle OCF \equiv \triangle OAF$(RHS 합동)이고 합동인 삼각

형은 넓이가 같으므로

$\triangle ABC = \triangle OAB + \triangle OBC + \triangle OCA$

$= 2(\triangle OAD + \triangle OCE + \triangle OCF)$

$= 2(\triangle OAD + \square OECF)$

$= 2\left(\dfrac{1}{2} \times 4 \times 3 + 8\right)$

$= 28(cm^2)$ **답** 28 cm²

4 $\angle ADB = \angle DBC = 40°$(엇각)

$\overline{AB} = \overline{AD}$이므로

$\angle ADB = \angle ABD = 40°$

$\therefore \angle DAB = 180° - 2 \times 40° = 100°$

점 I는 $\triangle ABD$의 내심이므로

$\angle DAI = \dfrac{1}{2}\angle DAB = 50°$

또 $\overline{BD}=\overline{BC}$이므로

$\angle BDC=\dfrac{1}{2}(180°-40°)=70°$

점 I′이 △BCD의 내심이므로

$\angle BDI'=\dfrac{1}{2}\angle BDC=35°$

따라서 △AED에서

$\angle AED=180°-(50°+40°+35°)=55°$

답 55°

5 점 I가 내심이므로

$\angle A=2\angle CAI=70°$

$\therefore \angle CAO=70°-25°=45°$

$\overline{OB}$, $\overline{OC}$를 그으면 점 O가 외심이므로

$\angle OCA=\angle OAC=45°$,

$\angle BOC=2\angle A=140°$,

$\angle OCB=\angle OBC=\dfrac{1}{2}(180°-140°)=20°$

$\therefore \angle ACE=\angle OCA+\angle OCB$

$\qquad\qquad =45°+20°=65°$

따라서 △AEC에서

$\angle AED=35°+65°=100°$

답 100°

6 $\overline{ID}$, $\overline{IE}$를 그으면

$\angle IDB=\angle IEB=90°$

□DBEI에서

$\angle DIE=360°-(90°+40°+90°)°=140°$

점 I는 △DEF의 외심이므로

$\angle DIE=2\angle DFE$

$\therefore \angle DFE=\dfrac{1}{2}\times140°=70°$

답 ③

7

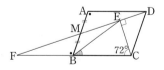

$\overline{CB}$의 연장선과 $\overline{DM}$의 연장선이 만나는 점을 F

라고 하면

$\angle DAM=\angle FBM$(엇각), $\overline{AM}=\overline{BM}$,

$\angle AMD=\angle BMF$(맞꼭지각)

이므로 △DAM≡△FBM(ASA 합동)

$\therefore \overline{AD}=\overline{BF}=\overline{BC}$

즉, 점 B는 직각삼각형 FCE의 빗변의 중점이

므로 △FCE의 외심이다.

따라서 $\overline{BF}=\overline{BC}=\overline{BE}$이므로

$\angle BEC=\angle BCE=72°$

$\therefore \angle CBE=180°-2\times72°=36°$

답 36°

8 △ABC≡△DBF≡△EFC(SAS 합동)

이므로 $\overline{AC}=\overline{DF}=\overline{AE}$, $\overline{BD}=\overline{FE}=\overline{DA}$

따라서 □AEFD는 두 쌍의 대변의 길이가 각

각 같으므로 평행사변형이다.

$\therefore$ (□AEFD의 둘레의 길이)$=2(3+4)$

$\qquad\qquad\qquad\qquad\qquad =14(cm)$

답 ②

9 $\overline{DE}=\overline{DF}$이므로 $\angle DEF=\angle DFE$

$\angle AFO=\angle DFE$(맞꼭지각)이고

$\overline{AB}\,/\!/\,\overline{DC}$이므로 $\angle BAF=\angle DEF$(엇각)

즉 $\angle BAF=\angle BFA$이므로 △ABF는 이등변

삼각형이다.

$\therefore \overline{AB}=\overline{BF}$

$\overline{BF}=\overline{BD}-\overline{DF}=17-7=10(cm)$이므로

$\overline{AB}=10\,cm$

$\therefore \overline{CE}=10-7=3(cm)$

답 ③

10 △ABH와 △DFH에서

$\overline{AB}=\overline{DF}$, $\angle ABH=\angle DFH$(엇각),

$\angle BAH=\angle FDH$(엇각)이므로

△ABH≡△DFH(ASA 합동)

$\therefore \overline{AH}=\overline{DH}$

$\overline{BC}=2\overline{AB}=\overline{AD}$이므로 $\overline{AH}=\overline{DH}=\overline{AB}$

같은 방법으로 △ABG≡△ECG(ASA 합동)

이므로 $\overline{BG}=\overline{CG}=\overline{AB}$

따라서 $\overline{AH}\,/\!/\,\overline{BG}$, $\overline{AH}=\overline{BG}$에서 □ABGH

는 평행사변형이고, $\overline{AB}=\overline{AH}$에서 이웃하는 두

변의 길이가 같으므로 □ABGH는 마름모이다.

즉 $\overline{AG}\perp\overline{BH}$이므로

$\angle OEF+\angle OFE=\angle AOH=90°$

답 90°

11 $\overline{AQ} : \overline{QP} = 2 : 1$이므로

$\triangle OAQ = 2\triangle OPQ = 2 \times 3 = 6(\text{cm}^2)$

$\overline{AO} = \overline{CO}$이므로

$\triangle AOP = \triangle COP = 6 + 3 = 9(\text{cm}^2)$

따라서 $\triangle ACP = 9 + 9 = 18(\text{cm}^2)$이므로

$\square ABCD = 2\triangle ACD = 2 \times 2\triangle ACP$

$\qquad\qquad = 4 \times 18 = 72(\text{cm}^2)$ **답** ④

12 $\square ABCD = \dfrac{1}{2} \times 6 \times 8 = 24$

점 P와 $\square ABCD$의 각 꼭

짓점을 이으면

$\square ABCD$

$= \triangle PAB + \triangle PBC$

$\quad + \triangle PCD + \triangle PDA$

$= \dfrac{1}{2} \times 5 \times d_1 + \dfrac{1}{2} \times 5 \times d_2$

$\quad + \dfrac{1}{2} \times 5 \times d_3 + \dfrac{1}{2} \times 5 \times d_4$

$= \dfrac{5}{2}(d_1 + d_2 + d_3 + d_4)$

즉 $\dfrac{5}{2}(d_1 + d_2 + d_3 + d_4) = 24$이므로

$d_1 + d_2 + d_3 + d_4 = \dfrac{48}{5}$ **답** $\dfrac{48}{5}$

P. 109~112

Step 7 대단원 성취도 평가

1 $\angle BAD = \angle CAD = 180° - (90° + 68°)$

$\qquad\qquad\quad = 22°$ **답** ②

2 $\triangle ABN \equiv \triangle ACM(\text{SAS 합동})$

$\triangle MBC \equiv \triangle NCB(\text{SAS 합동})$

$\triangle MBE \equiv \triangle NCE(\text{SAS 합동})$

따라서 옳지 않은 것은 ⑤이다. **답** ⑤

3 $\triangle ACF \equiv \triangle CBE \equiv \triangle BAD$ (SAS 합동)

$\triangle ARF \equiv \triangle BPD \equiv \triangle CQE$ (ASA 합동)

$\overline{FR} = \overline{DP} = \overline{EQ}$이므로 옳지 않은 것은 ④이다.

답 ④

4 $\angle B = \dfrac{1}{2}\angle AOC = 60°$

$\angle BAO = \angle ABO = \angle B - \angle OBC$

$\qquad\qquad\quad = 60° - 25° = 35°$ **답** ④

5 ① RHA 합동 ② RHS 합동

④ SAS 합동 ⑤ ASA 합동 **답** ③

6 ② 두 대각선이 서로 다른 것을 이등분하므로 평

행사변형이다. **답** ②

7 $\triangle BEC \equiv \triangle DGC(\text{SAS 합동})$이므로

$\angle CGD = \angle BEC = 90° - 65° = 25°$ **답** ③

8 $\angle AIB = 360° \times \dfrac{6}{6+5+7} = 120°$

$90° + \dfrac{1}{2}\angle ACB = 120°, \ \dfrac{1}{2}\angle ACB = 30°$

$\therefore \angle ACB = 60°$ **답** ⑤

9 ④ $\overline{XD} = \overline{BY}, \ \overline{DC} = \overline{AB}$ **답** ④

10 $\overline{CB} = \overline{CD}$이므로

$\angle BDC = \dfrac{1}{2}(180° - 110°) = 35°$

$\therefore \angle APB = \angle DPH = 90° - 35° = 55°$ **답** ③

11 ③ 두 대각선이 수직인 평행사변형은 마름모이다.   **답** ③

12 $\overline{DB}=\overline{DI}$, $\overline{EC}=\overline{EI}$이므로
△ADE의 둘레의 길이는
$\overline{AD}+\overline{DE}+\overline{AE}=\overline{AD}+\overline{DI}+\overline{IE}+\overline{AE}$
$\qquad\qquad\qquad\quad =\overline{AD}+\overline{DB}+\overline{EC}+\overline{AE}$
$\qquad\qquad\qquad\quad =\overline{AB}+\overline{AC}$
$\qquad\qquad\qquad\quad =8+10=18(cm)$ **답** ③

13 $\overline{AD}/\!/\overline{FC}$이므로 $\angle ADE=\angle F=25°$
△AED≡△AEB (SAS 합동)이므로
$\angle ADE=\angle ABE=25°$
△EBC에서 $\angle ECB=45°$
$\therefore \angle BEC=180°-(65°+45°)=70°$ **답** ③

14 ④ 두 대각선의 길이가 같은 사다리꼴은 등변사다리꼴일 수도 있다.   **답** ④

15 △ABD와 △ACE에서
$\overline{AB}=\overline{AC}$, $\angle B=\angle C$, $\overline{BD}=\overline{CE}$
$\therefore$ △ABD≡△ACE (SAS 합동)
$\angle ADB=\angle AEC$이므로 $\angle ADE=\angle AED$
$\therefore \angle ADE=\frac{1}{2}(180°-30°)=75°$ **답** $75°$

16 점 O가 △ABC의 외심이므로
$\overline{OA}=\overline{OB}=\overline{OC}$
△OBC에서 $\angle OBC=\angle OCB=40°$
△OBA에서 $\angle OBA=\angle OAB=70°$
$\angle ACB=\angle x$라 하면
△OAC에서 $\angle OAC=\angle OCA=40°+\angle x$
△ABC에서 $70°+40°+\angle x+30°+\angle x=180°$
$2\angle x+140°=180°$ $\therefore \angle x=20°$ **답** $20°$

17 $\angle BAD=180°\times\frac{3}{3+2}=108°$,
$\angle PAD=108°\times\frac{1}{2}=54°$
$\therefore \angle APC=180°-54°=126°$ **답** $126°$

18 △ACD$=50\,cm^2$
△AEC$=50\times\frac{2}{5}=20\,cm^2$
$\overline{AO}=\overline{CO}$이므로
△AOE$=20\times\frac{1}{2}=10(cm^2)$ **답** $10\,cm^2$

19 $\angle BOC=2\angle BAC=64°$
$\therefore \angle OBC=\angle OCB=58°$
$\angle BIC=90°+\frac{1}{2}\times32°=106°$
$\therefore \angle IBC=\angle ICB=37°$
$\therefore \angle OBI=58°-37°=21°$ **답** $21°$

채점 기준	
$\angle BOC$, $\angle OBC$의 크기 구하기	2점
$\angle BIC$, $\angle IBC$의 크기 구하기	2점
답 구하기	2점

정답 및 **해설**

01 도형의 닮음

P. 114~116

Step**1** 교과서 이해

01 합동

02 닮음

03 (ㄱ), (ㄴ), (ㅁ)

04 ∽, ∽

05 닮음비

06 $12 : 15 = 4 : 5$ ⋯ **답**

07 $4 : 5 = 8 : \overline{A'C'}$ 에서 $4\overline{A'C'} = 40$
   ∴ $\overline{A'C'} = 10(\text{cm})$ **답** $10\,\text{cm}$

08 $\angle C = \angle C' = 60°$ ⋯ **답**

09 $6 : 4 = 3 : 2$ ⋯ **답**

10 $\angle A = 360° - (60° + 75° + 90°) = 135°$ ⋯ **답**

11 $3 : 2 = 3 : \overline{A'B'}$ ∴ $\overline{A'B'} = 2(\text{cm})$
       답 $2\,\text{cm}$

12 $10 : 6 = x : 5$ ∴ $x = \dfrac{25}{3}$
   $10 : 6 = 8 : y$ ∴ $y = \dfrac{24}{5}$
       답 $x = \dfrac{25}{3}$, $y = \dfrac{24}{5}$

13 $x = 60$, $y = 2$

14 $6 : \overline{EF} = 2 : 3$ ∴ $\overline{EF} = 9(\text{cm})$
       답 $\overline{EF} = 9\,\text{cm}$

15 $\overline{CD} : 6 = 2 : 3$ ∴ $\overline{CD} = 4(\text{cm})$
       답 $\overline{CD} = 4\,\text{cm}$

16 $\angle C = \angle G = 70°$ **답** $\angle G = 70°$

17 $5 : 8$

18 $x = \dfrac{24}{5}$, $y = \dfrac{32}{5}$, $z = \dfrac{56}{5}$

19 직육면체 B의 세 모서리의 길이를 각각 x, y, z 라 하면
   $3 : 2 = 4 : x$ ∴ $x = \dfrac{8}{3}$
   $3 : 2 = 5 : y$ ∴ $y = \dfrac{10}{3}$
   $3 : 2 = 6 : z$ ∴ $z = 4$ **답** $\dfrac{8}{3}$, $\dfrac{10}{3}$, 4

20 (가) : $\angle A$, (나) : $\angle C$, (다) : AA

21 △ABC와 △NOM에서
   $\overline{AC} : \overline{NM} = 18 : 27 = 2 : 3$
   $\overline{AB} : \overline{NO} = 10 : 15 = 2 : 3$
   $\angle A = \angle N = 45°$
   ∴ △ABC∽△NOM(SAS 닮음)
   △DEF와 △QRP에서
   $\overline{DE} : \overline{QR} = 4.5 : 6 = 3 : 4$
   $\overline{EF} : \overline{RP} = 7.5 : 10 = 3 : 4$
   $\overline{DF} : \overline{QP} = 6 : 8 = 3 : 4$
   ∴ △DEF∽△QRP(SSS 닮음)
   △JKL와 △HGI에서
   $\angle K = \angle G = 60°$, $\angle L = \angle I = 83°$
   ∴ △JKL∽△HGI(AA 닮음)
       답 △ABC∽△NOM(SAS 닮음)
       △DEF∽△QRP(SSS 닮음)
       △JKL∽△HGI(AA 닮음)

22 △ADE와 △ACB에서

∠A는 공통, ∠AED=∠ABC

∴ △ADE∽△ACB(AA 닮음) … 답

23 △ABD와 △DBC에서

$\overline{AB}:\overline{DB}=16:20=4:5$

$\overline{BD}:\overline{BC}=20:25=4:5$

$\overline{AD}:\overline{DC}=12:15=4:5$

∴ △ABD∽△DBC(SSS 닮음) … 답

24 △ABD와 △ACB에서 ∠A는 공통

$\overline{AB}:\overline{AC}=4:8=1:2$

$\overline{AD}:\overline{AB}=2:4=1:2$

∴ △ABD∽△ACB(SAS 닮음) … 답

25 △ADE와 △ABC에서

∠A는 공통, ∠ADE=∠ABC

∴ △ADE∽△ABC(AA 닮음) … 답

26 △ACE와 △BDE에서

∠AEC=∠BED(맞꼭지각)

$\overline{AE}:\overline{BE}=3:6=1:2$

$\overline{CE}:\overline{DE}=4:8=1:2$

∴ △ACE∽△BDE(SAS 닮음) … 답

27 △DCE와 △ACB에서

∠C는 공통, ∠CDE=∠CAB=90°

∴ △DCE∽△ACB(AA 닮음) … 답

28 ∠B는 공통, ∠BED=∠BAC=90°이므로

△DBE∽△CBA(AA 닮음)

$12:18=x:30$ ∴ $x=20$

$12:18=\overline{BE}:\overline{BA}$에서

$2:3=\overline{BE}:24$

즉 $\overline{BE}=16$이므로

$y=\overline{BC}-\overline{BE}=30-16=14$

답 $x=20,\ y=14$

P. 117~118

Step2 개념탄탄

01 ①, ④

02 $\overline{AB}:\dfrac{9}{2}=8:5,\ 5\overline{AB}=36$

∴ $\overline{AB}=\dfrac{36}{5}$(cm)   답 $\dfrac{36}{5}$cm

03 ②

04 $8:6=\overline{AC}:5$ ∴ $\overline{AC}=\dfrac{20}{3}$(cm)

∠E=∠B=50°   답 ③

05 ∠E=50°이므로

∠D+∠F=180°−50°=130°   답 130°

06 ∠A는 공통, ∠ACB=∠AED이므로

△ABC∽△ADE(AA 닮음)

$\overline{AB}:\overline{AD}=\overline{AC}:\overline{AE}$에서

$\overline{AB}:3=5:2$이므로 $\overline{AB}=\dfrac{15}{2}$(cm)

∴ $\overline{EB}=\overline{AB}-\overline{AE}=\dfrac{15}{2}-2=\dfrac{11}{2}$(cm)

답 $\dfrac{11}{2}$cm

07 ∠A=∠E(엇각), ∠C=∠D(엇각)이므로

△ABC∽△EBD(AA 닮음)

즉 $a:b=6:8$에서 $b=\dfrac{4}{3}a$ 답 ②

08 △ADE와 △ACB에서

∠A는 공통, $\overline{AD}:\overline{AC}=5:15=1:3$,

$\overline{AE}:\overline{AB}=4:12=1:3$

이므로 △ADE∽△ACB(SAS 닮음)

따라서 $1:3=6:\overline{BC}$이므로

$\overline{BC}=18$(cm)   답 ⑤

09 ∠AFE=∠CFB(맞꼭지각),

∠FAE=∠FCB(엇각)이므로

△AEF∽△CBF(AA 닮음)

즉 $4:6=\overline{AE}:9,\ 6\overline{AE}=36$

∴ $\overline{AE}=6$(cm)   답 6cm

10 △DAC∽△ABC(AA 닮음)이므로

$\overline{DC} : \overline{AC} = \overline{AC} : \overline{BC}$에서 $\overline{AC}^2 = \overline{DC} \times \overline{BC}$

즉 $25 = 3(3+y)$에서 $25 = 9 + 3y$

$\therefore y = \dfrac{16}{3}$

△ABD∽△CBA(AA 닮음)이므로

$\overline{AB} : \overline{CB} = \overline{BD} : \overline{BA}$에서

$\overline{AB}^2 = \overline{BD} \times \overline{CB}$

즉 $x^2 = \dfrac{16}{3} \times \left(\dfrac{16}{3} + 3\right) = \dfrac{16}{3} \times \dfrac{25}{3}$

$= \left(\dfrac{4 \times 5}{3}\right)^2 = \left(\dfrac{20}{3}\right)^2$이므로

$x = \dfrac{20}{3}$ 　　　　　답 $x = \dfrac{20}{3},\ y = \dfrac{16}{3}$

11 ㈎ : AA, ㈏ : $\overline{CF}$, ㈐ : ∠CDF, ㈑ : AA

P. 119~123

Step**3** 실력완성

1 ⑤

2 ㈀, ㈁, ㈂, ㈂

3 ① $\overline{AB} : 4 = 12 : 6$ 　 $\therefore \overline{AB} = 8(cm)$
② $\overline{BC} : \overline{FG} = 12 : 6$ 　 $\therefore \overline{BC} = 2\overline{FG}$
③ ∠E = ∠A = 84° 　　　　　　　답 ④

4 $8 : 12 = x : 15$, $12x = 120$ 　 $\therefore x = 10$
$8 : 12 = 10 : y$, $8y = 120$ 　 $\therefore y = 15$
$\therefore x + y = 10 + 15 = 25$ 　　　　답 ⑤

5 ① SSS 닮음 　 ③ AA 닮음
　　　　　　　　　　　　　　　답 ①, ③

6 $\angle A = 180° - (60° + 75°) = 45°$이므로
△ABC∽△EFD(AA 닮음)
닮음비가 $\overline{AB} : \overline{EF} = 8 : 10 = 4 : 5$이므로
$\overline{BC} : \overline{FD} = 4 : 5$ 　 $\therefore \overline{BC} = \dfrac{4}{5}\overline{FD}$ 　답 ④

7 △ABC와 △BCD에서
∠ABC = ∠BCD,
$\overline{AB} : \overline{BC} = 4 : 6 = 2 : 3$,
$\overline{BC} : \overline{CD} = 6 : 9 = 2 : 3$
$\therefore$ △ABC∽△BCD(SAS 닮음)
즉 $2 : 3 = 8 : \overline{BD}$이므로 $\overline{BD} = 12(cm)$
　　　　　　　　　　　　　답 12 cm

8 두 원기둥 A, B의 닮음비는 $12 : 9 = 4 : 3$
원기둥 A의 밑면의 반지름의 길이를 r cm라고
하면
$r : 6 = 4 : 3$ 　 $\therefore r = 8$
따라서 원기둥 A의 밑면의 둘레의 길이는
$2\pi \times 8 = 16\pi(cm)$ 　　　　　답 ③

9 $\angle A = 180° - (60° + 50°) = 70°$이므로
△ABC와 닮음인 것은 ②, ⑤이다.(AA 닮음)
　　　　　　　　　　　　답 ②, ⑤

10 △ABC와 △AED에서 ∠A는 공통,
$\overline{AB} : \overline{AE} = 24 : 8 = 3 : 1$,
$\overline{AC} : \overline{AD} = 30 : 10 = 3 : 1$
이므로 △ABC∽△AED(SAS 닮음)
따라서 $\overline{BC} : \overline{ED} = 3 : 1$이므로
$\overline{BC} : 12 = 3 : 1$ 　 $\therefore \overline{BC} = 36(cm)$ 　답 ⑤

11 ∠A는 공통, ∠ABC = ∠ADE이므로
△ABC∽△ADE(AA 닮음)
즉 $\overline{AB} : \overline{AD} = \overline{AC} : \overline{AE}$에서
$\overline{AB} : 4 = 12 : 6$
$6\overline{AB} = 48$, $\overline{AB} = 8$
$\therefore \overline{EB} = \overline{AB} - \overline{AE} = 8 - 6 = 2$ 　답 2

12 ∠ACB=∠DAE(엇각)

∠BAC=∠EDA(엇각)이므로

△DEA∽△ABC(AA 닮음)

$\overline{AE}:\overline{CB}=\overline{ED}:\overline{BA}$, $3:4=\overline{ED}:8$

$4\overline{ED}=24$ ∴ $\overline{ED}=6(cm)$

또 $\overline{AE}:\overline{CB}=\overline{AD}:\overline{CA}$이므로

$3:4=\overline{AD}:(\overline{AD}+2)$, $4\overline{AD}=3\overline{AD}+6$

∴ $\overline{AD}=6(cm)$

따라서 △ADE의 둘레의 길이는

$\overline{AE}+\overline{ED}+\overline{AD}=3+6+6=15(cm)$

답 15 cm

채점 기준	
△DEA∽△ABC임을 알기	40%
$\overline{ED}$, $\overline{AD}$의 길이 구하기	40%
답 구하기	20%

13 △CAD와 △BAC에서

∠A는 공통, ∠ACD=∠ABC이므로

△CAD∽△BAC(AA 닮음)

$\overline{CA}:\overline{BA}=\overline{AD}:\overline{AC}$, $12:18=\overline{AD}:12$

$18\overline{AD}=144$ ∴ $\overline{AD}=8(cm)$ 답 ①

14 ① $\overline{AE}:\overline{BC}=3:5$

② $\overline{EF}:\overline{BF}=3:5$

③ $3:5=\overline{AE}:10$, $5\overline{AE}=30$ ∴ $\overline{AE}=6cm$

④ △EFA∽△BFC   답 ③

15 ∠B=∠D, ∠AEB=∠AFD=90°이므로

△ABE∽△ADF(AA 닮음)

∴ $\overline{AB}:\overline{AD}=\overline{AE}:\overline{AF}=6:8=3:4$

답 3 : 4

16 △ABD와 △CBA에서 ∠B는 공통,

$\overline{BA}:\overline{BC}=12:18=2:3$,

$\overline{BD}:\overline{BA}=8:12=2:3$

∴ △ABD∽△CBA(SAS 닮음)

$2:3=\overline{AD}:\overline{CA}$, $2:3=\overline{AD}:16$

$3\overline{AD}=32$ ∴ $\overline{AD}=\dfrac{32}{3}$ 답 ②

17 △ABP∽△CDP(AA 닮음)이므로

$\overline{BP}:\overline{DP}=\overline{AB}:\overline{CD}=4:6=2:3$

점 P에서 $\overline{BC}$에 내린 수선의 발을 H라 하면

△BPH∽△BDC(AA 닮음)이므로

$\overline{BP}:\overline{BD}=\overline{PH}:\overline{DC}$

$2:(2+3)=\overline{PH}:6$, $2:5=\overline{PH}:6$

$5\overline{PH}=12$ ∴ $\overline{PH}=\dfrac{12}{5}(cm)$

∴ △PBC$=\dfrac{1}{2}\times 10\times\dfrac{12}{5}=12(cm^2)$

답 12 cm²

채점 기준	
△ABP∽△CDP 임을 알기	30%
△PBC의 높이 구하기	50%
답 구하기	20%

18 (i) △DOP와 △BOQ에서 $\overline{DO}=\overline{BO}$,

∠PDO=∠QBO(엇각),

∠DOP=∠BOQ=90°

즉 △DOP≡△BOQ(RHA 합동)이므로

$\overline{DP}=\overline{BQ}$

(ii) △BOQ와 △BCD에서

∠B는 공통, ∠BOQ=∠BCD=90°이므로

△BOQ∽△BCD(AA 닮음)

즉 $\overline{BO}:\overline{BC}=\overline{BQ}:\overline{BD}$이므로

$5:8=\overline{BQ}:10$, $8\overline{BQ}=50$ ∴ $\overline{BQ}=\dfrac{25}{4}$

(i), (ii)에서 $\overline{PD}=\overline{BQ}=\dfrac{25}{4}(cm)$ 답 $\dfrac{25}{4}$ cm

채점 기준	
$\overline{DP}=\overline{BQ}$임을 알기	30%
△BOQ∽△BCD임을 알기	40%
답 구하기	30%

19 △CFD와 △BDE에서 ∠C=∠B=60°,

∠C+∠CFD=∠FDB=∠BDE+60°이므로

∠CFD=∠BDE

∴ △CFD∽△BDE(AA 닮음)

즉 $\overline{CF}:\overline{BD}=\overline{CD}:\overline{BE}$에서

$8:12=3:\overline{BE}$이므로 $\overline{BE}=\dfrac{9}{2}(cm)$

∴ $\overline{AE}=15-\dfrac{9}{2}=\dfrac{21}{2}(cm)$ 답 ④

20 $\overline{CD}=18\times\dfrac{1}{2+1}=6(cm)$이고

$\triangle BCE \backsim \triangle ACD$(AA 닮음)이므로

$\overline{BC}:\overline{AC}=\overline{CE}:\overline{CD}$, $18:12=\overline{CE}:6$

즉 $\overline{CE}=9(cm)$이므로 $\overline{AE}=3(cm)$

답 3 cm

21 $\angle BAD=\angle CAD$이므로 $4:6=\overline{BD}:\overline{DC}$

$\therefore \overline{BD}=8\times\dfrac{4}{4+6}=\dfrac{16}{5}$

$\triangle ABD$에서 $\angle ABI=\angle DBI$이므로

$\overline{BA}:\overline{BD}=\overline{AI}:\overline{ID}=4:\dfrac{16}{5}=5:4$

답 5 : 4

22 (ㄱ) $15:12=\overline{BD}:\overline{CD}$에서

$\overline{BD}=18\times\dfrac{15}{15+12}=10(cm)$

(ㄴ) $\triangle ABD$와 $\triangle ACD$는 높이가 같으므로

$\triangle ABD:\triangle ACD=\overline{BD}:\overline{CD}=5:4$

답 ③

23 $\angle BAD=\angle CAD$이므로

$\overline{AB}:\overline{AC}=\overline{BD}:\overline{DC}$, $\overline{AB}:12=5:4$

$4\overline{AB}=60$ $\therefore \overline{AB}=15(cm)$

$\angle ACE=\angle BCE$이므로 $\overline{CA}:\overline{CB}=\overline{AE}:\overline{EB}$

$12:9=\overline{AE}:\overline{EB}$

$\therefore \overline{AE}=15\times\dfrac{12}{12+9}=\dfrac{60}{7}(cm)$

답 $\dfrac{60}{7}$ cm

채점 기준	
$\overline{AB}$의 길이 구하기	50%
$\overline{AE}$의 길이 구하기	50%

24 $\overline{BF}=\overline{BC}=10$, $\overline{AF}=8$

$\triangle ABF \backsim \triangle DFE$(AA 닮음)이므로

$\overline{AB}:\overline{DF}=\overline{BF}:\overline{FE}$, $6:2=10:\overline{FE}$

$6\overline{FE}=20$ $\therefore \overline{FE}=\dfrac{10}{3}$

답 $\dfrac{10}{3}$

25 $\angle DEF=\angle BAE+\angle ABE$

$\qquad\quad =\angle CBF+\angle ABE=\angle B$

$\angle EDF=\angle ACD+\angle CAD$

$\qquad\quad =\angle BAE+\angle CAD=\angle A$

따라서 $\triangle ABC \backsim \triangle DEF$(AA 닮음)이므로

$\overline{DE}:\overline{EF}=\overline{AB}:\overline{BC}=4:6=2:3$

답 ①

26 $\triangle EBF \backsim \triangle DBC$(AA 닮음)이므로

$\overline{BF}:\overline{BC}=\overline{EF}:\overline{DC}$, $6:10=\overline{EF}:5$

$\therefore \overline{EF}=3(cm)$

$\triangle ABD \equiv \triangle CBD$(RHA 합동)이므로

$\overline{AB}=10(cm)$

$\overline{BE}$가 $\angle B$의 이등분선이므로

$\overline{BA}:\overline{BF}=\overline{AE}:\overline{EF}$, $10:6=\overline{AE}:3$

$6\overline{AE}=30$ $\therefore \overline{AE}=5(cm)$

$\therefore \overline{AF}=3+5=8(cm)$

답 8 cm

채점 기준	
$\overline{EF}$의 길이 구하기	40%
$\overline{AE}$의 길이 구하기	40%
답 구하기	20%

27 $\triangle ABG \backsim \triangle CAG$(AA 닮음)이므로

$\overline{AG}:\overline{CG}=\overline{BG}:\overline{AG}$, 즉 $\overline{AG}^2=\overline{BG}\times\overline{CG}$

$\overline{AG}^2=4$ $\therefore \overline{AG}=2(cm)$

점 M은 $\triangle ABC$의 외심이므로

$\overline{AM}=\overline{BM}=\overline{CM}=\dfrac{5}{2}(cm)$

$\triangle AGH \backsim \triangle AMG$(AA 닮음)이므로

$\overline{AG}:\overline{AM}=\overline{AH}:\overline{AG}$, 즉 $\overline{AG}^2=\overline{AH}\times\overline{AM}$

$4=\overline{AH}\times\dfrac{5}{2}$

$\therefore \overline{AH}=\dfrac{8}{5}(cm)$

답 $\dfrac{8}{5}$ cm

P. 124

Step 4 유형클리닉

1 $\angle EB'C = \angle B = 90°$이므로

$\angle AEB' + \angle AB'E = 90°$,

$\angle AB'E + \angle DB'C = 90°$

$\therefore \angle AEB' = \angle DB'C$

$\angle A = \angle D = 90°$이므로

$\triangle AEB' \circ \triangle DB'C$(AA 닮음)

따라서 $\overline{AE} : \overline{DB'} = \overline{AB'} : \overline{DC}$에서

$3 : \overline{DB'} = 4 : 8$ $\therefore \overline{DB'} = 6(\text{cm})$

답 6 cm

1-1 $\triangle EBA' \circ \triangle A'CG$(AA 닮음)이므로

$\overline{EB} : \overline{A'C} = \overline{EA'} : \overline{A'G}$

즉 $8 : 12 = 10 : \overline{A'G}$에서 $\overline{A'G} = 15$

$\therefore \overline{GD'} = \overline{A'D'} - \overline{A'G}$

$= \overline{AD} - \overline{A'G}$

$= 18 - 15 = 3$

답 3

1-2 $\triangle DBA'$에서 $\angle B = 60°$이므로

$\angle BDA' + \angle DA'B = 120°$ ...... ㉠

$\angle DA'F = \angle A = 60°$이므로

$\angle DA'B + \angle FA'C = 120°$ ...... ㉡

㉠, ㉡에서 $\angle BDA' = \angle CA'F$

$\therefore \triangle DBA' \circ \triangle A'CF$(AA 닮음)

즉 $\overline{DA'} : \overline{A'F} = \overline{BA'} : \overline{CF}$에서

$\overline{DA'} = \overline{AD}$이므로 $\overline{AD} : 7 = 4 : 5$

$\therefore \overline{AD} = \dfrac{28}{5}(\text{cm})$

답 $\dfrac{28}{5}$ cm

2 $\triangle ABD \circ \triangle CAD$(AA 닮음)이므로

$\overline{AD} : \overline{CD} = \overline{BD} : \overline{AD}$, 즉 $\overline{AD}^2 = 9 \times 4 = 6^2$

$\therefore \overline{AD} = 6$

점 M은 $\triangle ABC$의 외심이므로

$\overline{AM} = \overline{BM} = \overline{CM} = \dfrac{13}{2}$

$\triangle AED \circ \triangle ADM$(AA 닮음)이므로

$\overline{AD} : \overline{AM} = \overline{AE} : \overline{AD}$, 즉 $36 = \dfrac{13}{2} \times \overline{AE}$

$\therefore \overline{AE} = \dfrac{72}{13}$

답 $\dfrac{72}{13}$

2-1 $\triangle ABD \circ \triangle CAD$(AA 닮음)이고

닮음비는 $\overline{AB} : \overline{CA} = 3 : 4$이므로

$\overline{BD} : \overline{AD} = 3 : 4$

$\overline{BD} = 3a$, $\overline{AD} = 4a$라 하면

$\overline{AD}^2 = \overline{BD} \times \overline{CD}$, $16a^2 = 3a \times \overline{CD}$

$\therefore \overline{CD} = \dfrac{16}{3}a$

$\triangle ABD$와 $\triangle ADC$는 높이가 같으므로

$\triangle ABD : \triangle ADC = \overline{BD} : \overline{CD}$

$= 3a : \dfrac{16}{3}a = 9 : 16$

답 9 : 16

2-2 $\overline{AD}^2 = 8 \times 2 = 4^2$이므로 $\overline{AD} = 4(\text{cm})$

$\overline{AM} = \overline{BM} = \overline{CM} = 5(\text{cm})$이므로

$\triangle AMD$에서 $\overline{AD}^2 = \overline{AH} \times \overline{AM}$

즉 $16 = \overline{AH} \times 5$에서 $\overline{AH} = \dfrac{16}{5}(\text{cm})$

$\therefore \overline{MH} = \overline{AM} - \overline{AH} = 5 - \dfrac{16}{5} = \dfrac{9}{5}(\text{cm})$

답 $\dfrac{9}{5}$ cm

P. 125

Step 5 서술형 만점 대비

1 $\triangle ABC \circ \triangle EBD$(AA 닮음)이므로

$\overline{AB} : \overline{EB} = \overline{BC} : \overline{BD}$

즉 $18 : 8 = \overline{BC} : 12$에서 $\overline{BC} = 27(\text{cm})$

$\therefore \overline{EC} = \overline{BC} - \overline{BE} = 27 - 8 = 19(\text{cm})$

답 19 cm

채점 기준	
$\triangle ABC \circ \triangle EBD$임을 알기	40%
$\overline{BC}$의 길이 구하기	40%
답 구하기	20%

2 $\angle$BAD=$\angle$CAD이므로

$\overline{AB}:\overline{AC}=\overline{BD}:\overline{DC}$에서 $\overline{AB}:4=3:2$

$2\overline{AB}=12$ ∴ $\overline{AB}=6(cm)$

$\triangle$BDE$\circ$$\triangle$BCA(AA 닮음)이므로

$\overline{BE}:\overline{BA}=\overline{BD}:\overline{BC}$에서 $\overline{BE}:6=3:5$

$5\overline{BE}=18$ ∴ $\overline{BE}=\dfrac{18}{5}(cm)$

답 $\dfrac{18}{5}$ cm

채점 기준	
$\overline{AB}$의 길이 구하기	50%
$\overline{BE}$의 길이 구하기	50%

3 $\triangle$BCD$\circ$$\triangle$ACB(AA 닮음)이므로

$\overline{BC}:\overline{AC}=\overline{CD}:\overline{CB}=\overline{BD}:\overline{AB}=3:5$

$\overline{CD}:\overline{CB}=3:5$에서 $\overline{CD}:9=3:5$

$5\overline{CD}=27$ ∴ $\overline{CD}=\dfrac{27}{5}(cm)$

즉 $\overline{AD}=15-\dfrac{27}{5}=\dfrac{48}{5}(cm)$이고

$\triangle$BAD에서 $\angle$ABE=$\angle$DBE이므로

$\overline{BA}:\overline{BD}=\overline{AE}:\overline{ED}=5:3$

∴ $\overline{ED}=\dfrac{48}{5}\times\dfrac{3}{5+3}=\dfrac{18}{5}(cm)$

답 $\dfrac{18}{5}$ cm

채점 기준	
$\overline{CD}$의 길이 구하기	50%
$\overline{ED}$의 길이 구하기	50%

4 $\triangle$BAD$\circ$$\triangle$ECF(AA 닮음)이므로

$9:5=\overline{AD}:4$, $5\overline{AD}=36$

∴ $\overline{AD}=\dfrac{36}{5}(cm)$

$\triangle$ADC$\circ$$\triangle$EFC(AA 닮음)이므로

$\dfrac{36}{5}:3=(\overline{AE}+5):5$

$3\overline{AE}+15=36$, $3\overline{AE}=21$

∴ $\overline{AE}=7(cm)$

∴ $\overline{AD}+\overline{AE}=\dfrac{36}{5}+7=\dfrac{71}{5}(cm)$

답 $\dfrac{71}{5}$ cm

채점 기준	
$\overline{AD}$의 길이 구하기	40%
$\overline{AE}$의 길이 구하기	40%
답 구하기	20%

3000제 꿀꺽수학

02 닮음의 활용(1)

P. 126~129

Step **1** 교과서 이해

01 $\overline{AD}$, $\overline{AE}$, $\overline{DE}$

02 $\overline{BD}$, $\overline{AC}$

03 $\overline{AB}$, $\overline{AC}$, $\overline{BC}$

04 $\angle$A는 공통, $\angle$APQ=$\angle$ABC(동위각)

∴ $\triangle$APQ$\circ$$\triangle$ABC(AA 닮음) 답 AA 닮음

05 $4:10=\overline{AQ}:8$, $10\overline{AQ}=32$

∴ $\overline{AQ}=\dfrac{16}{5}$ 답 $\dfrac{16}{5}$

06 $4:10=\overline{PQ}:9$, $10\overline{PQ}=36$

∴ $\overline{PQ}=\dfrac{18}{5}$ 답 $\dfrac{18}{5}$

07 $4:x=5:3$ ∴ $x=\dfrac{12}{5}$

$5:8=y:10$ ∴ $y=\dfrac{25}{4}$

답 $x=\dfrac{12}{5}$, $y=\dfrac{25}{4}$

08 $4:(4+3)=4:x$ ∴ $x=7$

$4:3=3:y$ ∴ $y=\dfrac{9}{4}$ 답 $x=7$, $y=\dfrac{9}{4}$

09 $4:12=5:x$ ∴ $x=15$

$4:12=3:y$ ∴ $y=9$ 답 $x=15$, $y=9$

10 (ㄷ), (ㄹ)

11 평행, $\dfrac{1}{2}$

12 중점

13 $\overline{BC}$, $\overline{BC}$

14 6 cm

15 $\overline{DF}=6\,cm$, $\overline{FE}=4\,cm$, $\overline{DE}=5\,cm$

16 ㈎ : ∠A, ㈏ : 동위각, ㈐ : AA,

　　㈑ : $\overline{BC}$, ㈒ : 4, ㈓ : 3

17 $\overline{BC}$, $\overline{B'C'}$

18 a', b', c', a', b', c'

19 $x:18=20:16$　　$\therefore x=\dfrac{45}{2}$ … 답

20 $3:5=4:x$　　$\therefore x=\dfrac{20}{3}$ … 답

21 $x:12=4:10$　　$\therefore x=\dfrac{24}{5}$

　　$12:y=10:6$　　$\therefore y=\dfrac{36}{5}$

　　　　　　　　답 $x=\dfrac{24}{5}$, $y=\dfrac{36}{5}$

22 $2:9=x:10$　　$\therefore x=\dfrac{20}{9}$

　　$4:9=y:10$　　$\therefore y=\dfrac{40}{9}$

　　　　　　　　답 $x=\dfrac{20}{9}$, $y=\dfrac{40}{9}$

23 중선, 3

24 무게중심

25 $2:1$

26 $6:x=2:1$　　$\therefore x=3$

　　$y=\dfrac{1}{2}\times10=5$　　　답 $x=3$, $y=5$

27 △ABC에서 $\overline{AD}=2\overline{EF}=12\,cm$이므로

　　$\overline{AG}=12\times\dfrac{2}{3}=8(cm)$　　답 8 cm

28 ㈎ : △ACM, ㈏ : △GCM, ㈐ : △GCA,

　　㈑ : △BAN, ㈒ : △GAN, ㈓ : △GAB

29 △GBC$=2$△GMC$=8(cm^2)$

　　$\therefore$ △ABC$=3\times8=24(cm^2)$　　답 24 cm²

P. 130~131

Step**2** 개념탄탄

01 $x:4=9:6$　　$\therefore x=6$

　　$9:(9+6)=12:y$　　$\therefore y=20$

　　$\therefore x+y=26$　　　　답 ③

02 $3:\overline{BE}=4:10$　　$\therefore \overline{BE}=\dfrac{15}{2}$　　답 ⑤

03 △ABQ에서 $\overline{AP}:\overline{AQ}=\overline{DP}:5$

　　△AQC에서 $\overline{AP}:\overline{AQ}=5:6$

　　$\overline{DP}:5=5:6$, $6\overline{DP}=25$

　　$\therefore \overline{DP}=\dfrac{25}{6}$ … 답

04 $x=2\times5=10$

　　$\angle A=180°-(65°+45°)=70°$이고

　　$\angle CDE=\angle A=70°$이므로 $y=70$

　　$\therefore x+y=80$　　　　답 ③

05 $\overline{BC}=2\overline{DE}=14(cm)$　　답 14 cm

06 $\overline{AC}$와 $\overline{EF}$의 교점을 P라 하면

　　$\overline{EP}=\dfrac{1}{2}\overline{BC}=5(cm)$

　　$\overline{PF}=\dfrac{1}{2}\overline{AD}=2(cm)$

　　$\therefore \overline{EF}=5+2=7(cm)$　　답 7 cm

07 $3:6=x:8$　　$\therefore x=4$

　　$9:6=y:7$　　$\therefore y=\dfrac{21}{2}$

　　$\therefore x+y=\dfrac{29}{2}$　　　답 ④

08 $6:5=16:x$, $6x=80$　　$\therefore x=\dfrac{40}{3}$

　　$6:5=8:y$, $6y=40$　　$\therefore y=\dfrac{20}{3}$

　　$z:6=12:8$, $8z=72$　　$\therefore z=9$

　　　　　답 $x=\dfrac{40}{3}$, $y=\dfrac{20}{3}$, $z=9$

09 $\triangle ABP \circ \triangle CDP$(AA 닮음)이므로

$\overline{AP} : \overline{PC} = 2 : 3$

$\overline{BP} : \overline{BD} = \overline{PQ} : \overline{DC}$, $2 : 5 = y : 15$

$5y = 30$ $\therefore y = 6$

$2 : 5 = \overline{BQ} : \overline{BC}$, $2 : 5 = x : 20$

$5x = 40$ $\therefore x = 8$

$\therefore x + y = 14$ 〔답〕③

10 $x = \dfrac{1}{2} \times 18 = 9$

$10 : y = 2 : 1$에서 $y = 5$

$\therefore x + y = 14$ 〔답〕⑤

11 $\triangle ABC$에서 $\overline{GD} = 9 \times \dfrac{1}{3} = 3(\text{cm})$

$\triangle GBC$에서 $\overline{GG'} = 3 \times \dfrac{2}{3} = 2(\text{cm})$ 〔답〕2 cm

12 $\triangle ADC = \dfrac{1}{2}\triangle ABC = \dfrac{1}{2} \times 18 = 9(\text{cm}^2)$

$\triangle ADF = \dfrac{2}{3}\triangle ADC = \dfrac{2}{3} \times 9 = 6(\text{cm}^2)$

〔답〕6 cm²

P. 132~137

Step3 실력완성

1 $\overline{AD} : \overline{DC} = 3 : 1$이므로 $\overline{AC} : \overline{CD} = 4 : 1$

$4 : 1 = 16 : \overline{EC}$, $4\overline{EC} = 16$

$\therefore \overline{EC} = 4(\text{cm})$ 〔답〕⑤

2 ② $3 : 2 = 6 : \overline{EC}$ $\therefore \overline{EC} = 4$

③ $3 : 5 = \overline{DE} : 8$ $\therefore \overline{DE} = \dfrac{24}{5}$ 〔답〕⑤

3 $9 : 3 = \dfrac{15}{2} : \overline{CE}$에서 $\overline{CE} = \dfrac{5}{2}$이므로

$\overline{AE} = \dfrac{15}{2} + \dfrac{5}{2} = 10$

$9 : 3 = (12 - \overline{CD}) : \overline{CD}$에서

$9\overline{CD} = 36 - 3\overline{CD}$ $\therefore \overline{CD} = 3$

$\therefore \overline{AE} + \overline{CD} = 13$ 〔답〕13

4 $\overline{AE} : \overline{AC} = \overline{AD} : \overline{AB} = 4 : 7$이므로

$8 : \overline{AB} = 4 : 7$ $\therefore \overline{AB} = 14(\text{cm})$

$\therefore \overline{BD} = 14 - 8 = 6(\text{cm})$ 〔답〕③

5 $3 : x = \dfrac{7}{2} : 7$ $\therefore x = 6$

$y : 8 = \dfrac{7}{2} : 7$ $\therefore y = 4$

$\therefore xy = 24$ 〔답〕③

6 $\triangle ADE$에서 $6 : 10 = \overline{FH} : 8$, $10\overline{FH} = 48$

$\therefore \overline{FH} = \dfrac{24}{5}$

$\triangle FBG$에서 $6 : 5 = \dfrac{24}{5} : \overline{HG}$, $6\overline{HG} = 24$

$\therefore \overline{HG} = 4$ 〔답〕4

7 ① $9 : 6 \neq 12 : 9$ ② $12 : 5 \neq 6 : 3$

③ $6 : 3 = 4 : 2$ ④ $9 : 15 = 6 : 10$

⑤ $8 : 4 \neq 9 : 5$ 〔답〕③, ④

8 $\overline{AD} = 28 \times \dfrac{3}{3+4} = 12(\text{cm})$, $\overline{DB} = 16$ cm

$\overline{AD} : \overline{DB} = \overline{AE} : \overline{EC} = 3 : 4$

$\overline{CF} : \overline{FB} = \overline{CE} : \overline{EA} = 4 : 3$

$\overline{BF} : \overline{FC} = \overline{BG} : \overline{GA} = 3 : 4$

$\overline{BG} = 28 \times \dfrac{3}{3+4} = 12(\text{cm})$

$\therefore \overline{GD} = 4(\text{cm})$ 〔답〕4 cm

채점 기준	
$\overline{AD}$, $\overline{DB}$의 길이 구하기	30%
$\overline{BG}$의 길이 구하기	50%
답 구하기	20%

9 $x = 6 \times 2 = 12$

점 E는 $\overline{AC}$의 중점이므로

$y = \dfrac{1}{2} \times 10 = 5$

$\therefore x + y = 17$ 〔답〕③

10 $\overline{ME} = \dfrac{1}{2}\overline{AD} = 3(\text{cm})$이고

$\overline{MF} = 6(\text{cm})$

$\therefore \overline{BC} = 2\overline{MF} = 12(\text{cm})$ 〔답〕⑤

11 $\overline{PQ}=2a$라고 하면 $\overline{QN}=3a$

$\overline{AD}=2\overline{QN}=6a$,

$\overline{BC}=2\overline{PN}=2\times(2a+3a)=10a$

$\overline{AD}+\overline{BC}=16a=48$에서 $a=3$

$\therefore \overline{PQ}=2a=6$　　　　　**답** 6

12 $x=\dfrac{1}{2}\times 6=3,\ y=2\times 2=4$

$\therefore x+y=7$　　　　　**답** ③

13 $\overline{GE}=\dfrac{1}{2}\overline{AB},\ \overline{GF}=\dfrac{1}{2}\overline{CD}$이므로

$\overline{GE}+\overline{GF}=\dfrac{1}{2}(\overline{AB}+\overline{CD})=10(cm)$

따라서 △EGF의 둘레의 길이는

$10+6=16(cm)$　　　　　**답** 16 cm

14 △ADG에서 $\overline{AE}=\overline{ED},\ \overline{EF}/\!/\overline{DG}$이므로

$\overline{AF}=\overline{FG}$

△CBF에서 $\overline{BD}=\overline{CD},\ \overline{BF}/\!/\overline{DG}$이므로

$\overline{FG}=\overline{GC}$

$\therefore \overline{AF}:\overline{FG}:\overline{GC}=1:1:1$　　**답** ①

15 $\overline{FG}=\overline{EH}=\dfrac{1}{2}\overline{AC}=4(cm)$,

$\overline{FE}=\overline{GH}=\dfrac{1}{2}\overline{BD}=\dfrac{9}{2}(cm)$

따라서 □EFGH의 둘레의 길이는

$2\times\left(4+\dfrac{9}{2}\right)=17(cm)$　　**답** ②

16 △ABC에서 $\overline{BC}=2\times 8=16(cm)$

△DBC에서 $\overline{PQ}=\dfrac{1}{2}\times 16=8(cm)$

$\therefore \overline{RQ}=\overline{PQ}-\overline{PR}=8-5=3(cm)$　**답** 3 cm

17 점 D를 지나고 $\overline{BC}$에 평행한 직선이 $\overline{AC}$와 만나는 점을 G라 하면

$\overline{DE}=\overline{FE},\ \angle DEG=\angle FEC$(맞꼭지각),

$\angle GDE=\angle CFE$(엇각)

$\therefore \triangle DEG\equiv\triangle FEC$(ASA 합동)

따라서 $\overline{DG}=\dfrac{1}{2}\overline{BC}=6\,cm$이므로

$\overline{CF}=\overline{DG}=6(cm)$　　　　**답** ③

18 $10:6=x:8$　　$\therefore x=\dfrac{40}{3}$

$10:6=12:y$　　$\therefore y=\dfrac{36}{5}$

$\therefore xy=\dfrac{40}{3}\times\dfrac{36}{5}=96$　　**답** ⑤

19 $2:3=x:6$　　$\therefore x=4$

$3:5=4:y$　　$\therefore y=\dfrac{20}{3}$

$\therefore x+y=\dfrac{32}{3}$　　　　**답** ②

20 △ABC에서

$\overline{AP}:\overline{AB}=\overline{PR}:\overline{BC},\ 3:5=\overline{PR}:15$

$5\overline{PR}=45$　　$\therefore \overline{PR}=9(cm)$

△CAD에서

$\overline{CQ}:\overline{CD}=\overline{QR}:\overline{DA},\ 2:5=\overline{QR}:6$

$5\overline{QR}=12$　　$\therefore \overline{QR}=\dfrac{12}{5}(cm)$

$\therefore \overline{PQ}=9+\dfrac{12}{5}=\dfrac{57}{5}(cm)$　　**답** $\dfrac{57}{5}$ cm

21 △ABP∽△CDP(AA 닮음)이므로

$\overline{AB}:\overline{CD}=\overline{BP}:\overline{DP}=6:12=1:2$

즉 $\overline{BP}:\overline{BD}=1:(1+2)=1:3$이고

△BHP∽△BCD(AA 닮음)이므로

$1:3=\overline{PH}:12$　　$\therefore \overline{PH}=4(cm)$　**답** 4 cm

22 △DPQ의 높이를 h, △CPQ의 높이를 h'이라고 하면 $h:h'=2:3$

$\therefore \triangle DPQ:\triangle CPQ=2:3$　　**답** ③

23 $\overline{BF}:\overline{FC}=3:2$에서 $\overline{BF}:4=3:2$

$\therefore \overline{BF}=6(cm)$

△ACF에서 $\overline{AE}:\overline{AC}=\overline{PE}:\overline{FC}$

$1:3=\overline{PE}:4$　　$\therefore \overline{PE}=\dfrac{4}{3}(cm)$

△QEP∽△QBF이므로

$\dfrac{4}{3}:6=\overline{PQ}:15,\ 6\overline{PQ}=20$

$\therefore \overline{PQ}=\dfrac{10}{3}(cm)$　　**답** $\dfrac{10}{3}$ cm

채점 기준

$\overline{BF}$의 길이 구하기	30%
$\overline{PE}$의 길이 구하기	30%
답 구하기	40%

24 △ABD에서 $\overline{BE}:\overline{BA}=\overline{EG}:\overline{AD}$

$1:4=\overline{EG}:8$ ∴ $\overline{EG}=2\,cm$

$3\overline{EG}=2\overline{GH}$, $6=2\overline{GH}$

∴ $\overline{GH}=3\,cm$

△ABC에서 $\overline{AE}:\overline{AB}=\overline{EH}:\overline{BC}$

$3:4=5:\overline{BC}$

∴ $\overline{BC}=\dfrac{20}{3}\,(cm)$ **답** ③

25 $\overline{BE}=6\,cm$이고 △BEG∽△CDG이므로

$\overline{BG}:\overline{CG}=\overline{BE}:\overline{CD}=2:3$

△ABG∽△FCG이므로

$\overline{AB}:\overline{FC}=\overline{BG}:\overline{CG}$, $9:\overline{FC}=2:3$

$2\overline{FC}=27$ ∴ $\overline{FC}=\dfrac{27}{2}\,(cm)$ **답** $\dfrac{27}{2}\,cm$

채점 기준

$\overline{BG}:\overline{CG}$ 구하기	40%
식 세우기	40%
답 구하기	20%

26 △ADC에서 $\overline{AF}:\overline{FD}=\overline{AE}:\overline{EC}=2:3$

△ABC에서 $\overline{AD}:\overline{DB}=\overline{AE}:\overline{EC}=2:3$

즉 $10:\overline{DB}=2:3$에서 $\overline{DB}=15\,(cm)$

답 15 cm

27 ① $\overline{DE}=\dfrac{1}{2}\overline{BC}=3\,cm$

② $\overline{BG}=\dfrac{2}{3}\overline{BE}=\dfrac{16}{3}\,cm$

③ $\overline{CG}=2\overline{DG}=4\,cm$

⑤ △DBG$=2$△DEG **답** ④

28 $\overline{BG}:\overline{GE}=2:1$이므로 $x=4$

$\overline{AG}:\overline{AD}=2:y=2:3$ ∴ $y=3$

∴ $x+y=7$ **답** ④

29 △ABD$=\dfrac{1}{2}$△ABC$=24\,(cm^2)$

△BDM$=\dfrac{1}{2}$△ABD$=12\,(cm^2)$

△GBD$=\dfrac{1}{6}$△ABC$=8\,(cm^2)$

∴ △MBG$=12-8=4\,(cm^2)$ **답** 4 cm²

채점 기준

△ABD의 넓이 구하기	20%
△BDM의 넓이 구하기	30%
△GBD의 넓이 구하기	20%
답 구하기	30%

30 △DGE$=\dfrac{1}{4}$△GBC, △GBC$=\dfrac{1}{3}$△ABC

∴ △DGE$=\dfrac{1}{12}$△ABC$=5\,(cm^2)$ **답** ①

31 △ACM$=\dfrac{1}{2}$△ABC$=\dfrac{9}{2}\,(cm^2)$

△GMC$=\dfrac{1}{3}$△ACM$=\dfrac{3}{2}\,(cm^2)$

∴ △GG′C$=\dfrac{2}{3}$△GMC$=1\,(cm^2)$

답 1 cm²

32 △DBC$=\dfrac{1}{2}$□ABCD$=12\,(cm^2)$

∴ △BEG$=\dfrac{1}{6}$△DBC$=2\,(cm^2)$

답 ①

33 △GBE$=$△BEH$=5\,(cm^2)$

∴ △ABC$=6$△GBE$=30\,(cm^2)$

답 ③

34 $\overline{AC}$와 $\overline{BD}$의 교점을 O라 하면 점 P, Q가 각각

△ABC, △ACD의 무게중심이므로

$\overline{BP}:\overline{PO}=2:1$에서

$\overline{PO}=5\,(cm)$ ∴ $\overline{BD}=30\,(cm)$

또 △BCD에서 $\overline{MN}=\dfrac{1}{2}\overline{BD}=15\,(cm)$

답 15 cm

35 점 D를 지나고 $\overline{AE}$에 평행한 직선을 그어 $\overline{BC}$와 만나는 점을 F라 하면 삼각형의 중점연결정리에 의해

$\overline{BE}=\overline{EF}=4(\text{cm})$

$\overline{AD}:\overline{DC}=\overline{EF}:\overline{FC}=2:3$

$2\overline{FC}=12$　∴$\overline{FC}=6(\text{cm})$

∴$\overline{EC}=4+6=10(\text{cm})$ ⋯ 답

2 △AGH에서

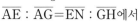

$\overline{AC}:\overline{AG}=\overline{CM}:\overline{GH}$

$1:3=\overline{CM}:8$

∴$\overline{CM}=\dfrac{8}{3}(\text{cm})$

$\overline{AE}:\overline{AG}=\overline{EN}:\overline{GH}$에서

$2:3=\overline{EN}:8$　∴$\overline{EN}=\dfrac{16}{3}(\text{cm})$

△HAB에서 $\overline{HF}:\overline{HB}=\overline{NF}:\overline{AB}$,

$1:3=\overline{NF}:12$　∴$\overline{NF}=4(\text{cm})$

$\overline{HD}:\overline{HB}=\overline{MD}:\overline{AB}$

$2:3=\overline{MD}:12$　∴$\overline{MD}=8(\text{cm})$

∴$x=\overline{CM}+\overline{MD}=\dfrac{8}{3}+8=\dfrac{32}{3}$,

$y=\overline{EN}+\overline{NF}=\dfrac{16}{3}+4=\dfrac{28}{3}$

∴$x+y=20$　　　　답 20

P. 138~139

Step**4** 유형클리닉

1 $\overline{DE}/\!/\overline{BC}$이므로

$\overline{AD}:\overline{DB}=\overline{AE}:\overline{EC}=6:4=3:2$

$\overline{FE}/\!/\overline{DC}$이므로

$\overline{AF}:\overline{FD}=\overline{AE}:\overline{EC}=3:2$

∴$\overline{AF}=6\times\dfrac{3}{3+2}=\dfrac{18}{5}$　　답 $\dfrac{18}{5}$

1-1 $\overline{FD}/\!/\overline{CE}$이므로

$\overline{AD}:\overline{DE}=\overline{AF}:\overline{FC}=3:2$

$\overline{FE}/\!/\overline{CB}$이므로

$\overline{AF}:\overline{FC}=\overline{AE}:\overline{EB}=3:2$

∴$\overline{AB}:\overline{BE}=(3+2):2=5:2$　　답 5 : 2

1-2 $\overline{AD}/\!/\overline{EF}$이므로

$\overline{AE}:\overline{EC}=\overline{DF}:\overline{FC}=1:2$

$\overline{AB}/\!/\overline{DE}$이므로

$\overline{AE}:\overline{EC}=\overline{BD}:\overline{DC}=1:2$

즉 $3:\overline{DC}=1:2$이므로 $\overline{DC}=6$

∴$\overline{DF}=6\times\dfrac{1}{1+2}=2$　　답 2

2-1 $\overline{AE}:\overline{AC}=\overline{DE}:\overline{BC}$, $2:5=8:\overline{BC}$

$2\overline{BC}=40$　∴$\overline{BC}=20(\text{cm})$

$\overline{AF}:\overline{AB}=\overline{FG}:\overline{BC}$, $3:4=\overline{FG}:20$

$4\overline{FG}=60$　∴$\overline{FG}=15(\text{cm})$

답 15 cm

2-2 $\overline{PQ}$의 연장선이 $\overline{AB}$와 만나는 점을 R라고 하면

△BDA에서 $\overline{BP}:\overline{BD}=\overline{RP}:\overline{AD}$

$1:3=\overline{RP}:8$　∴$\overline{RP}=\dfrac{8}{3}(\text{cm})$

△ABC에서 $\overline{AQ}:\overline{AC}=2:3$

$2:3=\overline{RQ}:\overline{BC}$, $2:3=\overline{RQ}:12$

$3\overline{RQ}=24$　∴$\overline{RQ}=8(\text{cm})$

∴$\overline{PQ}=8-\dfrac{8}{3}=\dfrac{16}{3}(\text{cm})$　　답 $\dfrac{16}{3}$ cm

3 △ABP에서 $\overline{AP}/\!/\overline{EQ}$이고 점 E가 $\overline{AB}$의 중점이므로

$\overline{BP}=2\overline{BQ}$　　　　…… ㉠

같은 방법으로 △ASD에서

$\overline{PH}=\dfrac{1}{2}\overline{SD}$　　　　…… ㉡

$\overline{SD}=\overline{BQ}$이므로 ㉠과 ㉡에서

$\overline{BP} : \overline{PH}=2\overline{BQ} : \dfrac{1}{2}\overline{BQ}=4 : 1$

즉 $20 : \overline{PH}=4 : 1$이므로 $\overline{PH}=5(cm)$

답 5 cm

3-1 $\overline{AC}$를 그으면 두 점 G, H는 각각 △ABC,

△ACD의 무게중심이므로

$\overline{BG}=\overline{GH}=\overline{HD}$

$\triangle ABD=\dfrac{1}{2}\square ABCD=18(cm^2)$이므로

$\triangle AGH=\dfrac{1}{3}\triangle ABD=\dfrac{1}{3}\times 18=6(cm^2)$

답 $6\,cm^2$

3-2 $\overline{DS}=\overline{SR}=\overline{PQ}=\overline{QB}=2\overline{RF}$이므로

$\overline{DF}=\overline{DS}+\overline{SR}+\overline{RF}=5\overline{RF}$

따라서 $\triangle DFC=5\triangle RFC=15(cm^2)$이므로

$\square ABCD=4\triangle DFC=60(cm^2)$ 답 $60\,cm^2$

4 $\overline{AE}$와 $\overline{CD}$의 교점을 G라 하면 G는 △ABC의

무게중심이다.

$\triangle GDI \backsim \triangle GCE$이고 $\overline{DG} : \overline{GC}=1 : 2$이므로

$\triangle GDI : \triangle GCE=1 : 4$, $\triangle GCE=4\triangle GDI$

$\triangle GCE=\dfrac{1}{6}\triangle ABC=15(cm^2)$

$\therefore \triangle GDI=\dfrac{15}{4}(cm^2)$

같은 방법으로 $4\triangle GEH=\triangle GAD=15(cm^2)$

$\therefore \triangle GEH=\dfrac{15}{4}(cm^2)$

$\triangle GDE \backsim \triangle GCA$이고

$\triangle GDE : \triangle GCA=1 : 4$, $\triangle GCA=4\triangle GDE$

$\triangle GCA=\dfrac{1}{3}\triangle ABC=30(cm^2)$

$\therefore \triangle GDE=\dfrac{15}{2}(cm^2)$

$\triangle GIH \backsim \triangle GAC$이고 $\overline{GI} : \overline{GA}=1 : 4$

$\therefore \triangle GIH : \triangle GAC=1 : 16$

$\triangle GAC=16\triangle GIH$, $\triangle GIH=\dfrac{15}{8}(cm^2)$

$\therefore \square DEHI=\dfrac{15}{4}+\dfrac{15}{4}+\dfrac{15}{2}+\dfrac{15}{8}$

$=\dfrac{135}{8}(cm^2)$ 답 $\dfrac{135}{8}\,cm^2$

4-1 $\triangle GEM \backsim \triangle GBD$이고 $\overline{EG} : \overline{GB}=1 : 2$

$\triangle GEM : \triangle GBD=1 : 4$

$\triangle GBD=4\triangle GEM$

$\triangle ABC=6\triangle GBD=24\triangle GEM=72(cm^2)$

$\therefore \triangle GEM=3(cm^2)$ 답 $3\,cm^2$

4-2 $\overline{AG} : \overline{GD}=2 : 1$이므로

$\triangle G'AD=3\triangle GDG'$ $\therefore \triangle G'AD=9(cm^2)$

$\triangle ADC=3\triangle G'AD=27(cm^2)$

$\therefore \triangle ABC=2\triangle ADC=54(cm^2)$ 답 $54\,cm^2$

P. 140

Step**5** 서술형 만점 대비

1 △BAP에서 $\overline{BM} : \overline{BP}=\overline{DM} : \overline{AP}$,

$1 : 2=\overline{DM} : 8$ $\therefore \overline{DM}=4(cm)$

△CAP에서 $\overline{CN} : \overline{CP}=\overline{EN} : \overline{AP}$,

$1 : 2=\overline{EN} : 8$ $\therefore \overline{EN}=4(cm)$

$\overline{DE}=\overline{MN}=\dfrac{1}{2}\overline{BC}=6(cm)$

따라서 $\square DMNE$의 둘레의 길이는

$4+4+6+6=20(cm)$ 답 20 cm

채점 기준	
$\overline{DM}$, $\overline{EN}$의 길이 구하기	40%
$\overline{DE}$, $\overline{MN}$의 길이 구하기	40%
답 구하기	20%

2 $\overline{AE} : \overline{EC}=1 : 2$에서 $\overline{AE} : \overline{AC}=1 : 3$

△ADC에서 $\overline{AE} : \overline{AC}=\overline{FE} : \overline{DC}=1 : 3$

따라서 $\overline{FE}=a$라 하면 $\overline{DC}=3a$이고

$\overline{BD} : \overline{DC}=3 : 4$이므로

$\overline{BD} : 3a=3 : 4$, $4\overline{BD}=9a$

$\therefore \overline{BD}=\dfrac{9}{4}a$

$\triangle GEF \backsim \triangle GBD$(AA 닮음)이므로

$\overline{EF} : \overline{BD} = \overline{FG} : \overline{DG}$

$a : \dfrac{9}{4}a = \overline{FG} : 9, \quad \dfrac{9}{4}a\overline{FG} = 9a$

$\therefore \overline{FG} = 4(\text{cm})$ **답** $4\,\text{cm}$

채점 기준

$\overline{FE} = a$라 할 때, $\overline{DC}$, $\overline{BD}$를 a에 관한 식으로 나타내기	60%
비례식 세우기	20%
답 구하기	20%

3 점 A를 지나고 $\overline{BC}$에 평행한 직선이 $\overline{DE}$와 만나는 점을 N이라 하면

$\angle AMN = \angle CME, \quad \overline{AM} = \overline{CM},$

$\angle NAM = \angle ECM$(엇각)이므로

$\triangle AMN \equiv \triangle CME$(ASA 합동)

$\therefore \overline{AN} = \overline{CE}$ ...... ㉠

또 $\triangle DAN \backsim \triangle DBE$이고 $\overline{DA} : \overline{DB} = 1 : 2$이므로

$\overline{AN} : \overline{BE} = 1 : 2$ ...... ㉡

㉠, ㉡에서 $\overline{BE} = 2\overline{CE}$

$\therefore \overline{BE} : \overline{CE} = 2 : 1$ **답** $2 : 1$

채점 기준

보조선 긋기	20%
합동인 삼각형 찾기	30%
닮음인 삼각형 찾기	30%
답 구하기	20%

4 $\overline{AG}$, $\overline{AG'}$의 연장선이 $\overline{BC}$와 만나는 점을 각각 E, F라 하자. 두 점 G, G′이 각각 $\triangle ABD$, $\triangle ADC$의 무게중심이므로

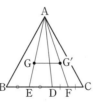

$\overline{BE} = \overline{ED}, \quad \overline{DF} = \overline{FC}$

또, $\overline{AG} : \overline{GE} = \overline{AG'} : \overline{G'F} = 2 : 1$이므로

$\overline{GG'} = \dfrac{2}{3}\overline{EF} = \dfrac{2}{3} \times \dfrac{1}{2} \times \overline{BC}$

$= \dfrac{2}{3} \times \dfrac{1}{2} \times 18 = 6(\text{cm})$ **답** $6\,\text{cm}$

채점 기준

$\overline{BE} = \overline{ED}$, $\overline{DF} = \overline{FC}$ 임을 알기	40%
$\overline{AG} : \overline{GE} = \overline{AG'} : \overline{G'F} = 2 : 1$ 임을 알기	40%
답 구하기	20%

03 닮음의 활용(2)

P. 141~143

Step 1 교과서 이해

01 $m : n, \ m^2 : n^2$

02 $4 : 9$

03 $16 : 25$

04 $\triangle ABC : \triangle A'B'C' = 16 : 25$이므로

$\triangle ABC : 50 = 16 : 25$

$\therefore \triangle ABC = 32(\text{cm}^2)$ **답** $32\,\text{cm}^2$

05 $\triangle ADE : \triangle ABC = 2^2 : 3^2 = 4 : 9$

답 $4 : 9$

06 $4 : 9 = S : \triangle ABC, \quad \triangle ABC = \dfrac{9}{4}S$

$\therefore \square BCDE = \dfrac{9}{4}S - S = \dfrac{5}{4}S$ **답** $\dfrac{5}{4}S$

07 $\triangle ADE : \triangle ABC = 3^2 : 10^2 = 9 : 100$

답 $9 : 100$

08 $\overline{AD} : \overline{AB} = \overline{DE} : \overline{BC} = 3 : 10$

$\therefore \triangle DEF : \triangle CBF = 3^2 : 10^2 = 9 : 100$

답 $9 : 100$

09 $\triangle CEF : \triangle CBE = \overline{EF} : \overline{BE}$

$= 3 : (3+10) = 3 : 13$

답 $3 : 13$

10 $\triangle ABC \backsim \triangle DBE$이고 닮음비는 $5 : 3$이므로

$\triangle ABC : \triangle DBE = 25 : 9$

$50 : \triangle DBE = 25 : 9$

따라서 $\triangle DBE = 18(\text{cm}^2)$이므로

$\square ADEC = 50 - 18 = 32(\text{cm}^2)$

답 $32\,\text{cm}^2$

11 $m^2 : n^2$, $m^3 : n^3$

12 부피의 비가 $1^3 : 2^3$이므로 닮음비는 1 : 2이다.
따라서 겉넓이의 비는 $1^2 : 2^2 = 1 : 4$ **답** 1 : 4

13 $3^3 : 4^3 = 27 : 64$ ··· **답**

14 큰 직육면체의 부피를 $V\,\mathrm{cm}^3$라 하면
$27 : 64 = 54 : V$
$\therefore V = 128\,(\mathrm{cm}^3)$ **답** $128\,\mathrm{cm}^3$

15 $4 : 6 = 3 : \overline{A'C'}$ $\therefore \overline{A'C'} = \dfrac{9}{2}\,(\mathrm{cm})$
답 $\dfrac{9}{2}\,\mathrm{cm}$

16 $\triangle ABC : \triangle A'B'C' = 2^2 : 3^2 = 4 : 9$
답 4 : 9

17 큰 삼각기둥의 부피를 $V\,\mathrm{cm}^3$라 하면
$8 : 27 = 16 : V$
$\therefore V = 54\,(\mathrm{cm}^3)$ **답** $54\,\mathrm{cm}^3$

18 2 : 3

19 두 원기둥 A, B의 겉넓이의 비는
$2^2 : 3^2 = 4 : 9$
원기둥 A의 옆넓이를 $S\,\mathrm{cm}^2$라 하면
$4 : 9 = S : 225$ $\therefore S = 100\,(\mathrm{cm}^2)$
답 $100\,\mathrm{cm}^2$

20 두 원기둥 A, B의 부피의 비는
$2^3 : 3^3 = 8 : 27$
원기둥 B의 부피를 $V\,\mathrm{cm}^3$라 하면
$80 : V = 8 : 27$ $\therefore V = 270\,(\mathrm{cm}^3)$
답 $270\,\mathrm{cm}^3$

21 닮음비가 $10 : 2 = 5 : 1$이므로 부피의 비는
$5^3 : 1^3 = 125 : 1$
따라서 모두 125개를 만들 수 있다.
답 125개

22 작은 쇠구슬과 큰 쇠구슬의 닮음비가 1 : 4이므로 부피의 비는 $1^3 : 4^3 = 1 : 64$
따라서 큰 쇠구슬 한 개로 작은 쇠구슬 64개를 만들 수 있다.
답 64개

23 작은 쇠구슬과 큰 쇠구슬의 닮음비가 1 : 4이므로 겉넓이의 비는 $1^2 : 4^2 = 1 : 16$
따라서 작은 쇠구슬 한 개의 겉넓이를 S라 하면 큰 쇠구슬의 겉넓이는 $16S$, 작은 쇠구슬 64개의 겉넓이의 합은 $64S$이므로 큰 쇠구슬의 겉넓이의 4배이다.
답 4배

24 큰 삼각뿔과 작은 삼각뿔의 닮음비는 5 : 3
큰 삼각뿔과 작은 삼각뿔의 부피의 비는
$5^3 : 3^3 = 125 : 27$
따라서 위쪽의 삼각뿔과 아래쪽의 삼각뿔대의 부피의 비는
$27 : (125 - 27) = 27 : 98$
답 27 : 98

25 축도, 축척

26 a

27 축도, 축도

28 $2 \times 50000\,\mathrm{cm} = 100000\,\mathrm{cm}$
$= 1000\,\mathrm{m}$
$= 1\,\mathrm{km}$
답 $1\,\mathrm{km}$

29 닮음비가 1 : 200이므로 넓이의 비는
$1^2 : 200^2 = 1 : 40000$
따라서 실제 건물의 바닥의 넓이는
$9000\,\mathrm{cm}^2 \times 40000 = 36000\,\mathrm{m}^2$
답 $36000\,\mathrm{m}^2$

P. 144

Step2 개념탄탄

01 △AOD∽△COB이고 닮음비가 3 : 5이므로

△AOD : △COB=9 : 25 ··· **답**

02 $\overline{OD} : \overline{BO}$=3 : 5이고, △ABO, △AOD는 높이가 같으므로

△ABO : △AOD=$\overline{BO} : \overline{OD}$=5 : 3 ··· **답**

03 △ADE∽△ABC이고 닮음비가 1 : 2이므로 넓이의 비는 1 : 4이다.

즉 △ADE : △ABC=1 : 4에서

△ADE : 48=1 : 4 ∴ △ADE=12(cm²)

답 12 cm²

04 △ABD∽△CAD(AA 닮음)이고 닮음비는 3 : 4이므로

△ABD : △ADC=$3^2 : 4^2$=9 : 16

답 9 : 16

05 상자 A, 상자 B, 상자 C에 들어 있는 구슬 한 개의 반지름의 길이의 비가 6 : 3 : 2이므로 구슬 한 개의 겉넓이의 비는

$6^2 : 3^2 : 2^2$=36 : 9 : 4

이다. 그런데 상자 A, 상자 B, 상자 C에 들어 있는 구슬의 개수가 각각 1개, 8개, 27개이므로 구슬 전체의 겉넓이의 비는

(36×1) : (9×8) : (4×27)=1 : 2 : 3

답 1 : 2 : 3

06 세 입체도형 V_1, (V_1+V_2), ($V_1+V_2+V_3$)의 닮음비는 1 : 2 : 3이므로 부피의 비는

$1^3 : 2^3 : 3^3$=1 : 8 : 27

∴ $V_1 : V_2 : V_3$=1 : (8−1) : (27−8)

=1 : 7 : 19

답 1 : 7 : 19

07 $20\,\text{km} \times \dfrac{1}{100000}$=2000000 cm $\times \dfrac{1}{100000}$

=20 cm **답** 20 cm

P. 145~148

Step3 실력완성

1 △ABC∽△AED(AA 닮음)이고

닮음비는 9 : 6=3 : 2이므로 넓이의 비는 9 : 4이다.

∴ □DBCE=△ABC$\times \dfrac{5}{9}$

=45$\times \dfrac{5}{9}$=25(cm²) **답** ②

2 세 원의 넓이의 비가 1 : 4 : 9이므로

세 부분 A, B, C의 넓이의 비는

1 : (4−1) : (9−4)=1 : 3 : 5 **답** 1 : 3 : 5

3 △ADF : △AEG : △ABC=$1^2 : 2^2 : 3^2$

=1 : 4 : 9

□DEGF : □EBCG=(4−1) : (9−4)

=3 : 5

즉 □DEGF : 45=3 : 5이므로

□DEGF=27(cm²) **답** ③

4 △AOD : △COB=1 : 4

1 : 4=6 : △COB ∴ △COB=24(cm²)

△AOD : △ABO=1 : 2, 1 : 2=6 : △ABO

∴ △ABO=12(cm²)

또한, △DOC=△ABO=12(cm²)이므로

□ABCD=54(cm²) **답** 54 cm²

채점 기준	
△COB의 넓이 구하기	30%
△ABO, △DOC의 넓이 구하기	40%
답 구하기	30%

5 △AOD∽△COB이고 넓이의 비가

18 : 50=9 : 25=$3^2 : 5^2$

이므로 닮음비는 3 : 5이다.

즉 $\overline{DO} : \overline{BO}$=3 : 5이므로

18 : △ABO=3 : 5 ∴ △ABO=30(cm²)

답 ④

6 $\triangle AED \backsim \triangle ABC$이고 닮음비는

$\overline{AD} : \overline{AC} = 3 : 5$

$\therefore \triangle AED : \triangle ABC = 9 : 25$ 　　　**답** $9 : 25$

7 $\triangle AED \backsim \triangle ABC$이고

$\triangle AED : \triangle ABC = 16 : 36 = 4^2 : 6^2$이므로

$\triangle AED$와 $\triangle ABC$의 닮음비는

$4 : 6 = 2 : 3$

즉 $8 : x = 2 : 3$에서 $x = 12$ 　　　**답** ③

8 $\triangle ABC \backsim \triangle ACD$이고 닮음비는 $10 : 6 = 5 : 3$

$\triangle ABC = \dfrac{1}{2} \times 8 \times 6 = 24 (\text{cm}^2)$

$\triangle ABC : \triangle ACD = 5^2 : 3^2 = 25 : 9$이므로

$25 : 9 = 24 : \triangle ACD$, $25 \triangle ACD = 216$

$\therefore \triangle ACD = \dfrac{216}{25} (\text{cm}^2)$ 　　**답** $\dfrac{216}{25} \text{cm}^2$

9 두 직육면체 P, Q의 닮음비는 $2 : 3$이므로 부피의 비는 $2^3 : 3^3 = 8 : 27$

$8 : 27 = 40 : (Q$의 부피$)$

$8 \times (Q$의 부피$) = 27 \times 40$

$\therefore (Q$의 부피$) = 135 (\text{cm}^3)$ 　　　**답** ④

10 $0.3 \text{m} = 30 \text{cm}$이므로 큰 공과 작은 공의 닮음비는 $30 : 6 = 5 : 1$

따라서 부피의 비는 $5^3 : 1^3 = 125 : 1$이므로

125개까지 만들 수 있다. 　　　**답** ④

11 P와 Q의 닮음비는 $6 : 9 = 2 : 3$이므로 부피의 비는 $2^3 : 3^3 = 8 : 27$

$(P$의 부피$) = 4 \times 6 \times 8 = 192 (\text{cm}^3)$이므로

$8 : 27 = 192 : (Q$의 부피$)$

$\therefore (Q$의 부피$) = \dfrac{1}{8} \times 27 \times 192 = 648 (\text{cm}^3)$

　　　답 648cm^3

12 작은 원과 큰 원의 닮음비는 $1 : 10$이고 두 원의 넓이의 비는 $1 : 100$이다.

이때 작은 원 한 개의 넓이를 a라 하면 큰 원의 넓이는 $100a$이고, 작은 원 25개의 넓이의 합은 $25a$이므로

$(남은 부분의 넓이) = 100a - 25a = 75a$

$\therefore \dfrac{75a}{100a} = \dfrac{3}{4} (\text{배})$

　　　답 ④

13 두 삼각뿔 $(V-A'B'C')$과 $(V-ABC)$의 닮음비는 $6 : 9 = 2 : 3$이므로

$\triangle A'B'C' : \triangle ABC = 2^2 : 3^2 = 4 : 9$

즉 $12 : \triangle ABC = 4 : 9$에서

$\triangle ABC = 27 (\text{cm}^2)$

　　　답 ④

14 물이 담긴 부분과 원뿔의 닮음비는 $2 : 3$이고 부피의 비는 $2^3 : 3^3 = 8 : 27$

따라서 물의 부피를 $x \text{cm}^3$라고 하면

$8 : 27 = x : 27$ 　　$\therefore x = 8$

　　　답 8cm^3

15 $\overline{AC} = a$, $\overline{AP} = b$라 하면

$\triangle PQB = \square PBOC - \triangle APC$이므로

$\triangle PQB = a(a-b)$ 　　　……… ㉠

한편 $\triangle APC \backsim \triangle BPQ$이므로

$\overline{AP} : \overline{BP} = \overline{AC} : \overline{BQ}$, $b : (a-b) = a : \overline{BQ}$

$\therefore \overline{BQ} = \dfrac{a(a-b)}{b}$

$\therefore \triangle PQB = \dfrac{a(a-b)^2}{2b}$ 　　　……… ㉡

㉠, ㉡에서 $a = 3b$, $\overline{AC} : \overline{AP} = 3 : 1$이므로

$\overline{AP} : \overline{PB} = 1 : 2$

$\therefore \triangle APC : \triangle PQB = 1^2 : 2^2 = 1 : 4$

　　　답 $1 : 4$

채점 기준	
$\overline{AC} = a$, $\overline{AP} = b$로 놓고 $\triangle PQB$, $\overline{BQ}$를 a, b에 관한 식으로 나타내기	40%
$\overline{AP} : \overline{PB}$ 구하기	40%
답 구하기	20%

16 오른쪽 그림에서
$\triangle ABC \oslash \triangle AB'C'$이므로
$3:5=h:(h+4)$
$5h=3h+12, \ 2h=12$
$h=6(cm)$
따라서 구하는 원뿔대의 부피는
$\dfrac{1}{3} \times 25\pi \times 10 - \dfrac{1}{3} \times 9\pi \times 6$
$=\dfrac{196}{3}\pi(cm^3)$　　　**답** $\dfrac{196}{3}\pi \ cm^3$

17 물이 채워진 부분까지와 그릇 전체의 닮음비가
$1:2$이므로 부피의 비는 $1^3:2^3=1:8$
따라서 그릇 전체의 $\dfrac{1}{8}$을 채우는 데 20분이 걸렸
으므로 남은 부분에 물을 모두 채우려면 140분,
즉 2시간 20분이 더 걸린다.　　　**답** ④

18 $3 \times 50000 \, cm = 150000 \, cm = 1.5 \, km$
$\therefore a = 1.5$
$10 \, km \times \dfrac{1}{50000} = 1000000 \, cm \times \dfrac{1}{50000}$
　　　　　　　　　$= 20 \, cm$
$\therefore b = 20$
$\therefore a + b = 21.5$　　　**답** 21.5

19 $40 \, cm^2 \times (50000)^2$
$= 40 \, cm^2 \times 2500000000 = 100000000000 \, cm^2$
$= 10000000 \, m^2 = 10 \, km^2$　　　**답** ②

20 오른쪽 그림에서 세
원뿔 P, Q, R의 닮
음비가 $4:3:2$이므
로 부피의 비는
$64:27:8$이다.
따라서 그릇 전체의 부피와 물의 부피의 비는
$(64-8):(27-8)=56:19$이므로
그릇 전체의 부피를 $V \, mL$라 하면
$V:190=56:19$　　$\therefore V=560(mL)$
　　　　　　　　　답 $560 \, mL$

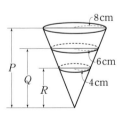

채점 기준

그릇 전체의 부피와 물의 부피의 비 구하기	70%
답 구하기	30%

21 (물의 깊이) : (그릇의 높이)=$1:2$이므로
(물의 부피) : (그릇의 부피)=$1:8$
따라서 물을 가득 채우는 데 걸리는 시간은
$10 \times 8 = 80$(분), 즉 1시간 20분이다.
　　　　　　　　　답 1시간 20분

22 피라미드의 높이를 $x \, m$라 하면
$1:2=x:(20+80)$
$\therefore x=50(m)$　　　**답** 50 m

23 필름과 스크린에 비친 영상은 닮은 도형이고, 닮
음비는 $10:(10+490)=1:50$이다. 닮은 도
형의 넓이의 비는 닮음비의 제곱과 같으므로
$1^2:50^2=1:2500$이다. 따라서 스크린에 비친
영상의 넓이는 필름 넓이의 2500배이다.
　　　　　　　　　답 2500배

24 A, B 사이의 실제 거리가 $200 \, m$이므로 축척은
$5 \, cm : 200 \, m = 5 \, cm : 20000 \, cm = 1:4000$
따라서 두 섬 C, D 사이의 실제 거리는
$4.2 \, cm \times 4000 = 16800 \, cm = 168 \, m$
　　　　　　　　　답 168 m

P. 149

Step 4 유형클리닉

1 닮음비가 $1:3$이므로 부피의 비는 $1:3^3=1:27$
즉 전체를 채우는 데 걸리는 시간은
$5 \times 27 = 135$(분)
따라서 $135-5=130$(분)이므로 130분 동안 물
을 더 넣어야 한다.　　　**답** 130분

1-1 물이 들어 있는 부분과 그릇 전체의 닮음비는
$2:3$이므로 부피의 비는 $8:27$이다.

즉 그릇에 물을 가득 채우는 데 x분이 걸린다고
하면 $8:27=16:x$ $\therefore x=54$

따라서 $54-16=38$(분)이므로 앞으로 38분 동
안 물을 더 넣어야 한다.   **답** 38분

2 높이가 $30\,\mathrm{m}$인 등대가 축도에서 $5\,\mathrm{cm}$로 나타났
으므로 축척은
$$5\,\mathrm{cm}:30\,\mathrm{m}=5\,\mathrm{cm}:3000\,\mathrm{cm}$$
$$=1:600$$
따라서 등대와 A 지점 사이의 실제 거리는
$$12\,\mathrm{cm}\times600=7200\,\mathrm{cm}=72\,\mathrm{m} \quad \textbf{답} \, 72\,\mathrm{m}$$

2-1 $10\,\mathrm{cm}\times10000=100000\,\mathrm{cm}$
$$=1\,\mathrm{km} \qquad \textbf{답} \, 1\,\mathrm{km}$$

2-2 $\triangle\mathrm{ABC}=\dfrac{1}{2}\times3\times4=6(\mathrm{cm}^2)$ 이므로

실제 땅의 넓이는
$$6\,\mathrm{cm}^2\times200^2=6\,\mathrm{cm}^2\times40000$$
$$=240000\,\mathrm{cm}^2$$
$$=24\,\mathrm{m}^2 \qquad \textbf{답} \, 24\,\mathrm{m}^2$$

2 처음 원뿔과 확대한 원뿔의 닮음비는 $1:5$이다.

겉넓이의 비는 $1^2:5^2=1:25$

부피의 비는 $1^3:5^3=1:125$

            답 겉넓이의 비는 $1:25$,
부피의 비는 $1:125$

채점 기준	
닮음비 구하기	40%
겉넓이의 비 구하기	30%
부피의 비 구하기	30%

3 (1) 수면인 원의 반지름의 길이를 $x\,\mathrm{cm}$라고 하면
$$12:20=2x:10, \ 40x=120$$
$$\therefore x=3$$
(2) 물이 든 부분과 그릇 전체의 닮음비는
$$12:20=3:5$$
(물의 부피) : (그릇의 부피) $=3^3:5^3$
$$=27:125$$
이므로 물의 부피는 그릇 전체의 부피의 $\dfrac{27}{125}$

배이다.   **답** (1) $3\,\mathrm{cm}$ (2) $\dfrac{27}{125}$배

채점 기준	
수면인 원의 반지름의 길이 구하기	50%
물의 부피와 그릇 전체의 부피의 비 구하기	50%

Step5 서술형 만점 대비

1 두 수박의 지름의 길이의 비(닮음비)는
$$18:30=3:5$$
이므로 부피의 비는 $3^3:5^3=27:125$

따라서 작은 수박을 3000원에 산다면 큰 수박은
$3000\times\dfrac{125}{27}$(원)에 사야 한다.

그런데 $3000\times\dfrac{125}{27}>8000$이므로 큰 수박을 사
는 것이 유리하다.   **답** 풀이 참조

채점 기준	
두 수박의 부피의 비 구하기	40%
어느 쪽이 유리한지 판단하기	60%

4

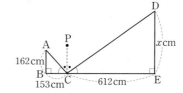

위의 그림과 같이 각 점을 기호로 나타내고
$\overline{\mathrm{PC}}\perp\overline{\mathrm{BE}}$가 되도록 점 P를 잡으면

$\triangle\mathrm{ABC}$와 $\triangle\mathrm{DEC}$에서

$\angle\mathrm{ABC}=\angle\mathrm{DEC}=90°$

$\angle\mathrm{ACP}=\angle\mathrm{DCP}$(입사각과 반사각)

이므로 $\angle\mathrm{ACB}=\angle\mathrm{DCE}$

$\therefore \triangle\mathrm{ABC}\backsim\triangle\mathrm{DEC}$(AA 닮음)

따라서 $\overline{DE}=x\,\text{cm}$라 하면 $162:x=153:612$

$162:x=1:4$ ∴ $x=648(\text{cm})$

즉 건물의 높이는 $6.48\,\text{m}$이다.

답 $6.48\,\text{m}$

채점 기준

닮은 삼각형 찾기	60%
비례식 세우기	20%
답 구하기	20%

P. 151~153

Step**6** 도전 1등급

1 $\overline{CH}$의 연장선과 $\overline{AB}$가 만나는 점을 E라 하면

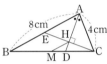

$\triangle AEH \equiv \triangle ACH(\text{ASA 합동})$

이므로 $\overline{AE}=\overline{AC}=4(\text{cm})$, $\overline{EH}=\overline{CH}$

$\triangle BCE$에서 두 점 H, M이 각각 $\overline{EC}$, $\overline{BC}$의 중점이므로

$\overline{MH}=\dfrac{1}{2}\overline{BE}=\dfrac{1}{2}(8-4)=2(\text{cm})$

답 $2\,\text{cm}$

2 $\angle FDE=\angle BAD+\angle ABD=\angle ABC$,

$\angle DEF=\angle EBC+\angle ECB=\angle BCA$

이므로 $\triangle ABC \backsim \triangle FDE(\text{AA 닮음})$

따라서 $\overline{BC}:\overline{DE}=\overline{CA}:\overline{EF}$이므로

$5:\dfrac{5}{2}=7:\overline{EF}$ ∴ $\overline{EF}=\dfrac{7}{2}$

답 ③

3 $\triangle ABC \backsim \triangle FEC(\text{AA 닮음})$이므로

$\overline{AB}:\overline{FE}=\overline{BC}:\overline{EC}$, 즉 $12:6=15:\overline{EC}$

∴ $\overline{EC}=\dfrac{15}{2}(\text{cm})$

답 $\dfrac{15}{2}\,\text{cm}$

4 점 P에서 $\overline{BC}$에 내린 수선의 발을 H라 하면

$\angle ABC=\angle PHC=\angle DCB=90°(\text{동위각})$이므로

$\overline{AB}\,/\!/\,\overline{PH}\,/\!/\,\overline{DC}$이고 $\overline{BP}:\overline{PD}=3:6=1:2$

$\triangle BCD$에서 $1:3=\overline{PH}:6$이므로

$\overline{PH}=2(\text{cm})$

∴ $\triangle PBC=\dfrac{1}{2}\times 8\times 2=8(\text{cm}^2)$

답 ③

5 $\triangle ADF$에서 $\overline{DF}=2\overline{GE}=8(\text{cm})$

$\triangle BCE$에서 $\overline{BE}=2\overline{DF}=16(\text{cm})$

∴ $\overline{BG}=\overline{BE}-\overline{GE}=16-4=12(\text{cm})$

답 ③

6 $\angle A=90°$이므로

$\triangle ABC=\dfrac{1}{2}\times 4\times 8=16(\text{cm}^2)$

$\overline{AD}$가 $\angle A$의 이등분선이므로

$\overline{AB}:\overline{AC}=\overline{BD}:\overline{CD}$,

즉 $\overline{BD}:\overline{CD}=8:4=2:1$

∴ $\triangle ADC=\dfrac{1}{3}\triangle ABC=\dfrac{16}{3}(\text{cm}^2)$

답 $\dfrac{16}{3}\,\text{cm}^2$

7 $\overline{BE}$의 중점을 Q라 하면 $\triangle BCE$에서

$\overline{QD}\,/\!/\,\overline{EC}$이고

$\overline{QD}=\dfrac{1}{2}\overline{EC}=6(\text{cm})$

$\triangle AQD$에서 $\overline{EP}=\dfrac{1}{2}\overline{QD}=3(\text{cm})$

∴ $\overline{PC}=\overline{CE}-\overline{EP}=12-3=9(\text{cm})$

답 $9\,\text{cm}$

8 $\triangle EBC=\dfrac{1}{2}\triangle ABC=30(\text{cm}^2)$이므로

$\triangle EFD=\dfrac{1}{2}\triangle EBD=\dfrac{1}{2}\times\dfrac{1}{2}\triangle EBC$

$=\dfrac{1}{4}\triangle EBC=\dfrac{15}{2}(\text{cm}^2)$

$\triangle EDG=\dfrac{1}{3}\triangle EDC=\dfrac{1}{3}\times\left(\dfrac{1}{2}\triangle EBC\right)$

$=\dfrac{1}{6}\triangle EBC=5(\text{cm}^2)$

∴ $\square EFDG=\triangle EFD+\triangle EDG$

$=\dfrac{15}{2}+5=\dfrac{25}{2}(\text{cm}^2)$

답 $\dfrac{25}{2}\,\text{cm}^2$

9 ∠BAD＝∠BCA, ∠B는 공통이므로
△ABD∽△CBA(AA 닮음)
6 : 12＝$\overline{BD}$: 6에서 $\overline{BD}$＝3(cm)
6 : 12＝$\overline{AD}$: 10에서 $\overline{AD}$＝5(cm)
따라서 △ADC에서
$\overline{AD}$: $\overline{AC}$＝$\overline{DE}$: $\overline{EC}$, 즉 5 : 10＝$\overline{DE}$: $\overline{EC}$
이므로 $\overline{DE}$: $\overline{EC}$＝1 : 2
∴ $\overline{DE}$＝$\frac{1}{3}\overline{DC}$＝$\frac{1}{3}$(12－3)＝3(cm)

답 3 cm

10 ∠ADP＝∠MBP(엇각),
∠APD＝∠MPB(맞꼭지각)
이므로 △ADP∽△MBP(AA 닮음)
즉 $\overline{DP}$: $\overline{BP}$＝16 : 10＝8 : 5
같은 방법으로 △ADQ∽△CMQ(AA 닮음)이
므로
$\overline{DQ}$: $\overline{MQ}$＝8 : 5
$\overline{DP}$: $\overline{BP}$＝$\overline{DQ}$: $\overline{MQ}$＝8 : 5이므로 $\overline{PQ}$∥$\overline{BM}$
따라서 △DBM에서 8 : 13＝$\overline{PQ}$: 10이므로
$\overline{PQ}$＝$\frac{80}{13}$(cm)

답 $\frac{80}{13}$ cm

11 △ABD에서 $\overline{AB}$∥$\overline{EF}$이므로
∠EFD＝∠ABD＝40°(동위각)
△BCD에서 $\overline{FG}$∥$\overline{DC}$이므로
∠BFG＝∠BDC＝80°(동위각)
∴ ∠EFG＝∠EFD＋∠DFG
＝40°＋(180°－80°)＝140°
그런데 $\overline{AB}$＝$\overline{DC}$이므로
$\overline{EF}$＝$\frac{1}{2}\overline{AB}$＝$\frac{1}{2}\overline{DC}$＝$\overline{FG}$
따라서 △EFG는 $\overline{EF}$＝$\overline{FG}$인 이등변삼각형이
므로
∠FEG＝$\frac{1}{2}$(180°－140°)＝20°

답 20°

12 $\overline{ED}$: $\overline{DC}$＝1 : 3이므로 $\overline{ED}$＝a라 하면
$\overline{DC}$＝3a이고 $\overline{AE}$＝x라 하면
$\overline{AD}$＝$\overline{DC}$에서 $x＋a＝3a$ ∴ $x＝2a$

즉 $\overline{AE}$: $\overline{ED}$＝2 : 1이므로
$\triangle EBG＝\frac{2}{3}\triangle EBD＝\frac{2}{3}\times\left(\frac{1}{3}\triangle ABD\right)$
$＝\frac{2}{9}\times\frac{1}{2}\triangle ABC＝\frac{1}{9}\triangle ABC$
$＝\frac{1}{9}\times45＝5(cm^2)$

답 5 cm²

P. 154~157

Step 7 대단원 성취도 평가

1 ②

2 ②

3 2 : $\overline{EF}$＝3 : 6   ∴ $\overline{EF}$＝4
8 : $\overline{CD}$＝6 : 3   ∴ $\overline{CD}$＝4
∴ $\overline{EF}$＋$\overline{CD}$＝8

답 ③

4 $\overline{CD}$: $\overline{CB}$＝6 : 10＝3 : 5,
$\overline{CE}$: $\overline{CA}$＝9 : 15＝3 : 5,
∠C는 공통이므로 △CED∽△CAB(SAS 닮음)
즉, 3 : 5＝$\overline{DE}$: 6   ∴ $\overline{DE}$＝$\frac{18}{5}$

답 ④

5 △AEO∽△ADC이므로
4 : 6＝2 : x ∴ x＝3
점 O는 △ABF의 무게중심이므로
y : 2＝2 : 1   ∴ y＝4
∴ $x＋y＝3＋4＝7$

답 ③

6 ①

7 △GEP∽△AEQ이므로
$\overline{GP}$: $\overline{AQ}$＝$\overline{EG}$: $\overline{EA}$＝1 : 3
8 : $\overline{AQ}$＝1 : 3   ∴ $\overline{AQ}$＝24(cm)

답 ⑤

8 $\overline{DE}$∥$\overline{AB}$, $\overline{DE}$＝$\frac{1}{2}\overline{AB}$
△GDE∽△GAB이고 닮음비가 1 : 2이므로
△GDE : △GAB＝1² : 2²
즉 △GDE : 40＝1 : 4이므로
△GDE＝10(cm²)

답 ③

9 $\overline{AM}=\overline{CM}$, $\angle AMF=\angle CME$(맞꼭지각),
$\angle FAM=\angle ECM$(엇각)이므로
$\triangle AMF\equiv\triangle CME$(ASA 합동)
$\therefore \overline{AF}=\overline{CE}$
$\overline{BE}=2\overline{AF}=2\overline{CE}$, $\overline{BC}=3\overline{CE}=15(cm)$
즉 $\overline{CE}=5(cm)$이므로 $\overline{BE}=10(cm)$　답 ③

10 $\overline{PS}=\overline{QR}=\dfrac{1}{2}\overline{EG}=4(cm)$
$\overline{PQ}=\overline{SR}=\dfrac{1}{2}\overline{AB}=2(cm)$
따라서 □PQRS의 둘레의 길이는
$4+4+2+2=12(cm)$　답 ④

11 $\triangle CGF\backsim\triangle CAB$이고 닮음비가 $1:3$이므로
$\triangle CGF:\triangle CAB=1:9$
$\therefore \triangle CGF=\dfrac{1}{9}\times90=10(cm^2)$,
□GABF$=80(cm^2)$
$\overline{GF}:\overline{AB}=1:3$이므로
$\triangle BGF=\dfrac{1}{4}$□GABF$=20(cm^2)$
$\therefore$ □EFGH$=\dfrac{3}{4}\triangle BGF=\dfrac{3}{4}\times20$
$=15(cm^2)$　답 ③

12 $\overline{BE}=\overline{ED}$, $\overline{DF}=\overline{CF}$이므로 $\overline{EF}=6(cm)$
$\overline{AG}:\overline{GE}=2:1$이므로 $\overline{AG}:\overline{AE}=2:3$
따라서 $\overline{GG'}:\overline{EF}=2:3$, 즉 $\overline{GG'}:6=2:3$
이므로
$\overline{GG'}=4(cm)$　답 ④

13 $\overline{BG}:\overline{GE}=2:1$이고 $\overline{GD}/\!/\overline{EF}$이므로
$\overline{BG}:\overline{BE}=\overline{GD}:\overline{EF}=2:3$
즉 $4:\overline{EF}=2:3$이므로
$\overline{EF}=6(cm)$　답 6 cm

14 $\triangle ABC\backsim\triangle EDC$(AA 닮음)이고
넓이의 비가 $4:1$, 즉 $2^2:1^2$이므로
닮음비는 $2:1$이다.
따라서 $16:\overline{ED}=2:1$이므로
$\overline{DE}=8(cm)$　답 8 cm

15 $\overline{AC}$와 $\overline{BD}$의 교점을 O라 하면 P, Q는 각각
$\triangle ABC$와 $\triangle ADC$의 무게중심이므로
$\overline{AP}:\overline{PM}=\overline{AQ}:\overline{QN}=2:1$
즉 $\overline{AP}:\overline{AM}=2:3$이고
$\overline{AP}:\overline{AM}=\overline{PQ}:\overline{MN}$에서
$2:3=4:\overline{MN}$
$\therefore \overline{MN}=6(cm)$　답 6 cm

16 $\overline{MQ}=\overline{AD}=8cm$, $\overline{CF}=\overline{AD}=8cm$이므로
$\overline{BF}=20-8=12(cm)$
$\overline{MP}=\dfrac{1}{2}\overline{BF}=\dfrac{1}{2}\times12=6(cm)$
$\therefore \overline{PQ}=\overline{MQ}-\overline{MP}=8-6=2(cm)$　답 2 cm

17 $\triangle CDG=2\triangle CDE=8(cm^2)$
점 G가 $\triangle ABC$의 무게중심이므로
$\triangle ABC=6\triangle GDC=6\times8=48(cm^2)$
답 48 cm²

채점 기준	
$\triangle CDG$의 넓이 구하기	3점
$\triangle ABC=6\triangle GDC$임을 알기	3점
답 구하기	2점

내신 만점 테스트 3회

1 ④ $\overline{AB} /\!/ \overline{CD}$이므로 $\angle A + \angle D = 180°$
$\angle A = \angle C$에서 $\angle C + \angle D = 180°$이므로
$\overline{AD} /\!/ \overline{BC}$
즉 □ABCD는 평행사변형이다.   답 ③

2 $\angle ODC = \angle ABO = \angle x$,
$\angle OBC = \angle ODA = 26°$(엇각)
△OBC에서 $\angle BOC = 180° - (66° + 26°) = 88°$
△ODC에서 $\angle ODC + \angle OCD = \angle x + \angle y$
$= \angle BOC$
$= 88°$ 답 ②

3 ① 오른쪽 그림의 □ABCD
는 두 대각선이 수직이
지만 마름모가 아니다.
   답 ①

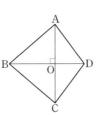

4 △ADE≡△CDE(SAS 합동)이므로
△CDE에서 $\angle DCE = 20°$, $\angle CDE = 45°$
∴ $\angle BEC = 45° + 20° = 65°$ 답 ③

5 □ABHG는 마름모이다.
① △AGH≡△HCE(SAS 합동)이므로
$\overline{AH} = \overline{HE}$
③ $\overline{AB} = \overline{GH} = \overline{DC} = \overline{CE}$
④ □ABHG는 마름모이므로 대각선이 수직이
다.
⑤ △ABH≡△ECH(SAS 합동)이므로
$\angle BAH = \angle CEH$ 답 ②

6 ① $12 : 18 = 2 : 3$
④ $2 : 3 = \overline{AD} : 12$ ∴ $\overline{AD} = 8\,cm$
⑤ $\angle F = \angle B = 100°$이므로
$\angle E = 360° - (130° + 50° + 100°) = 80°$
   답 ⑤

7 $6 : 12 = 9 : \overline{DE}$ ∴ $\overline{DE} = 16$ 답 ③

8 △ABC와 △DAC에서
$\angle C$는 공통, $\overline{AC} : \overline{DC} = \overline{BC} : \overline{AC} = 5 : 3$
따라서 △ABC∽△DAC(SAS 닮음)이므로
$\angle B = \angle DAC = 115° - 76° = 39°$ 답 ④

9 ① 삼각형의 세 중선은 길이가 모두 같은 것은
아니다.   답 ①

10 $7 : 5 = x : 6$에서 $x = \dfrac{42}{5}$
$7 : 5 = 8 : y$에서 $y = \dfrac{40}{7}$ 답 ④

11 오른쪽 그림과 같이 점
A를 지나고 $\overline{DC}$에 평
행한 선분을 그으면
△AEG∽△ABH이므
로
$\overline{AE} : (\overline{AE} + 4) = 1 : 3$
$3\overline{AE} = \overline{AE} + 4$ ∴ $\overline{AE} = 2(cm)$ 답 ②

12 △ABD∽△CAD(AA 닮음)이므로
$\overline{AD} : \overline{CD} = \overline{BD} : \overline{AD}$, $\overline{AD}^2 = \overline{BD} \times \overline{CD}$
즉 $\overline{AD}^2 = 4 \times 9 = 36 = 6^2$에서 $\overline{AD} = 6(cm)$
∴ △ABC $= \dfrac{1}{2} \times 13 \times 6 = 39(cm^2)$ 답 ④

13 $\overline{AD} /\!/ \overline{BC}$이므로 △ABD = △DCA
△ABD − △OAD = △DCA − △OAD
△OBA = △DOC = 15(cm²)
∴ △OBC = 50 − 15 = 35(cm²)   답 ②

14 $\overline{DF} /\!/ \overline{BC}$이고, $\overline{AF} = \overline{CF}$이므로 $\overline{AD} = \overline{ED}$이
다.
$\overline{AD} = \overline{ED} = x\,cm$라 하면 $\overline{AE} = 2x\,cm$
따라서 $\overline{AG} = \dfrac{2}{3}\overline{AE} = \dfrac{2}{3} \times 2x = \dfrac{4}{3}x(cm)$이므로
$\overline{DG} = \overline{AG} - \overline{AD} = \dfrac{4}{3}x - x = 1$ ∴ $x = 3$
즉 $\overline{AE} = 2x = 6(cm)$ 답 ①

15 겉넓이의 비가 $16:25=4^2:5^2$이므로 닮음비
는 $4:5$이다.

$x:20=4:5$에서 $x=16$

$8:y=4:5$에서 $y=10$

$\therefore x+y=26$　　　　　　　 **답** ③

16 $\angle BAC=90°$이므로

$\triangle ABC=\dfrac{1}{2}\times 15\times 10=75(cm^2)$

$\overline{AD}$가 $\angle A$의 이등분선이므로

$\overline{AB}:\overline{AC}=\overline{BD}:\overline{DC}=15:10=3:2$

$\therefore \triangle ABD=75\times\dfrac{3}{3+2}=45(cm^2)$

　　　　　　　 답 ④

17 $\overline{BE}=\overline{CE}=6\,cm$이고 $\triangle EFC\backsim\triangle AFD$이므로

$\overline{FC}:(\overline{FC}+8)=6:12=1:2$

$2\overline{FC}=\overline{FC}+8$　　$\therefore \overline{FC}=8(cm)$

　　　　　　　 답 $8\,cm$

18 $\triangle ABP+\triangle DCP=\dfrac{1}{2}\square ABCD$이므로

$8+17=\dfrac{1}{2}\square ABCD$

$\therefore \square ABCD=50(cm^2)$　　 **답** $50\,cm^2$

19 $\overline{EC}=x$라 하면 $\overline{AE}=9-x$

$\overline{DE}/\!/\overline{BC}$이므로 $8:4=(9-x):x$

$2x=9-x$　　$\therefore x=3$

$\overline{BI}$를 그으면 $\angle DBI=\angle IBC=\angle DIB$

$\therefore \overline{DB}=\overline{DI}=4$

$\overline{CI}$를 그으면 $\angle ECI=\angle ICB=\angle EIC$

$\therefore \overline{CE}=\overline{IE}=3$

따라서 $\overline{DE}=7$이므로

$8:(8+4)=7:\overline{BC}$　　$\therefore \overline{BC}=\dfrac{21}{2}$

　　　　　　　 답 $\dfrac{21}{2}$

20 $\triangle ABC$와 $\triangle DEC$에서

$\angle ABC=\angle DEC$, $\angle C$는 공통

$\therefore \triangle ABC\backsim\triangle DEC$(AA 닮음)

따라서 $\overline{AB}:\overline{DE}=\overline{BC}:\overline{EC}$이므로

$10:x=15:y$　　$\therefore y=\dfrac{3}{2}x$　 **답** $y=\dfrac{3}{2}x$

21 두 지점 A, B 사이의 실제 거리는

$25\,cm\times 200000=5000000\,cm=50\,km$

따라서 왕복하는 거리가 $100\,km$이므로 시속
$60\,km$의 속력으로 왕복하는 데 걸리는 시간은

$\dfrac{100}{60}=\dfrac{5}{3}$(시간)

즉 1시간 40분이 걸린다.

　　　　　　　 답 1시간 40분

22 $\overline{AM}:\overline{MB}=\overline{DN}:\overline{NC}$이므로

$\overline{AD}/\!/\overline{MN}/\!/\overline{BC}$

$\overline{AC}$를 그어 $\overline{MN}$과 만나는 점을 P라 하면

$\triangle ABC$에서 $\overline{MP}=\dfrac{1}{2}\overline{BC}=7(cm)$

$\triangle ACD$에서 $\overline{PN}=\dfrac{1}{2}\overline{AD}=4(cm)$

$\therefore \overline{MN}=7+4=11(cm)$　 **답** $11\,cm$

채점 기준	
$\overline{AD}/\!/\overline{MN}/\!/\overline{BC}$임을 알기	2점
$\triangle ABC$에서 중점연결정리 이용하기	2점
$\triangle ACD$에서 중점연결정리 이용하기	2점
답 구하기	2점

내신 만점 테스트 4회

1 $\overline{AF}=x$, $\overline{FB}=y$라고 하면 $x+y=10$

$\overline{AB}/\!/\overline{ED}$, $\overline{AC}/\!/\overline{FD}$이므로

□AFDE는 평행사변형이다.

∴ $\overline{AF}=\overline{ED}=x$

∠B=∠EDC=∠C이므로 $\overline{ED}=\overline{EC}=x$

∠C=∠FDB=∠B이므로 $\overline{FB}=\overline{FD}=y$

(△FBD의 둘레의 길이)$=2y+\overline{BD}$

(△EDC의 둘레의 길이)$=2y+\overline{DC}$

∴ $2y+\overline{BD}+2x+\overline{DC}=2(x+y)+\overline{BC}$

$\qquad\qquad\qquad\quad =2\times10+7=27$

답 ⑤

2 □ABCD는 한 쌍의 대변이 평행하고 그 길이가 같으므로 평행사변형이다.

① $\overline{AB}=\overline{AD}$인 평행사변형은 마름모이다.

③ $\overline{AC}=\overline{BD}=7\,cm$이므로 직사각형이다.

④ ∠ABC=90°이면 ∠DAB=90°이다.

⑤ 대각선이 수직인 평행사변형은 마름모이다.

답 ③, ④

3 $\overline{AD}/\!/\overline{BC}$이므로

$155°+∠ADF=180°$

∴ ∠ADF=25°, ∠ADC=50°

∠ADC+∠BCD=180°이므로 ∠BCD=130°

∴ ∠BCE=65°

$\overline{AE}/\!/\overline{BC}$이므로 ∠AEC+65°=180°

∴ ∠AEC=115°

답 ③

4 ∠B=∠D=64°

∠DAC=180°−(56°+64°)=60°

$\overline{AD}/\!/\overline{BE}$이므로 ∠E=∠DAE=30°

답 ②

5 $△PAD+△PBC=\dfrac{1}{2}$□ABCD=40(cm²)

∴ △PBC=16(cm²)

$△BQC=△BQP+△PBC$

$\qquad\quad =\dfrac{1}{2}$□ABCD=40(cm²)

∴ △BQP=24(cm²)

△BQP와 △PBC의 높이는 같으므로 두 삼각형의 밑변의 길이의 비는 넓이의 비와 같다.

∴ $\overline{PQ}:\overline{PC}$=△BQP : △PBC=24 : 16

$\qquad\qquad =3:2$

답 ①

6 ∠FBG=∠HDE(엇각), ∠EHF=45°

△EDH에서 13°+∠HDE=45°

∴ ∠HDE=∠FBG=32°

답 ③

7 $\overline{AE}/\!/\overline{BC}$이므로 △BED=△CED

△BED−△FED=△CED−△FED

∴ △BDF=△CEF=20

△BDF : △BFC=$\overline{DF}:\overline{FC}$=2 : 3

20 : △BFC=2 : 3   ∴ △BFC=30

따라서 △DBC=50이므로 □ABCD=100

답 ④

8 $\overline{BC}=10\,cm$이고, 점 M은 직각삼각형 ABC의 외심이므로 $\overline{AM}=\overline{BM}=\overline{CM}=5\,cm$

$\overline{AD}^2=\overline{BD}\times\overline{CD}=16=4^2$이므로 $\overline{AD}=4\,cm$

따라서 $△AMD=\dfrac{1}{2}\times3\times4=\dfrac{1}{2}\times5\times\overline{DE}$

이므로

$\overline{DE}=\dfrac{12}{5}\,cm$

답 ③

9 ① $\overline{AD}^2=\overline{BD}\times\overline{CD}$이므로

$\quad 4x=9 \quad ∴ x=\dfrac{9}{4}$

② $\overline{AC}^2=\overline{CD}\times\overline{CB}$이므로 $y^2=\dfrac{9}{4}\left(\dfrac{9}{4}+4\right)$

$\quad y^2=\dfrac{9}{4}\times\dfrac{25}{4}=\dfrac{15^2}{4^2}$, 즉 $y=\dfrac{15}{4}$

$\quad ∴ x+y=\dfrac{9}{4}+\dfrac{15}{4}=\dfrac{24}{4}=6$

③ △ABC∽△DAC(AA 닮음)

④ △ABC∽△DBA(AA 닮음)

$\quad ∴ \overline{BC}:\overline{BA}=\overline{BA}:\overline{BD}$

⑤ $\overline{DB}:\overline{DA}=\overline{BA}:\overline{AC}=\overline{AD}:\overline{CD}$=4 : 3

답 ①

10 △ACD와 △DBE에서

∠C=∠B=60°, ∠CAD=∠BDE이므로

△ACD∽△DBE(AA 닮음)

닮음비는 $\overline{AC}:\overline{DB}=5:4$

$\overline{AC}=5k$라고 하면 $\overline{DB}=4k$, $\overline{DC}=k$

$\overline{CD}:\overline{BE}=5:4$이므로 $k:\overline{BE}=5:4$

$\therefore \overline{BE}=\dfrac{4}{5}k$

따라서 $\overline{AE}=5k-\dfrac{4}{5}k=\dfrac{21}{5}k$이므로

$\overline{AE}:\overline{EB}=\dfrac{21}{5}k:\dfrac{4}{5}k=21:4$　　**답** ③

11 △ABE∽△GCE(AA 닮음)이므로

$\overline{AE}:\overline{EG}=\overline{BE}:\overline{EC}=3:2$

$\overline{BE}=3a$라 하면 $\overline{EC}=2a$, $\overline{BC}=\overline{AD}=5a$

$\overline{AE}=3b$라 하면 $\overline{EG}=2b$

△FAD∽△FEB(AA 닮음)이므로

$\overline{AF}:\overline{FE}=\overline{AD}:\overline{BE}=5a:3a=5:3$

$\overline{AF}=\overline{AE}\times\dfrac{5}{8}=3b\times\dfrac{5}{8}=\dfrac{15}{8}b$

$\overline{FE}=3b\times\dfrac{3}{8}=\dfrac{9}{8}b$

$\overline{AF}:\overline{FE}:\overline{EG}=\dfrac{15}{8}b:\dfrac{9}{8}b:2b=15:9:16$

따라서 $x=15$, $y=9$이므로

$x+y=24$　　**답** ④

12 오른쪽 그림과 같이 $\overline{AC}$를 그어 $\overline{PQ}$와의 교점을 R라 하면

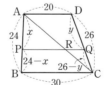

$20+x+\overline{PQ}+y$

$=\overline{PQ}+(24-x)$

$\quad+30+(26-y)$

즉 $2x+2y=60$에서 $x+y=30$

$\therefore y=30-x$　　　　……㉠

$\overline{AD}/\!/\overline{PQ}/\!/\overline{BC}$이므로 $x:24=y:26$에서

$13x=12y$　　　　……㉡

㉠, ㉡에서 $13x=12(30-x)$

$25x=360$　　$\therefore x=\dfrac{72}{5}$

$\overline{PB}=24-x=\dfrac{48}{5}$

$\therefore \overline{AP}:\overline{PB}=72:48=3:2$　　……㉢

△APR∽△ABC이므로 $3:5=\overline{PR}:30$

$\therefore \overline{PR}=30\times\dfrac{3}{5}=18$

㉢에서 $\overline{CQ}:\overline{QD}=2:3$이고

△CQR∽△CDA이므로

$2:5=\overline{QR}:20$　　$\therefore \overline{QR}=20\times\dfrac{2}{5}=8$

$\therefore \overline{PQ}=18+8=26$　　**답** ③

13 $\overline{DI}=\overline{DB}=6\,\mathrm{cm}$

$\overline{EI}=\overline{EC}=a\,\mathrm{cm}$라 하면 $\overline{AE}=(10-a)\,\mathrm{cm}$

$\overline{DE}/\!/\overline{BC}$이므로 $9:15=(10-a):10$

$150-15a=90$　　$\therefore a=4$

$\overline{DE}=6+4=10\,(\mathrm{cm})$이므로

$9:15=10:\overline{BC}$　　$\therefore \overline{BC}=\dfrac{50}{3}\,\mathrm{cm}$

즉 $\overline{DI}=\overline{BF}=6\,\mathrm{cm}$, $\overline{IE}=\overline{GC}=4\,\mathrm{cm}$이므로

$\overline{FG}=\dfrac{50}{3}-6-4=\dfrac{20}{3}\,(\mathrm{cm})$

　　답 ③

14 $\overline{AG}$의 연장선이 $\overline{BC}$와 만나는 점을 F라고 하면

$\overline{AG}:\overline{GF}=\overline{AD}:\overline{DB}=2:1$

$\therefore \overline{AD}=24\times\dfrac{2}{3}=16\,(\mathrm{cm})$

$\overline{DB}=\overline{DI}=24-16=8\,(\mathrm{cm})$

$\overline{AE}=x\,\mathrm{cm}$라 하면

$2:3=x:18$　　$\therefore x=12$

즉 $\overline{EC}=\overline{EI}=18-12=6\,(\mathrm{cm})$이므로

$\overline{DE}=14\,\mathrm{cm}$

$2:3=14:\overline{BC}$　　$\therefore \overline{BC}=21\,\mathrm{cm}$

$\therefore \overline{AD}+\overline{BC}=37\,(\mathrm{cm})$

　　답 ③

15 △DSR : △DAC$=1^2:2^2$이므로

△DAC$=4$△DSR$=24\,(\mathrm{cm}^2)$

△PBQ : △ABC$=1^2:2^2$이므로

△ABC$=4$△PBQ$=40\,(\mathrm{cm}^2)$

$\therefore \square\mathrm{ABCD}=24+40=64\,(\mathrm{cm}^2)$

$$\square ABCD = \triangle ABD + \triangle CBD$$
$$= 4\triangle APS + 4\triangle RQC$$
$$= 32 + 4\triangle RQC = 64$$
$$\therefore \triangle RQC = 8(cm^2) \qquad \text{답} ③$$

16 두 그릇 A, B의 닮음비는 $10 : 25 = 2 : 5$이므로
부피의 비는 $2^3 : 5^3$, 즉 $8 : 125$이다.
B그릇의 부피는 A그릇의 부피의
$\dfrac{125}{8} = 15.625$(배)이므로 A그릇에 가득 담은 물
을 B그릇에 부어 A그릇을 가득 채우려면 적어
도 16번 물을 부어야 한다.

$\text{답} ②$

17 $\triangle AEO$와 $\triangle BFO$에서
$\overline{AO} = \overline{BO}$, $\angle OAE = \angle OBF = 45°$
$\angle AOE + \angle EOB = \angle EOB + \angle BOF = 90°$이
므로
$\angle AOE = \angle BOF$
$\therefore \triangle AEO \equiv \triangle BFO$(ASA 합동)
$\overline{AE} = \overline{BF} = 6\,cm$에서 $\overline{AB} = 15\,cm$이므로
$\square ABCD = 15 \times 15 = 225(cm^2)$

$\text{답}\ 225\,cm^2$

18 $\overline{ED} \,/\!/\, \overline{AC}$이므로
$\overline{BE} : \overline{EA} = \overline{BD} : \overline{DC} = 12 : 6 = 2 : 1$
$\overline{EF} \,/\!/\, \overline{AD}$이므로
$\overline{BF} : \overline{FD} = \overline{BE} : \overline{EA} = 2 : 1$
$\therefore \overline{FD} = 12 \times \dfrac{1}{3} = 4(cm) \qquad \text{답}\ 4\,cm$

19 $\triangle ABC = \dfrac{1}{2} \times 12 \times 6 = 36(cm^2)$
$\overline{AD} = \dfrac{1}{2}\overline{AB}$, $\overline{AE} = \dfrac{1}{3}\overline{AB}$이므로
$\overline{DE} = \dfrac{1}{6}\overline{AB}$
따라서 $\triangle EDC = \dfrac{1}{6}\triangle ABC = \dfrac{1}{6} \times 36 = 6(cm^2)$
이므로
$\triangle EGC = \dfrac{2}{3}\triangle EDC = \dfrac{2}{3} \times 6 = 4(cm^2)$

$\text{답}\ 4\,cm^2$

20 $\triangle AOD \backsim \triangle COB$(AA 닮음)이므로
$\overline{AO} : \overline{CO} = \overline{AD} : \overline{CB} = 6 : 12 = 1 : 2$
$\triangle ABC$에서 $\overline{EO} \,/\!/\, \overline{BC}$이므로
$\overline{AO} : \overline{AC} = \overline{EO} : \overline{BC}$, $1 : 3 = \overline{EO} : 12$
$\therefore \overline{EO} = 4\,cm$
$\triangle GOE \backsim \triangle GBC$(AA 닮음)이므로
$\overline{OG} : \overline{BG} = \overline{EO} : \overline{CB} = 4 : 12 = 1 : 3$
$\triangle OBC$에서 $\overline{GH} \,/\!/\, \overline{BC}$이므로
$\overline{OG} : \overline{OB} = \overline{GH} : \overline{BC}$, $1 : 4 = \overline{GH} : 12$
$\therefore \overline{GH} = 3\,cm$
$\therefore \overline{EO} : \overline{GH} = 4 : 3 \qquad \text{답}\ 4 : 3$

21 농구대의 높이를 $x\,cm$라고 하면
$20 : x = 30 : 540$
$\therefore x = 360(cm) \qquad \text{답}\ 360\,cm$

22 $\angle BAP = \angle CAP$이므로
$\overline{AB} : \overline{AC} = \overline{BP} : \overline{PC} = 2 : 1$
즉 $\overline{PC} = \dfrac{1}{3}\overline{BC}$이므로
$\triangle ACP = \dfrac{1}{3}\triangle ABC \qquad \cdots\cdots ㉠$
$\overline{AM} = \overline{BM}$, $\overline{BN} = \overline{CN}$이므로 $\overline{MQ} \,/\!/\, \overline{AC}$
$\therefore \triangle QNP \backsim \triangle ACP$(AA 닮음)
$\overline{CN} = \dfrac{1}{2}\overline{BC}$이므로 $\overline{PN} = \dfrac{1}{6}\overline{BC}$
$\overline{NP} : \overline{CP} = \dfrac{1}{6}\overline{BC} : \dfrac{1}{3}\overline{BC} = 1 : 2$이므로
$\triangle QNP : \triangle ACP = 1^2 : 2^2$
$\therefore \triangle ACP = 4\triangle QNP \qquad \cdots\cdots ㉡$
㉠, ㉡에서 $4\triangle QNP = \dfrac{1}{3}\triangle ABC$
$\triangle ABC = 12\triangle QNP$
$\therefore \triangle ABC : \triangle QNP = 12 : 1 \cdots \text{답}$

채점 기준	
$\triangle ACP$의 넓이를 $\triangle ABC$의 넓이로 나타내기	3점
$\triangle QNP$의 넓이를 $\triangle ABC$의 넓이로 나타내기	4점
답 구하기	1점

MeMo